Axure RP8.0
产品原型设计与制作实战

狄睿鑫　编著

人 民 邮 电 出 版 社
北　京

图书在版编目（CIP）数据

Axure RP8.0产品原型设计与制作实战 / 狄睿鑫编著. -- 北京 : 人民邮电出版社, 2019.6
ISBN 978-7-115-50784-6

Ⅰ. ①A… Ⅱ. ①狄… Ⅲ. ①网页制作工具 Ⅳ. ①TP393.092.2

中国版本图书馆CIP数据核字(2019)第061593号

内容提要

本书主要讲解了 Axure RP8.0 软件的操作方法，并拓展了相关知识，最终引导读者逐步完成热门案例的制作。作者还穿插讲解了设计思维和设计原则方面的知识，阐述了从事原型设计工作的个人心得体会。

全书共包含 11 章，第 1 章讲解了低保真原型和高保真原型的区别；第 2 章介绍了如何制作低保真原型，每个功能的讲解都附带了小案例练习，同时讲解了设计原则和思路；第 3 章为原型的分享与合作；第 4 章介绍了如何制作高保真原型，并包含对优秀的设计思路和细节的讲解；第 5 章为自定义元件库；第 6 章为自适应视图；第 7 章为自定义 UI 元素；第 8～10 章为综合案例，分别制作了电商类 App、音乐类 App 和后台管理系统；第 11 章讲解了如何绘制流程图、团队项目协作注意事项和如何撰写 PRD 文档，以上内容在实际工作中都非常实用。

本书的适用对象除了产品经理外，还包括交互设计师、UI 设计师、用户体验师、可用性专家、市场人员和运营人员等。

◆ 编　　著　狄睿鑫
责任编辑　李　东
责任印制　马振武

◆ 人民邮电出版社出版发行　　北京市丰台区成寿寺路 11 号
邮编　100164　　电子邮件　315@ptpress.com.cn
网址　http://www.ptpress.com.cn
北京瑞禾彩色印刷有限公司印刷

◆ 开本：700×1000　1/16
印张：11.25
字数：300 千字　　2019 年 6 月第 1 版
印数：1－3 000 册　　2019 年 6 月北京第 1 次印刷

定价：59.00 元

读者服务热线：(010)81055410　印装质量热线：(010)81055316
反盗版热线：(010)81055315
广告经营许可证：京东工商广登字 20170147 号

前言
PREFACE

在互联网行业中，“产品经理”“PM”是显得很“高端”的职位，越来越多的应届毕业生渴望成为产品经理，甚至是程序员、工程师都开始想转行成为产品经理。不管自己未来的职业目标有多远大，“原型设计”都是从业人员必须掌握的重要技能之一。在“入坑”之前，读者也许已经知道 Axure RP 是一款非常专业的原型设计工具，但笔者想强调的是，Axure 只是一款工具，它并不是原型设计的全部。很多初学者刚开始都会热衷于学习软件的使用方法，迷恋制作各种复杂酷炫的交互效果，甚至使用 Axure 去制作一些诸如“连连看”“幸运大转盘”之类的小游戏，这完全是一种认知上的误区。原型设计绝对不等于操作 Axure 软件，就像 UI 设计不等于操作 Photoshop 一样。能够把软件使用得很流畅，并不代表能够设计出让用户满意的产品，用 Axure 或者其他工具制作的一些超出“原型”范畴的作品，完全是制作者用来炫技的东西，在真实项目中实用价值很有限。

当然，笔者的意思并不是说工具不重要，只是不想让初学者陷入迷恋工具学习的怪圈。虽然有时候拿一支笔和一张纸就可以把想法表达出来，但这仅限于某些特殊场景，比如原始需求的讨论，而且纸张也不方便保存、合作、分享和进行版本管理。“工欲善其事，必先利其器”，一款合适的原型设计工具，能够帮助我们高效地完成工作。读者要学习的 Axure RP 这款非常强大的产品原型设计工具，支持 Windows 和 Mac OS 平台，能够制作几乎所有的交互动作，同时还支持多人协作设计和版本控制管理，支持导出 HTML 文件和图片，还可以利用官方平台发布原型，让参与项目的老板、客户、开发团队等各方人员实时查看、参与讨论，善用这款软件确实可以为工作带来极大的便利。

◎ 教学内容与教学思路

本书主要包括 6 个方面的内容：界面原型知识介绍，Axure RP8.0 操作教程，产品设计思维和设计原则，经典案例，综合实战案例，以及工作中的心得体会。除了讲解如何设计原型，还会讲到如何分享、输出设计成果以达到“沟通”的目的。

本书与其他讲解 Axure 书籍的不同之处在于，首先要为读者普及界面原型的相关知识，着重强调在项目的不同周期使用的原型保真度是不同的，所以读者会看到在制作低保真原型章节中，列举的案例几乎全是黑白稿，很少有视觉元素。其次，在软件操作部分，以界面原型的迭代周期为依据，逐步讲解使用 Axure RP8.0 制作低保真原型和高保真原型需要的知识和技能，不仅讲解 Axure RP8.0 软件的操作方法，同时会穿插一些设计思维和设计原则的讲解。例如，在讲完复选框元件的使用后，会提醒读者“要用肯定的文字作为复选框的标签”，不宜用“不要给我推送消息”之类的否定文字等，这些设计的细节之处通常都会影响用户对产品的满意度，进而影响用户黏性，甚至会决定产品的成败。

在案例设计方面，不仅有针对某一个或几个知识点的典型案例，还会和读者一起制作当前较为成功的互联网产品案例，使读者能够循序渐进，牢牢掌握软件和设计技能。

在最后，笔者会分享一些在实战项目中使用 Axure RP 的心得体会，让读者可以更加高效地利用这款软件完成工作。

◎ 学习前的准备

本书软件操作讲解的部分使用的是 Axure RP8.0 版本，为了能够更好地学习和练习，建议使用此版本。如果你已经购买了 Axure RP7.0，也不会影响学习，因为两个版本的差距不大，只是有一些功能在两个版本中的位置有所不同。但是需要注意的是，Axure RP7.0 不能打开使用 Axure RP8.0 创建的项目文件，更低的 Axure RP 版本就不建议使用了。

◎ 资源与支持

本书由数艺社出品，“数艺社”社区平台（www.shuyishe.com）为您提供后续服务。

◎ 配套资源

本书附有案例制作效果源文件，读者可以下载 rp 文件到本地进行分析学习。另外，相关案例的制作过程配有视频演示，扫码后可以获取资源。

资源获取请扫码

“数艺社”社区平台，为艺术设计从业者提供专业的教育产品。

◎ 与我们联系

我们的联系邮箱是 szys@ptpress.com.cn。如果您对本书有任何疑问或建议，请您发邮件给我们，并请在邮件标题中注明本书书名以及 ISBN 码，以便我们更高效地做出反馈。

如果您在网上发现有针对数艺社出品图书的各种形式的盗版行为，包括对图书全部或部分内容的非授权传播，请您将怀疑有侵权行为的链接发邮件给我们。您的这一举动是对作者权益的保护，也是我们持续为您提供有价值的内容的动力之源。

◎ 资源与支持

人民邮电出版社有限公司旗下品牌“数艺社”，专注数字艺术图书出版，为艺术设计从业者提供专业的图书、U 书课程、社区服务等教育产品。领域涉及平面、三维、影视、摄影与后期等数字艺术门类；字体设计、品牌设计、色彩设计等设计理论与应用门类；UI 设计、电商设计、新媒体设计、游戏设计、交互设计、原型设计等互联网设计门类；环艺设计手绘、插画设计手绘、工业设计手绘等设计手绘门类。更多服务请访问“数艺社”社区平台 www.shuyishe.com。我们将提供及时、准确、专业的学习服务。

目录
CONTENTS

第 1 章 关于界面原型

原型设计是产品经理的重要工作之一，为了在真实项目中能够事半功倍，我们需要了解在不同的业务场景中针对不同的输出对象，界面原型需要制作成什么样的保真程度。

本章学习要点

» 界面原型的概念和作用
» 界面原型的保真程度及应用

1.1 界面原型的概念和作用

直奔主题，关于界面原型并没有一个非常严格的定义，简单来说，界面原型是在项目前期用来直观表现产品框架的模型。界面原型中可以体现产品的设计理念、业务逻辑和交互逻辑，当然也可以体现视觉逻辑。

为什么要设计界面原型？因为对于一个项目、一款产品，可能有多种想法和创意，如何把这些想法和创意准确地记录下来并向其他人表达出来呢？

直接口头交流？口头交流很难保证对方理解的内容和你表述的内容不产生偏差。

写文档？文档可以表达一个宏观的理念，但很多细节是很难表达出来的。在原始需求阶段，想法还很模糊时，就需要整理思路，而这正是文档的弱项。

思维导图？思维导图确实能很好地梳理逻辑，非常适合前期的头脑风暴。但虚幻的想法总是要落地的，思维导图同样无法体现细节的东西，别人照样不知道如何实现你的想法。

上述几种方法有一个共同的弊病——不直观。所以我们就需要一种低成本的、能够直观表达想法、减少沟通成本的东西——界面原型。界面原型可以体现产品的业务逻辑、交互逻辑和视觉逻辑，但这些内容并不是任何时候都要设计出来的。现在问题来了，在与各方人员沟通时，界面原型都需要做到什么程度？除了项目前期需要用到界面原型外，项目的其他阶段还需要吗？这就是接下来要介绍的原型保真程度的问题。

1.2 界面原型的保真程度及应用

通常把界面原型按照保真度划分为低保真原型和高保真原型。所谓“保真度”，就是原型在业务逻辑、交互逻辑和视觉逻辑上与真实产品的相似程度。业务逻辑指原型体现出来的实际业务流程，交互逻辑指原型中详细的操作步骤、用户反馈和异常流程处理等交互动作，视觉逻辑指原型的样式。项目所处的阶段不同，使用界面原型的用途不同，所需的界面原型保真程度也不同。

1.2.1 “画”糙理不糙——低保真原型

1. 低保真原型简介

低保真原型有时也称为线框图，通常只把页面上的文本、按钮、图标、图片和文本框等基础元件大致排布一下，无须关心元件的样式、尺寸和元件之间的距离；如果有些细节部分还没有想好，甚至可以使用占位符临时代替，如图1-1所示。

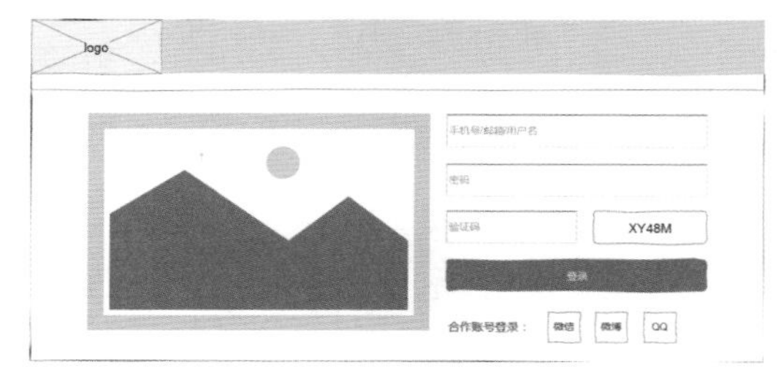

图 1-1

线框图一般做成黑白稿，按照元素的级别梯度使用不同深度的灰色，级别越高、重要性越高的元素颜色越深。注意千万不要在设计原型时就开始配色、调整元件尺寸，因为这些都是UI设计师的工作，这些工作对UI设计师来说才是专业的。否则看似帮了UI设计师的忙，也看似缩短了项目周期，但实际上从专业的角度看可能并不合格，而且会限制UI设计师的思路，给后续的工作带来很多不便。当然，对于超链接、当前状态等页面中需要特殊强调的元素，是可以加上颜色的，所谓“万灰丛中一点红”，加了颜色以后，UI设计师便会更加注意这些内容，只是效果图上不一定使用这种颜色。

在交互方面，可以不做交互效果，而使用箭头来表示元件和其他页面的跳转关系，如单击某个按钮跳转到某个新页面，就把这个按钮和目标页用箭头连起来，如图1-2所示。当然也可以做成交互稿，但一般只加入页面跳转链接和少数典型的交互动作。

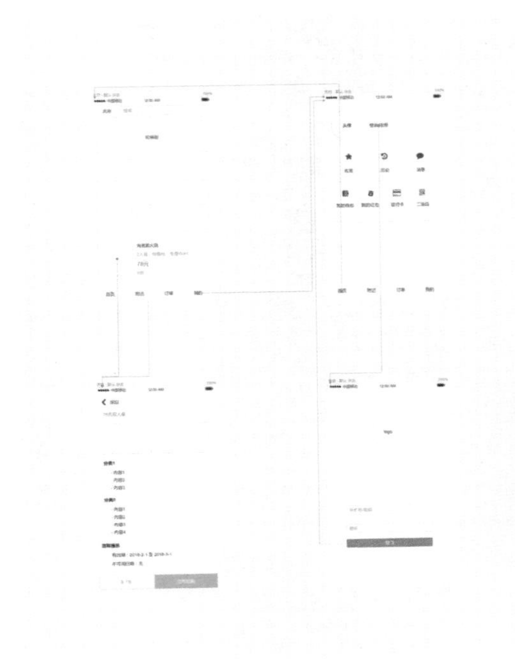

图 1-2

2. 应用场景

如果你是一个创业团队的负责人，或者项目刚刚启动，当产品还没有成型，甚至连雏形都没有，只是在最初的需求讨论阶段时，那么就只需要使用低保真原型。因为这个阶段的需求、想法、创意都还很不确定，原型制作得过于细致会增加很多不必要的成本（只是相对而言，因为原型本身就是低成本表达想法的工具），可能今天确定的东西第 2 天就有变化，并且此时你只要把想法向其他团队成员介绍清楚即可，人们更关注的是产品宏观上的逻辑——能否解决用户的问题，有没有业务上的漏洞等。并不是页面好不好看，是什么色彩风格的，用户头像是圆的还是方的，按一个按钮会有什么反应，如果用户操作错误会有什么反馈等，这些细节的东西一般都在业务逻辑基本确定后才进行详细设计，在需求前期并不需要过多纠结。

1.2.2 交流高格调——高保真原型

1. 高保真原型简介

高保真原型，是在低保真原型的基础上，在视觉逻辑和交互逻辑方面加以完善后得到的与真实产品相似程度更高的原型，如图 1-3 所示。读者可能有疑问，既然低保真线框图已经能说明产品的功能业务了，UI 设计师根据原型设计页面，开发工程师根据原型进行编码就可以了，为什么还要继续完善原型呢？

图 1-3

首先，低保真原型几乎没有或只有极少的交互动作，有些细节上的设计并没有表达出来，也没有被验证过，更不能让团队的其他成员靠自己的想象完成工作，这样做出来的产品有可能会偏离预期。其次，低保真原型都是黑白稿，是比较难看的，如果要给客户、投资人做汇报、演示，他们几乎都是非专业人士，用黑白稿会让人觉得很突兀，可能会被认为不专业，加入 UI 元素后会让人专注于产品本身，不会被不必要的想法所影响，对团队是非常有利的。

针对以上两大类情况，一确定产品细节，二满足非专业人士要求，笔者习惯把高保真原型分为两种，第一种是加入了更多交互动作但没有 UI 元素的原型，第二种是既有交互动作又有 UI 元素的原型。接下来把这两大类情况展开，在不同的应用场景下分别介绍。

2. 应用场景

很多软件公司的业务都是做定制开发项目的，比如车辆管理系统、图书馆借阅系统等。这类产品往往有明确的客户、特定的用户群体，并且需求功能点也基本确定，产品要达到什么目的都很明朗。此时产品原型更多的关注点要放到“业务逻辑”和“交互逻辑”。可能要更多地关注需要设计多少个页面，每个页面对应的是哪些功能点，是采取下拉框还是单选按钮等。

这类产品的业务流程往往比较复杂，所以原型中还要加上逻辑判断和异常流程等内容，防止产品在设计阶段就出现业务漏洞。在设计完这些之后，一般会给客户演示原型,以检验产品是否符合需要，我们的理解和客户的需求是否相同。这个过程中用户可能会提出修改意见，一般会有多次修改，那么就会有多次演示，直至客户签字确认进入产品开发阶段。这种情况下，也不需要考虑 UI 元素，因为只有在需求确定的情况下，才能做 UI 设计。交互效果的复杂程度也可以视情况而定，只要能清晰地表达出产品的各种功能逻辑即可。

上面这种情况依然是在项目前期的需求阶段使用界面原型。其实在整个项目周期中，界面原型都起着十分重要的作用。例如在项目中、后期，如果要给市场和运营人员培训，在没有稳定的产品版本的情况下，可以用高保真原型来模拟，此时项目处于开发阶段，UI 设计师一定已经设计好了效果图并切图完毕，所以原型中就能够加入 UI 元素了。另外，市场和运营人员需要了解完整的产品逻辑和使用流程等内容，所以原型的交互动作也要尽可能和真实产品保持一致。

对于非专业人士，除了上面提到的客户、投资人外，如果要对用户做易用性测试，也可以采取高保真原型。易用性测试可以放在开发阶段之前，因为开发的成本相对于界面原型来说是比较高的，在开发前就找到一些可以优化的功能点，对项目整体的进度来说是有好处的。当然，易用性测试所使用的高保真原型也包括视觉逻辑和交互逻辑。

第2章

使用 Axure 制作低保真原型

元件是组成界面原型的基本元素，制作低保真原型的要求很简单，只要把想法记录并清晰地表达出来即可。但要达到这个简单的目的，必须先熟练掌握 Axure 中各类元件的属性、用法，这样也可以为后续制作高保真原型打好基础。

本章学习要点

» Axure 中基本元件、表单元件、表格和菜单元件的特性及应用
» 元件的交互设计原则
» 低保真原型经典案例

2.1 初识 Axure RP

Axure RP 是一款专业的快速原型设计工具，支持 Windows 和 Mac OS，它可以让团队中负责需求定义、产品功能设计的产品经理、需求工程师和交互设计师快速创建 Web 网站或移动 App 的低保真线框图、高保真可交互原型、业务流程图和需求规格说明书，支持多人协作和版本管理。

2.1.1 菜单

Windows 桌面程序中很常见的菜单部分，包括文件、编辑、视图、项目、布局、发布、团队、账户和帮助等菜单，如图 2-1 所示。这里先简要介绍每个菜单的内容，详细的使用方法和使用场景会在后续章节中介绍。

文件 编辑 视图 项目 布局 发布 团队 帐户 帮助

图 2-1

文件：对 Axure 项目文件进行打开、新建、保存、导入和导出等常规操作。

编辑：对元件进行剪切、复制、粘贴、查找、替换、删除和撤销等操作。

视图：设置工具栏、功能区、遮罩、脚注、位置尺寸信息、草图效果和背景的显示与隐藏状态。

项目：设置元件 / 页面默认样式、说明字段、全局变量、对齐方式和 DPI 等内容。

布局：设置元件的层级关系、对齐、分布方式、栅格、辅助线和元件状态等内容。

发布：进行预览原型、发布至 Axshare、生成 HTML、生成说明文档等操作。

团队：创建、获取团队项目，管理团队项目，对团队项目进行签入、签出、提交更新、获取更新等操作。

账户：进行登录 / 登出 Axure 账号操作。

帮助：提供相关的帮助信息。

2.1.2 工具栏

工具栏中放置的是一些常用的操作按钮，包括项目文件操作按钮、元件编辑按钮、鼠标模式按钮、元件布局按钮、元件发布按钮和元件样式按钮，如图 2-2 所示，可以看到大部分的按钮在菜单中都能找到。

图 2-2

项目文件操作按钮包括保存和打开按钮，元件编辑按钮包括剪切、粘贴、撤销和重做按钮，元件样式按钮包括字体、字号、颜色、边框样式、尺寸和位置等常规设置按钮，这些按钮的功能都比较明确，无须再做详细的解释。下面对工具栏中其他一些常用的按钮的功能进行说明。

相交选中：默认的选中模式，当拖动鼠标时，光标只要进入元件范围，松开光标即可选中该元件。

包含选中：当拖动鼠标时，光标经过的范围必须完全包含元件，松开鼠标才能选中该元件。

连接：用线或箭头连接元件之间的连接点，常用于绘制流程图。

钢笔：可以绘制简易的自定义形状。

边界点：用于改变自定义形状的边界。

切割：把一张图片切割成 4 份。

剪裁：把图片的四周裁剪掉，剩下中间的部分，也可以把图片的中间部分剪掉变成镂空效果。

缩放：按照 10% ~ 400% 的比例显示设计区域部分。

顶层：把选中元件置于若干图层的最上方。

底层：把选中元件置于若干图层的最下方。

组合：将若干元件组合使用，组合后可以同时拖动、隐藏和显示组合内的元件，也可以为整个组合添加交互动作，支持组合嵌套。

取消组合：把组合恢复成单独的元件。

对齐：设置两个及两个以上元件的对齐方式，包括左对齐、左右居中、右对齐、顶部对齐、上下居中和底部对齐。

分布：设置 3 个及 3 个以上元件的分布方式，可以让这些元件在水平方向或竖直方向等间距分布。

锁定：元件被锁定后，将无法改变其位置和大小，当页面元件很多时可以防止误操作。

取消锁定：元件取消锁定后，可以对其进行其他操作。

开关左侧功能栏：设置页面、元件库和模板功能区的显示和隐藏。

开关右侧功能栏：设置检视和概要功能区的

显示和隐藏。

预览：将原型在浏览器中打开。

共享：将原型发布到 Axshare 平台。

发布：预览、发布至 Axshare、生成 HTML 文件和生成 Word 说明书等相关功能的操作集合。

登录：登录 / 登出 Axshare 账号。

2.1.3 功能区

1. 页面列表（站点地图）

页面列表面板，有些版本中被翻译成站点地图，原型中所有的页面都会按照层级结构显示在这里，支持创建文件夹，可以将页面分类管理，如图 2-3 所示。原型预览时的主页默认为列表中的第一个页面。添加页面和文件夹、改变层级的方法如下。

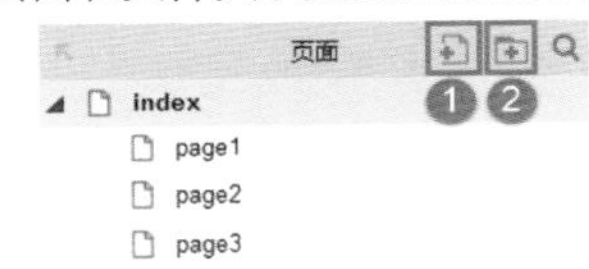

图 2-3

添加同级页面：单击图 2-3 中①处的“添加页面”按钮，可以添加所选页面的同级页面，也可以在某个页面上执行右键菜单命令【添加 > 上方添加页面 / 下方添加页面】。

添加子页面：在某个页面上执行右键菜单命令【添加 > 子页面】。

修改页面级别：在某个页面上执行右键菜单命令【移动】，快捷键为 Ctrl+ 方向键。

修改页面顺序：在某个页面上执行右键菜单命令【移动 > 上移 / 下移】，快捷键为 Ctrl+↑/Ctrl+↓。

添加文件夹：单击图 2-3 中②处的“添加文件夹”按钮，可以添加与所选页面同级的文件夹。需要把页面设置为文件夹的子页面，才能把页面放到文件夹中。

页面列表面板中的页面名称就是原型发布以后生成的 HTML 文件名称，如果需要把这些 HTML 文件部署到自己的服务器上或其他云平台上时，最好采用英文的命名方式；如果只需要在本地浏览或直接把原型发布至 Axure 的官方管理平台 Axshare 上供各方人员浏览时，可以使用中文名称。

2. 元件库

界面原型由不同的元件组成，Axure 默认提供 3 种不同类型的元件库，分别是 Default 元件库、Flow 元件库和 Icons 元件库，把元件拖入设计区域即可使用，双击设计区域中的元件可以修改其文本内容。

（1）Default 元件库：包含基本元件、表单元件、菜单和表格以及标记元件，如图 2-4 所示。其中基本元件、表单元件、菜单和表格组成了页面中的各种元素，标记元件起辅助作用，在界面原型中记录一些注释和说明。

图 2-4

（2）Flow 元件库：包含各种流程图元件。通过绘制流程图，可以梳理复杂的业务逻辑，让团队其他成员理解起来更加清晰、直观。

（3）Icons 元件库：包含各种常用的图标，省去了在网上搜集素材的麻烦。需要说明的是，Icons 元件库只是在原型中方便我们说明什么地方需要加入图标，在真实的产品中一般并不直接使用 Axure 中提供的图标样式，还是需要根据产品的整体视觉风格重新设计。

除了 Axure 默认提供的元件库，还可以根据实际需要设计自己的元件库，具体的操作方法在后续的章节中会详细介绍。

3. 母版

当原型中有些元件需要重复使用时，可以把重复元件制作成母版，方便随时调用，也给修改、维护工作带来很多便利。母版面板和页面列表（站点地图）很像，也是以列表的形式展示，支持创建文件夹以便进行分类管理，如图 2-5 所示。

图 2-5

4. 设计区域

设计区域是 Axure 最主要的工作区域，用于排布元件位置、设置元件样式等，如图 2-6 所示。设计区域中有横向标尺和纵向标尺，最大支持 20000 像素 ×20000 像素的原型，可以加入网格和参考线，进行辅助设计。需要说明的是，设计区域中的原型样式和发布后的原型样式可能并不完全相同。

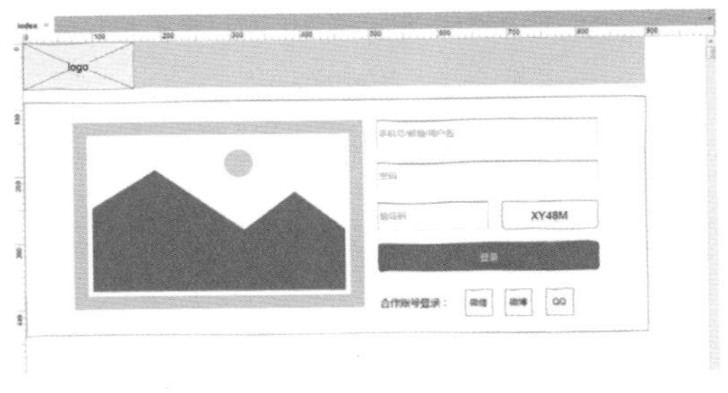

图 2-6

5. 检视

检视面板下方又分为元件名称区域、属性面板、说明面板和样式面板，对元件和页面均有效，如图 2-7 所示。

图 2-7

元件名称区域：每个有交互动作的元件都需要命名,方便在众多的元件中定位到特定的某一个。

属性面板：用来设置页面或元件的交互事件、页面或每个元件特有的属性。

说明面板：用来填写页面或元件的说明内容，说明的字段可以自定义。

样式面板：用来设置页面或元件的位置、尺寸、填充颜色和边框等样式。

6. 概要

概要面板显示页面中所有元件的列表，包括元件名称和元件类型。可以筛选列表中显示的元件类型和排列顺序，默认的显示顺序是列表顶部的元件在原型中也处于顶部，列表底部的元件在原型中处于底部，可以单击该面板右上角的排序与筛选按钮修改设置，如图 2-8 所示。

图 2-8

2.1.4 案例：制作第一张原型图

本节利用刚刚介绍的 Axure RP8.0 的各部分内容，设计一个如图 2-9 所示的简单的登录页面。熟悉一下新建项目、使用元件、编辑页面列表和保存项目等基础操作，并且感受一下使用 Axure RP 制作界面原型的独特魅力。

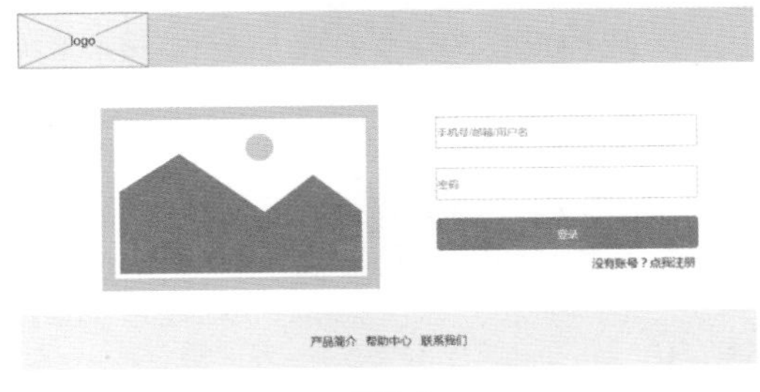

图 2-9

1. 新建文件

打开 Axure RP8.0，在欢迎页面中单击“新建文件”按钮，创建第一个原型文件，如图 2-10 所示。

图 2-10

2. 布局登录页内容

登录页的内容在 index 页面中制作。

（1）制作页面头部内容，如图 2-11 所示。

图 2-11

①拖入“矩形 3”元件至设计区域，直接拖曳至位置（0,0），拖动元件四周的小方块修改尺寸为 900 像素 ×70 像素，也可以在工具栏中直接修改参数。

②拖入“占位符”元件至设计区域，位置为（0,0），尺寸为 160 像素 ×70 像素，双击修改其文本为“logo”。

（2）制作页面主体内容，如图 2-12 所示。

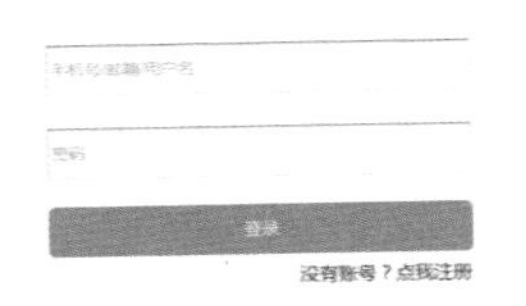

图 2-12

①拖入“图片”元件至设计区域，位置为（100,120），尺寸为 340 像素 ×230 像素。

②拖入两个“文本框”元件至设计区域，位置分别为（510,135）和（510,200），尺寸均为 320 像素 ×40 像素，在各自的属性面板提示文字中输入“手机号 / 邮箱 / 用户名”和“密码”。

③拖入“主要按钮”元件至设计区域，位置为（510,262），尺寸为 320 像素 ×40 像素，双击修改其文本为“登录”。

④拖入“文本标签”元件至设计区域，位置为（700,310），双击修改其文本为“没有账号？点我注册”。

（3）制作页面底部内容，如图 2-13 所示。

图 2-13

①拖入“矩形 2”元件至设计区域，位置为（0,380），尺寸为 900 像素 ×70 像素。

②拖入 3 个“文本标签”元件至设计区域，位置分别为（351,406）、（421,406）、（490,406），双击修改各自的文本分别为“产品简介”“帮助中心”“联系我们”。

3. 编辑页面结构

把制作的登录页中可能会有的跳转页面添加至页面列表面板，如图 2-14 所示。

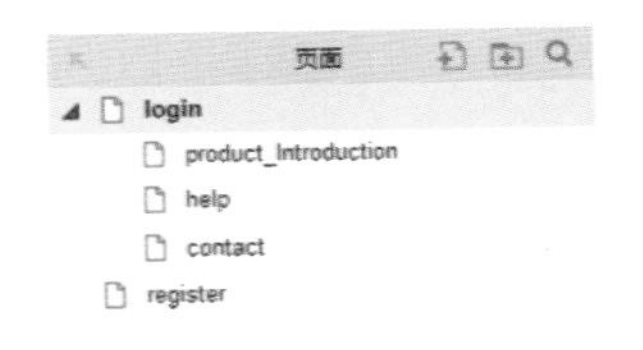

图 2-14

（1）把项目默认的 index 页面重命名为 login；page1、page2 和 page3 页面分别重命名为 product_Introduction、help、contact，分别对应“产品简介”“帮助中心”“联系我们”页面。

（2）在 login 页面上执行右键菜单命令【添加 > 下方添加页面】，命名为 register，对应注册页面。

4. 保存项目

和其他的应用软件一样，单击菜单中的【文件 > 保存】（快捷键 Ctrl+S），选择保存的位置，输入文件名，即可保存 Axure RP 项目。当前创建的是个人项目，项目文件扩展名为 .rp（见图 2-15），在后续的章节中会介绍团队项目，其文件扩展名为 .rpprj。

图 2-15

本案例的目的在于让读者能利用 Axure RP 这款软件简单地布局一些页面，读者也可以模仿一些成功的互联网产品案例制作其他的页面，熟悉 Axure RP 的各项基础操作，为后续的学习打下良好的基础。

2.2 基本元件

基本元件，顾名思义是组成界面原型的基础元素。在 Default 元件库中，基本元件包括矩形、按钮、标题、文本、占位符、水平线、垂直线、图片和热区。

2.2.1 矩形类

把矩形、按钮、标题、文本标签和文本段落分别拖入设计区域，在概要面板中可以看到，每个元件后面括号里的类型都是“矩形”，如图 2-16 所示，这就说明这些元件本质上都是矩形，在属性和样式上有相同或相似的地方，笔者把它们都归为“矩形类”。

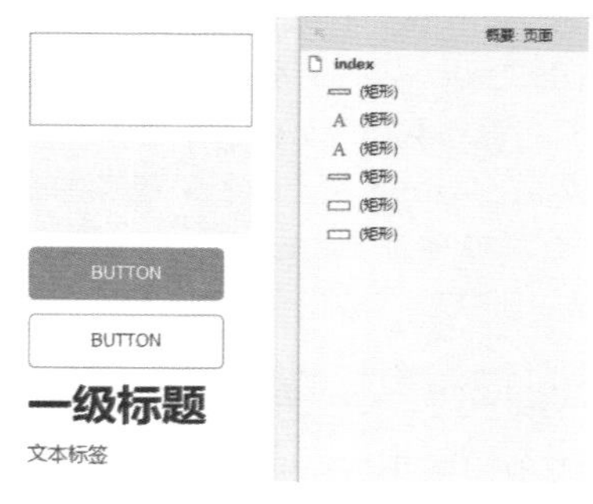

图 2-16

矩形类中的元件通常用来做页面的布局，通过修改形状、背景颜色和填充内容等样式，用来表现页面不同区域的用途、层次和重要性。

1. 矩形类元件基本介绍

矩形

Axure RP8.0 中有 3 个默认样式不同的矩形，分别为矩形 1、矩形 2 和矩形 3，如图 2-17 所示。其中，矩形 1 是带边框矩形，矩形 2 和矩形 3 为无边框矩形且填充颜色为不同深度的灰色，双击可设置矩形的文本内容。这 3 个不同样式的矩形，正好符合 1.2.1 节中提到的“按照元素的级别梯度使用不同深度的灰色来制作低保真原型”的原则。

图 2-17

另外，Axure RP8.0 中还有一个椭圆形元件，它在属性、样式选项上和矩形基本是相同的，此处不再赘述。

按钮

Axure RP8.0 中有 3 个默认样式不同的按钮，分别为按钮、主要按钮和链接按钮，如图 2-18 所示，按钮中默认填充 BUTTON 文本，双击可修改文本。“按钮”带边框且填充颜色为白色，“主要按钮”无边框且填充颜色为蓝色。当原型中以“按钮组”的形式出现时，如确认、取消、保存、返回，主要按钮的颜色一般会稍亮一些。链接按钮无边框、无填充颜色，且文本颜色为蓝色，因为带颜色的文本一般认为是可以单击的。

图 2-18

标题、文本标签、文本段落

Axure RP8.0 中提供了 3 个级别的标题，分别为一级标题、二级标题和三级标题，如图 2-19 所示，它们的文本字体大小不同，其他样式均相同，双击可修改。文本标签和文本段落（见图 2-20）的区别在于，文本标签为单行文本，文本段落为多行文本（自动换行）默认字体大小也不同。

H1 一级标题　H2 二级标题　H3 三级标题

图 2-19

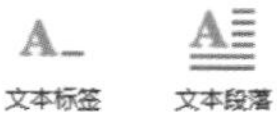

文本标签　文本段落

图 2-20

2. 管理元件样式

可以根据实际需要修改各元件的默认样式，例如，当 UI 效果图出来后，可以直接把主要按钮的颜色修改为效果图上的颜色，这样所有主要按钮的样式都会自动更新，省去了单独修改每一个按钮的麻烦；还可以创建新的元件样式以供快速调用，例如，商品管理页面的新增按钮、删除按钮、返回按钮的默认样式和交互样式应该有所区别，通过创建不同的按钮样式来快速设置。学过网页开发的读者不难发现，此功能和 CSS 中的类有些相似。

应用方法 1

（1）执行菜单中的【项目 > 元件样式编辑】命令，如图 2–21 所示，打开元件样式管理器。

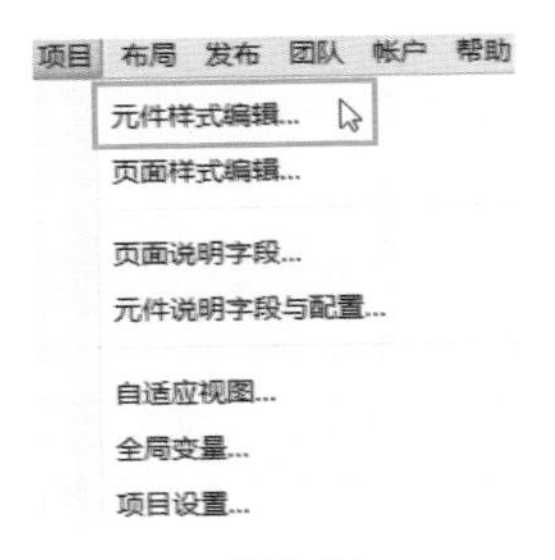

图 2–21

（2）在元件样式管理器中，修改已有样式，如图 2–22 所示。

① 选择左侧的样式名称。

② 修改右侧的项目。

图 2–22

（3）在元件样式管理器中，创建新样式，如图 2–23 所示。

① 为了不打乱已有样式的顺序，选中最后一个样式名称，单击加号。

② 命名新样式，然后设置右侧的项目。

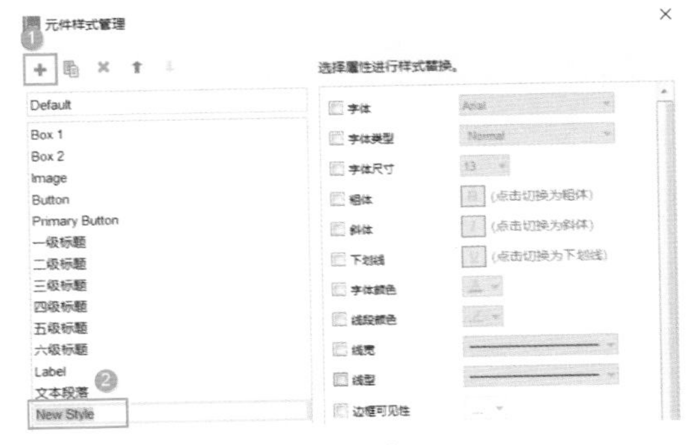

图 2–23

（4）选中需要应用样式的元件，选择样式面板中的样式名称，即可成功应用样式，如图 2–24 所示。

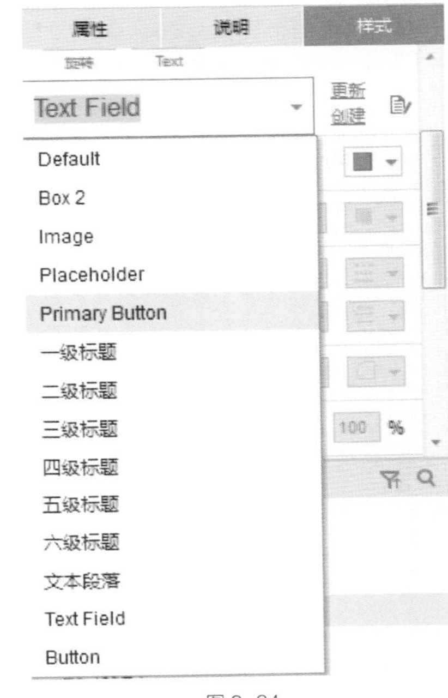

图 2–24

应用方法 2

（1）在设计区域设置好样式，然后在样式面板中单击“更新”，如图 2–25 所示，该样式被更新，但已经拖入设计区域的元件样式不会变更。

图 2–25

（2）在设计区域设置好样式，单击“创建”，如图 2–26 所示，打开元件样式管理器，命名后单击“保存”按钮，无须再次设置右侧的项目，即可创建新样式。

图 2–26

（3）选中需要应用样式的元件，选择样式面板中的样式名称，即可成功应用样式。

3. 矩形类元件共通样式

既然上述元件都被归为了“矩形类”，那么它们可以设置的样式项目应该是相同的，如图 2–27 所示。

图 2–27

位置・尺寸：可以设置 x 轴坐标和 y 轴坐标、宽度和高度、元件角度和文本角度、水平翻转和垂直翻转、自动适合文本宽度和自动适合文本高度。除了在样式面板中修改上述参数外，在设计区域拖动元件可以直接改变元件的位置；拖曳元件四周和四角的定位点可以直接改变元件的尺寸，按住 Shift 键同时拖动鼠标可以按照原比例改变尺寸；双击元件四周和四角的定位点，可以让元件的尺寸修改为“自动适合文本宽度 / 高度”或高度与宽度同时自适应文本内容。

改变元件的默认样式：快速修改该元件的样式，与 Word 中的“快速样式”类似。选项中默认为基本元件的若干个样式，可以更新已有样式或创建新样式。

填充颜色：可以设置为纯色填充或渐变填充。

阴影：可以设置外部阴影和内部阴影。

边框：可以设置边框的粗细、颜色、线段类型和可见性。

圆角半径：可以分别设置四角的圆角半径。

字体：设置常规的字体样式。

行间距：设置元件内文本内容的行间距。

项目符号：设置元件内文本换行时是否显示项目符号。

对齐：设置元件内文本在水平和垂直方向的对齐方式。

填充：设置元件内文本距离元件四周各边框的距离。

上述元件都是以矩形为基础而制作出来的。按钮就是改变了矩形的默认大小、边框和填充颜色，默认显示 BUTTON 文字的矩形；标题、文本标签、文本段落就是取消了矩形边框和填充颜色、默认显示文本且自适应文本高度和宽度的矩形。

4. 矩形类元件属性

交互：设置元件交互动作。不同的元件有不同的事件，如“鼠标单击时”“选中时”等，在制作交互案例时再具体讲解，如图 2–28 所示。

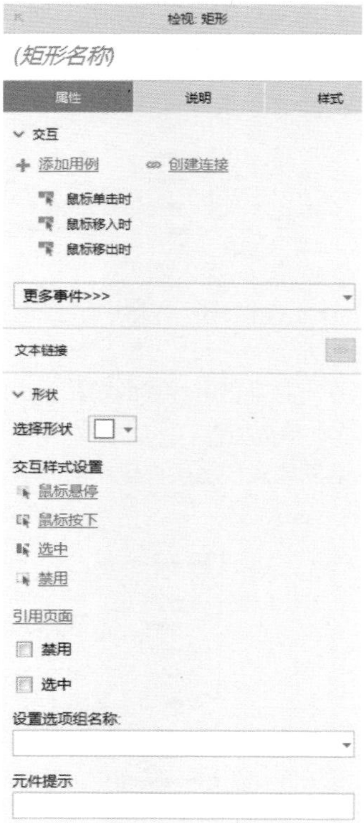

图 2–28

文本链接：双击元件选中文本时，该属性被激活，可以为元件中的文本添加超链接，而且自动设置了文本的鼠标悬浮和鼠标按下时的文本样式。

形状：修改元件的形状，有若干种形状备选，也可以转换为自定义形状。

交互样式设置：可以设置鼠标悬停时、鼠标按下时、选中和禁用状态下元件的样式。

引用页面：设置后，该元件的文本内容修改为引用页面的名称，且单击该元件可以跳转至引用页面。

禁用：勾选后该元件将无法与用户做任何交互。

选中：勾选后该元件处于选中状态，常用于配合其他交互事件动态改变元件的样式。

设置选项组名称：当若干元件设置为同一选项组时，该选项组内的元件在同一时刻只能有一个被选中。

元件提示：用于设置鼠标悬浮时提示的文字。

2.2.2 占位符

占位符可以用来替代一些暂时无须做详细设计的区域，这些区域一般没有交互动作或只有一些基础的、常规的交互动作，比较容易说明区域内要放置的内容，如图 2-29 所示。当然也可以使用普通的矩形，但可能从视觉上感觉“占位”的效果不是很明显。如果把占位符设置成长宽相等，很像“×”，可以充当“关闭”按钮。另外，既然占位符起到的是临时替代的作用，那么它就应该仅出现在低保真原型中；在高保真原型中，占位符的作用就很有限了。

占位符

图 2-29

1. 应用场景

场景 1

诸如 Logo、广告位和轮播图等只是图片的区域，可以使用占位符临时替代。

场景 2

若页面中的部分区域已经明确了内容是什么，但暂时无须做具体的布局，可以先使用占位符替代。

如教育类产品 Web 端的课程详情页面，在这个页面中可能关注的第一个业务流程是用户查看课程介绍并完成购买的过程，除此之外，页面中还会有相关课程推荐、相关套餐推荐等内容来引导用户获取更多感兴趣的信息。那么在设计第一个业务流程的页面时，其他内容就可以暂时无须关注细节，先使用占位符替代。

场景 3

在多人协作时，若在页面中必须放置一些内容，只是还没有进行设计，此时可以使用占位符，提醒团队中的其他成员不要在这个位置设计其他内容，若其他成员也有一些设计想法，那么可以进行线下交流讨论。

2. 占位符样式

占位符不能设置圆角半径，不能设置边框可见性，其他的项目和矩形相同，不再赘述。

3. 占位符属性

占位符的属性和矩形相同，不再赘述。

2.2.3 水平线和垂直线

水平线和垂直线一般只作为基本的图形来使用，可以用来分隔页面的不同区域、制作不同类型的箭头等，也可以通过改变线段的粗细程度和颜色来制作一些比较有质感的效果，如图 2-30 所示。

图 2-30

下面制作一个有渐变颜色的线段，效果如图 2-31 所示。

图 2-31

（1）拖入一个水平线元件至设计区域，修改线宽为最粗，如图 2-32 所示。

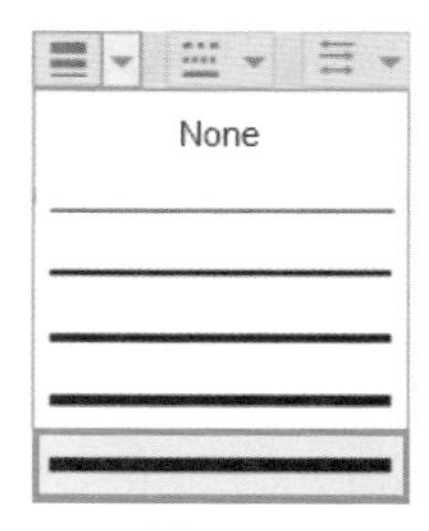

图 2-32

（2）设置线段颜色，如图 2-33 所示。

① 选择填充类型为“渐变”。

② 单击第一个颜色滑块，设置颜色为 #3399FF。

③ 在第一个颜色滑块的右侧单击鼠标，增加一个颜色滑块，设置颜色为 #00FFFF，并拖动至中间位置。

④ 单击最右侧的颜色滑块，设置第 3 种颜色为 #00FF99。

⑤ 设置渐变角度为 0。

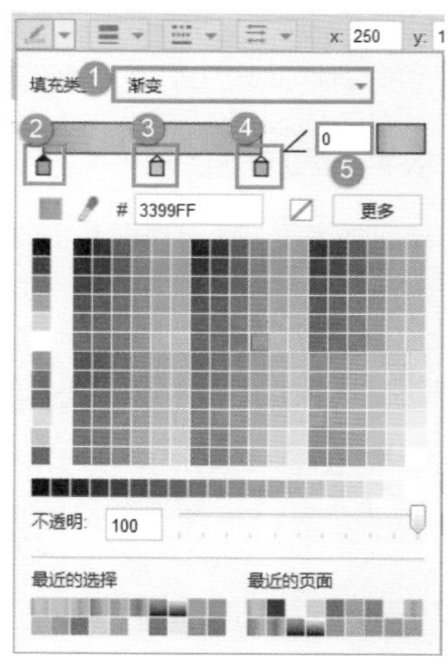

图 2-33

（3）设置完成后，按 F5 键在浏览器中预览效果，如图 2-34 所示。

图 2-34

2.2.4 图片

通过图片元件可以把外部的图片导入原型中。此方法通常在制作高保真原型时使用得比较多，如图 2-35 所示。

图 2-35

1. 导入图片

拖入一个图片元件至设计区域，双击该元件可以导入外部图片，也可在右侧的属性面板中单击“导入”按钮，如图 2-36 所示。若导入的图片过大，会询问是否进行优化，如图 2-37 所示。若单击“是”按钮，Axure 会适当压缩图片；若单击“否”按钮，则以原图大小导入。

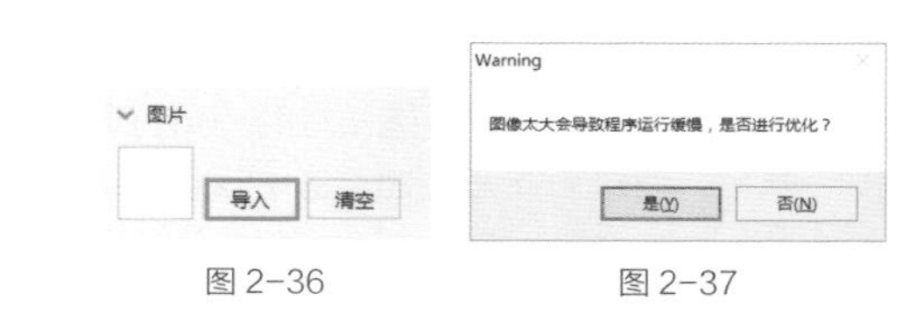

图 2-36　　图 2-37

2. 调整图片大小

拖曳图片四周和四角的定位点，可以改变图片大小，按住 Shift 键同时拖曳可按原比例缩放，双击任何一个定位点可以恢复至原来的大小，如图 2-38 所示。

图 2-38

3. 切割图片

选中图片，在样式面板中单击“切割”按钮，如图 2-39 所示，也可以在图片上单击右键并选择【切割图片】命令，在图片中想要切割的位置单击，原来的图片便被切割成 4 份，如图 2-40 所示。

图 2-39

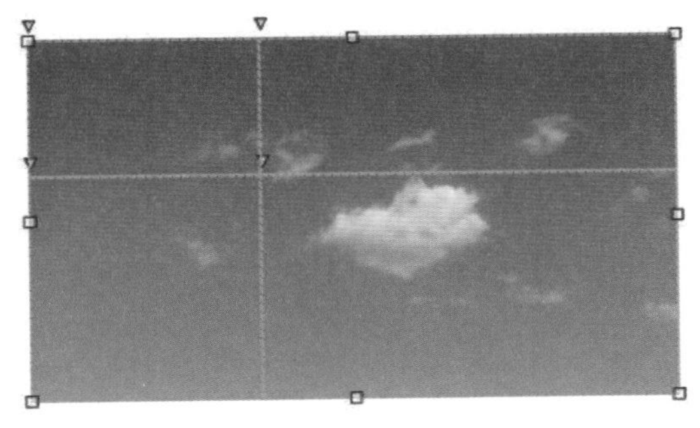

图 2-40

4. 裁剪图片

选中图片，在样式面板中单击“裁剪”按钮，如图 2-41 所示，也可以在图片上单击右键并选择【裁剪图片】命令，然后拖动图像内部的定位点设置要裁剪的区域。

图 2-41

（1）单击设计区域右上角的“裁剪”按钮，图片会保留所选区域，如图 2-42 所示。

图 2-42

（2）单击设计区域右上角的“剪切”按钮，图片保留所选区域以外的部分，如图 2-43 所示。

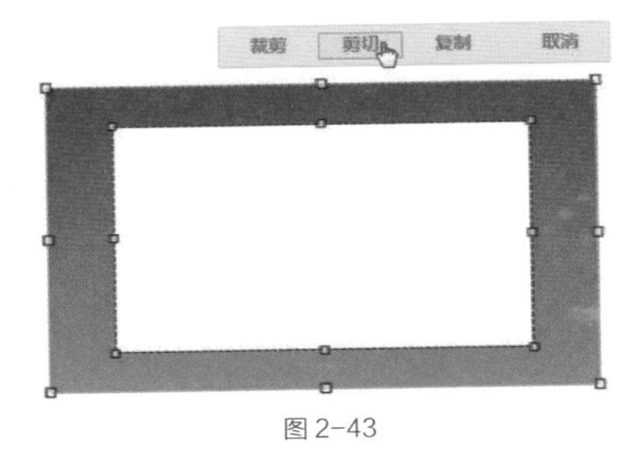

图 2-43

5. 转换为图片

在制作低保真原型时，一般会使用占位符、矩形或按钮代替图片，那么在逐渐完善为高保真原型时，如果把这些元件删掉替换成图片，还要调整其位置尺寸，是非常麻烦的。可以在非图片元件上单击右键，选择【转换为图片】命令，如图 2-44 所示，然后双击这些元件就可直接导入外部图片了，并且可以维持之前的元件大小。

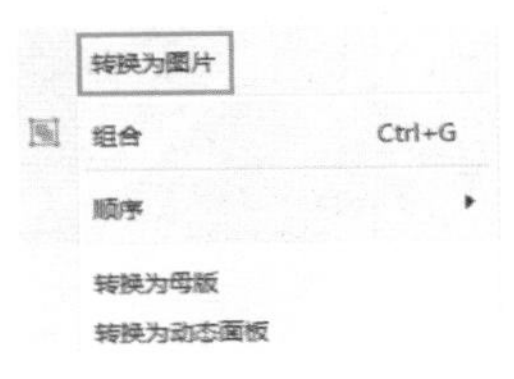

图 2-44

2.2.5 热区

可以把热区理解成一种特殊的透明矩形，它在设计区域中有一层浅绿色的遮罩，如图 2-45 所示，但在浏览器中是透明的。热区同样可以添加交互动作，实现一些常规元件难以实现的效果。

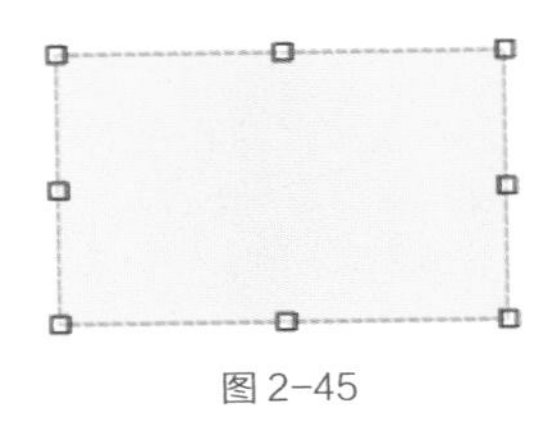

图 2-45

场景 1

只想给一张大图的部分区域添加交互动作时，可以把热区覆盖到图片上，如图 2-46 所示，然后调整尺寸至添加交互的范围，给热区添加交互动作。

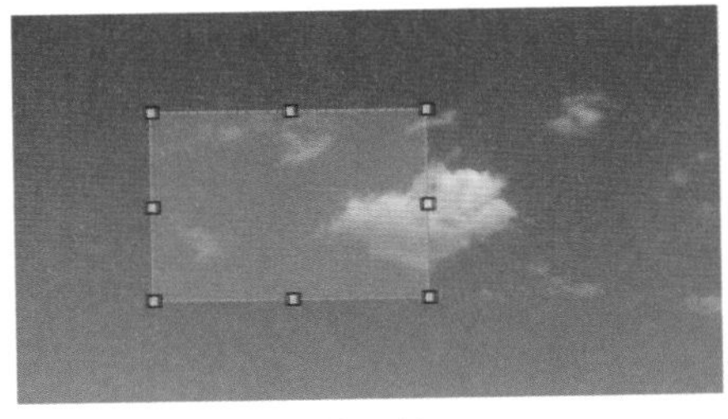

图 2-46

◖ 场景 2

想扩大元件的可交互范围时，可以应用热区。例如，移动 App 界面中有些图标的视觉范围是比较小的，但为了提升用户体验，单击图标周围一定范围内的区域时应该都可以触发交互动作，此时就可以把热区覆盖到图标上，如图 2-47 所示，然后调整尺寸至合理的范围，给热区添加交互动作。

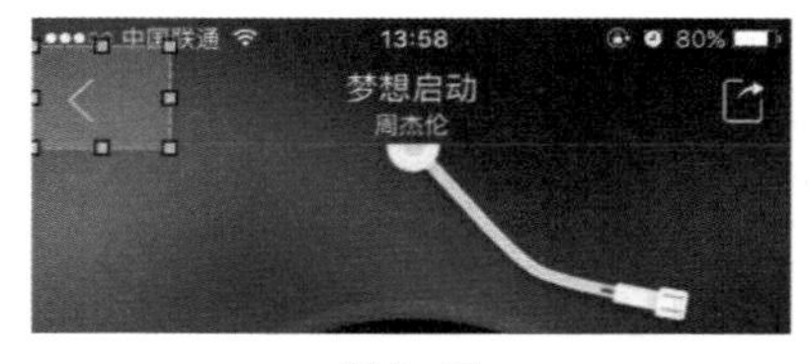

图 2-47

2.2.6 案例：修改按钮的交互样式

◖ **案例描述**

自定义按钮样式，鼠标悬浮至按钮上时改变样式，如图 2-48 所示。

图 2-48

◖ **案例难度：**★☆☆☆☆

◖ **案例技术**

元件样式管理、交互样式设置。

◖ **制作步骤**

首先准备元件——两个主要按钮，如图 2-49 所示。

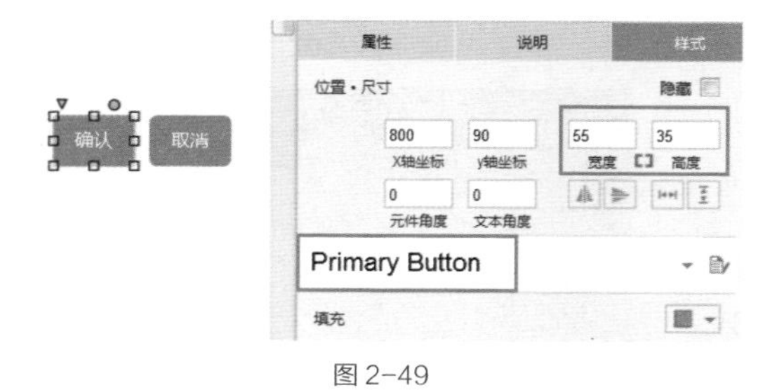

图 2-49

（1）拖入两个“主要按钮”至设计区域，把文字分别修改为“确认”和“取消”。

（2）尺寸分别设置为 55 像素 ×35 像素。目前这两个按钮应用的样式名称均为 Primary Button。

然后设置两个按钮的默认样式。不直接在按钮的样式面板中修改，而是在元件样式管理器中添加可以复用的样式，目前还没有做其他操作，“确认”和“取消”按钮的样式名称均为 Primary Button，目的是将这两个按钮应用为不同的样式。

（1）修改“确认”按钮的样式，如图 2-50 所示。

① 把“确认”按钮的填充颜色改为 #22C27C。

② 单击样式面板中的“更新”按钮，修改“确认”按钮的样式。

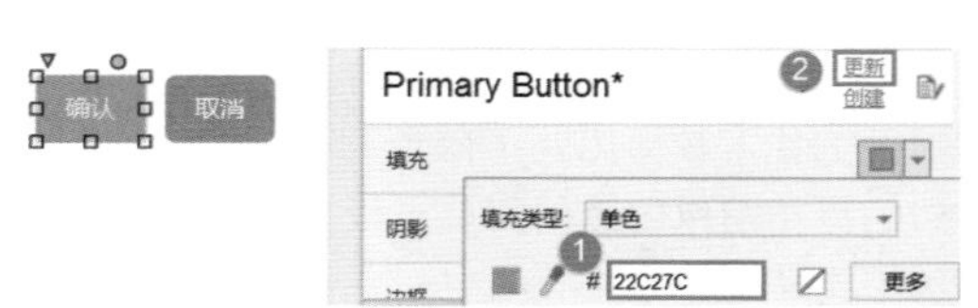

图 2-50

（2）创建“取消”按钮的样式，如图 2-51 所示。

① 把“取消”按钮的填充颜色改为 #CCCCCC。

②单击样式面板中的“创建”按钮。

③在元件样式管理器中，将该按钮命名为 Default Button。

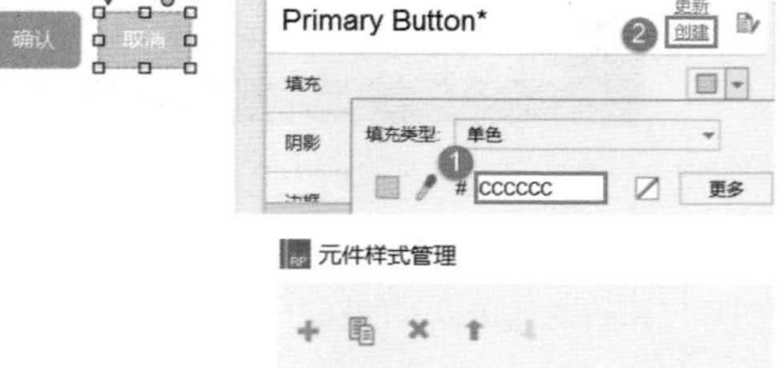

图 2-51

接着设置两个按钮的鼠标悬浮样式，同样在元件样式管理器中添加可以复用的样式。

（1）设置“确认”按钮的鼠标悬浮样式，如图 2–52 所示。

① 执行菜单栏中的【项目 > 元件样式编辑】命令，打开元件样式管理器。

②单击加号。

③命名为 Primary Button Hover。

④设置填充颜色为 #3A995D。

图 2–52

（2）用同样的方法添加一个新的样式作为“取消”按钮的鼠标悬浮样式，样式名称为 Default Button Hover，填充颜色为 #999999。

最后设置两个按钮的交互样式。

（1）设置“确认”按钮的交互样式，如图 2–53 所示。

①选中“确认”按钮，单击“交互样式设置”下的“鼠标悬停”，打开交互样式设置管理器。

②勾选“元件样式”，选择 Primary Button Hover。

图 2–53

（2）用同样的方法设置“取消”按钮的交互样式，选择 Default Button Hover。

（3）设置“完成”后，按 F5 键在浏览器中预览效果。

2.3 文本框与多行文本框

文本框，也被称为输入框，是一种最常用的表单元件，用来获取使用者输入的数据，如图 2–54 所示。

这些数据不仅仅局限于纯文本,在属性面板中,可以看到有如下 11 种文本框类型,如图 2–55 所示。

图 2–54　　图 2–55

Text（文本）：最常见的文本类型，包括中文、英文、数字、特殊字符等，支持复制、粘贴操作。

密码：把明文显示改成了密文显示，不能直接输入中文，但可以把别处的中文复制进去。

邮箱：输入数据时和文本类型相同，但若输入非邮箱格式，鼠标悬浮时会提示“请在电子邮件地址中包括‘@’”。

Number（数字）：只能输入数字，支持单击鼠标增减数字。

Phone Number（电话号码）：在 PC 浏览器上输入数据时和文本类型相同，若在移动设备上预览原型，获取焦点时会自动调取移动设备的数字键盘。

Url：输入数据时和文本类型相同，若输入非网址格式（需要加入传输协议前缀，如 http://），鼠标悬浮时会提示“请输入网址”。

查找：输入数据时和文本类型相同，但增加了一键清除功能。

文件：文件选择控件，在浏览器中才有效果。可以选择本地文件，不会真的和文件有数据交互，只是一个交互动作而已，如图 2–56 所示。

选择文件 未选择任何文件

图 2-56

日期：日期选择控件，在浏览器中才有效果，可以选年份、月份和日期，如图 2-57 所示。

图 2-57

Month（月份）：日期选择控件，在浏览器中才有效果，只能选择年份和月份。

Time（时间）：时间选择控件，在浏览器中才有效果，可以选择时和分，支持手工录入（会自动判断合法性）、单击鼠标增减，也可以一键清除。

需要说明的是，不同的浏览器对以上 11 种类型的支持程度是不一样的，在浏览器中的效果也不同，推荐大家使用 Chrome 浏览器。

2.3.1 文本框的属性设置

文本框的属性如图 2-58 所示，在制作交互效果时，常常需要设置这些属性。

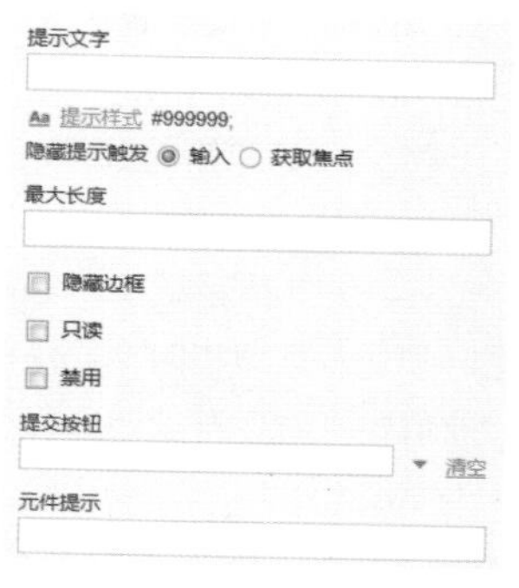

图 2-58

提示文字：用于设置文本框内显示的提示文字，文字的样式可以修改。默认在文本框输入内容时隐藏提示文字，也可以设置成当文本框获取焦点时提示文字立刻隐藏。

最大长度：用于设置允许文本框输入的最大字符长度，当达到长度限制时无法继续输入。

隐藏边框：勾选后文本框将隐藏边框，经常在自定义文本框样式时使用。

只读：勾选后不能再编辑文本框，但可以复制文本框中的内容。

禁用：勾选后将无法与用户做任何交互，不可以编辑，也不可以复制文本框中的内容。

提交按钮：在焦点文本框上按回车键时，会调用所设置按钮的“鼠标单击时”事件，也就是说用回车键来替代单击提交按钮，常用于表单提交，后续的章节会讲解。

元件提示：用于设置鼠标悬浮时提示的文字。

2.3.2 文本框样式

在文本框的样式面板中，只有坐标、尺寸、填充颜色和文字样式的设置，诸如边框、圆角半径、阴影等均处于禁用状态，如图 2-59 所示。如果在制作高保真原型时需要自定义文本框样式，那么只能利用其隐藏边框的属性，配合其他元件来实现效果，在后续的案例章节会做具体介绍。

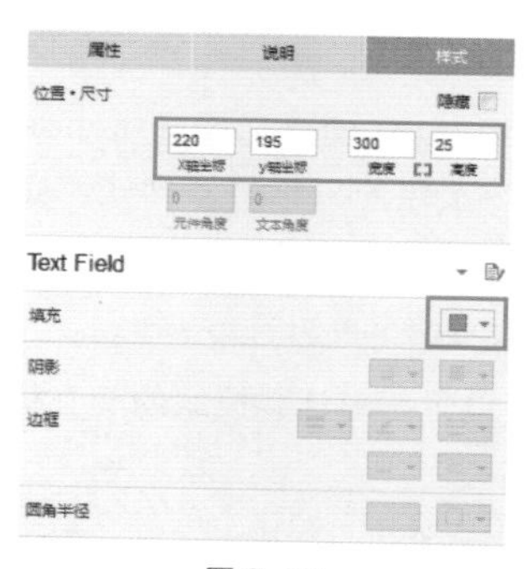

图 2-59

以上介绍的都是文本框的内容，多行文本框的属性、样式设置和它基本相同，只是没有了那么多的类型，只能输入纯文本内容。

2.3.3 设计原则：表单设计那些事儿

Axure 中文本框的使用方法很简单，在产品设计中，文本框通常会和表单填写相关联，这里边还有很多设计原则要遵守，否则可能会影响用户体验，严重的会影响产品的使用。本节就给大家介绍“表单设计那些事儿”，后续的章节中，笔者也会在讲完软件操作、案例分析之后，增加一些类似的内容。

1. 选择合适的文本标签

文本框和后续要讲到的其他表单元件，一般都不会孤立使用，和其配合使用最多的就是文本标签。文本标签通常起引导和说明作用，为了让页面更加清爽，也为了让用户能够在第一时间确定文本框要填写的内容，文本标签要简短，尽量使用名词，如“邮箱”“手机号”，不要使用“请输入您的用户名”等加入了动词、修饰词的短语、句子，如图 2-60 所示。如果把文本标签放到文本框内部，并配合图标会更好，如图 2-61 所示，人对图形的敏感程度总是要高于文字，前提是图标制作得恰当（这是 UI 设计师的工作）。

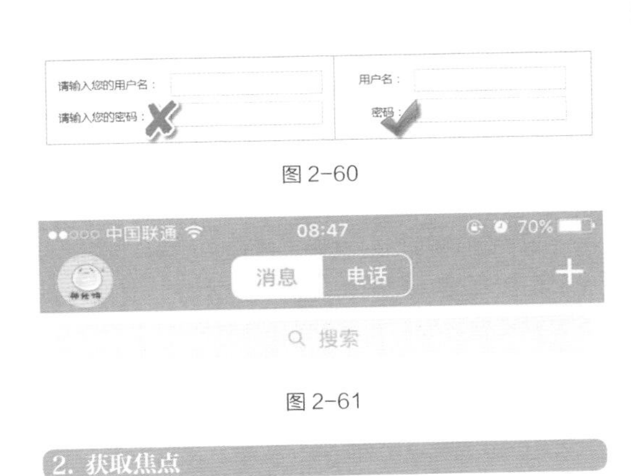

图 2-60

图 2-61

2. 获取焦点

当已经获取焦点的文本框要高亮显示时，可以改变边框颜色、增加阴影等，如图 2-62 所示，当然在低保真原型中可以不做高亮效果。在 Web 端的表单填写页面，如登录页、个人资料填写页，应该自动让第一个文本框获取焦点，这样用户在打开页面时直接就能输入；当单击提交按钮时，若用户输入的信息有误，则应该定位到第一个错误信息上。但是在移动端的表单页面，很少有自动获取焦点的设计，因为移动设备的屏幕比较小，一旦文本框获取焦点，就会弹出键盘，如果刚打开新页面屏幕上就有将近一半的内容是键盘，会影响用户获取整体的页面信息。

图 2-62

3. 合理的限制

一定要限制文本框的输入长度和允许输入的类型，一是减少用户输错的可能性，例如，输入身份证号就把长度限制到 18 位，超出的部分无法输入；二是增强安全性，让用户自己去输入一些数据，对于软件来说本身是比较“危险”的，因为你不知道用户都会输入什么东西，会不会输入一些攻击脚本等，所以对特殊字符的限制就尤为重要。另外，对于特殊字符，在开发时是需要进行“转义”的，如果实际业务不需要特殊字符，允许用户输入就会增加开发成本，所以对特殊字符一定要“格外关照”。

4. 输入信息时的反馈

刚才讲到应该让输入有误的文本框自动定位、获取焦点，但这是在用户单击“提交”按钮时才能做到的，此时用户已经填写了很多信息，如果用户满心欢喜地提交时，发现自己刚刚填写的信息不符合要求，这是一件很让人烦心的事。其实可以在用户填写信息的过程中就给用户相应的反馈，不论是填写正确还是错误，在文本框失去焦点时，甚至在文本框内容发生变化时就做出判断，让用户时时刻刻心里都有底。对于错误反馈，应该详细说明错误的原因，例如，当用户设置的密码长度不合要求时，应该提示“密码长度必须大于 6 位”，如图 2-63 所示，而不是泛泛地提示“密码不符合要求”。对于填写错误的文本框，最好也高亮显示。

图 2-63

5. 关于说明信息

这里的说明信息可以理解为业务上的说明和交互逻辑的说明。对于 to C 产品，最好不要加入过多的交互逻辑说明，如果用户需要借助那么多的说明才能使用产品的话，说明你的设计是比较失败的。当然如果帮助和说明信息真的很有必要（一般都是业务说明），那么建议也不要超过 3 行。如果说明内容确实很多，可以在旁边加上一个小图标，鼠标悬浮时显示，这样可以让用户自己决定是否阅读。对于 to B 产品，笔者认为适当的帮助和说明信息是有必要的。因为很多 to B 产品对应的业务流程非常复杂，帮助和说明信息有利于用户在上面更好地工作。

6. 自动建议

可以用下拉框的形式对输入的内容进行实时匹配或联想补充，例如，搜索联想、邮箱的后缀补齐，如图 2-64 所示。这种设计可以让用户准确高效地输入内容，尤其是用户输入外语或对目标信息不是很熟悉的情况，会显著提高信息输入的准确性。

图 2-64

7. 自动填充

可以在文本框中预设一些已经明确的字段。比如移动端都有定位功能，Web 端也可以根据 IP 定位，可以利用这些技术提前填充区号、邮编，减少用户的操作。这些预设的内容应该是可修改的，因为定位也有不准确的时候。有些内容也可以根据已填写的文本框数据自动填充，例如，可以根据身份证号推断出用户的地区、出生日期和性别。

8. Tab 键切换

使用 Tab 键可以切换焦点，需要注意的是应该按照页面上元件的顺序进行切换。

9. 移动端键盘类型的限制

在移动设备上，有不同的键盘类型。例如，在输入电话号码时，可以直接调用数字键盘，不要让用户自己切换键盘，防止用户输入错误，也能提升产品体验。需要说明的是，Axure 的文本框只有数字键盘（在移动设备上预览时才有效果），无法分别限制中文和英文，但如果产品需要默认显示某一种类型的键盘，如输入密码时默认显示英文键盘，用户可以手动切换数字键盘，应该在交互说明书中标明。关于如何撰写交互说明书，会在后续的章节中详细介绍。

2.4 选择类表单元件

下拉列表框、列表框、复选框、单选按钮和提交按钮都是常用的选择类表单元件，它们有很多相似之处，也有很多独有的属性，下面分别进行介绍，大家可以对比学习。

2.4.1 下拉列表框

下拉列表框可以有若干个列表项，但每次只能选择其中一个，如图 2-65 所示。

图 2-65

双击设计区域中的下拉列表框，打开“编辑列表选项”对话框，如图 2-66 所示。各按钮和复选框的功能如下。

① 添加一个列表项。

② 上移列表项、下移列表项。

③ 清除选中的列表项。

④ 清除所有列表项。

⑤一次添加若干列表项，每行一个。

⑥勾选后该项被默认选中，若没有任何一个列表项被勾选，则默认选中第一个。

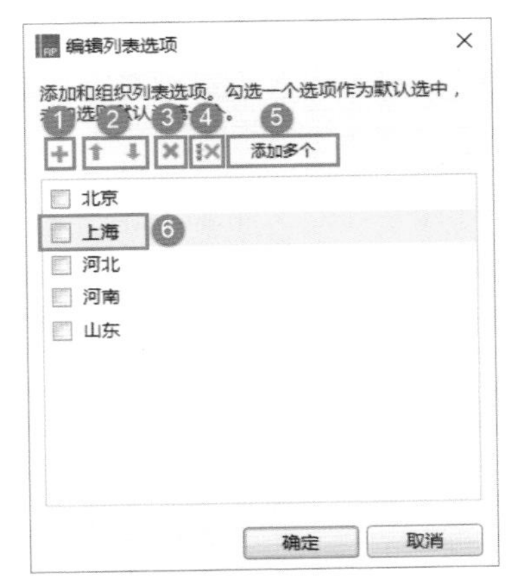

图 2-66

添加列表项后，在属性面板中可以查看列表项的全部内容，也可以单击此处的“列表项”按钮进行编辑，如图 2-67 所示。

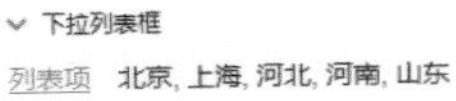

下拉列表框
列表项 北京, 上海, 河北, 河南, 山东

图 2-67

2.4.2 列表框

列表框可以有若干个列表项，支持单选、多选，如图 2-68 所示。

列表框

图 2-68

双击设计区域中的列表框，打开“编辑列表选项”对话框，使用方法与下拉列表框相同。在该对话框下方勾选“允许选中多个选项”复选框，如图 2-69 所示，在浏览器中可以选中多个列表项，方法有以下 3 种。

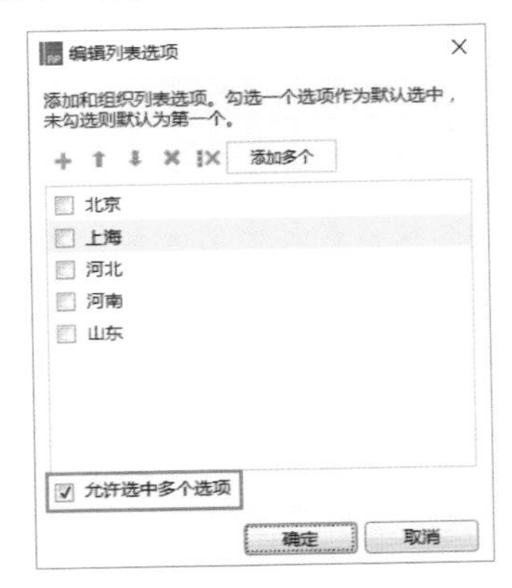

图 2-69

方法 1：按住 Ctrl 键的同时单击每一个需要选择的列表项，单击过的列表项会被选中。

方法 2：按住 Shift 键的同时单击需要选择列表项的首尾，首尾之间的列表项（含首尾项）同时被选中。

方法 3：直接拖动鼠标经过每一个需要选择的列表项。

2.4.3 复选框

复选框是默认支持多选的选择类元件，如图 2-70 所示。

图 2-70

在设计区域中直接勾选复选框，则该复选框默认是选中状态,也可以勾选属性面板中的“选中”;在属性面板中可以设置“对齐按钮”为“左”或“右”,一般选择“左”,符合使用习惯,如图 2-71 所示。

图 2-71

2.4.4 单选按钮

单选按钮，从字面上也能看出它只支持单选，并且某个单选按钮一旦选中无法直接取消，只有选中其他单选按钮后才能取消选中，如图 2-72 所示。

图 2-72

拖入几个单选按钮至设计区域，在浏览器中预览效果时会发现并没有实现“单选”的效果，这是怎么回事？要实现所谓的“单选”效果，必须要有一个选择范围，因为 Axure 不知道是要在某 3 个单选按钮里实现单选，还是在某 4 个单选按钮里实现单选。这个“选择范围”就是单选按钮组。

选中若干单选按钮，在属性面板中设置单选按钮组名称（支持中文和英文），如图 2–73 所示，意味着这些单选按钮在同一时刻只有一个能被选中。如果界面中有若干个单选按钮组，则其名称不能重复，否则就会变成同一个组。此时若某个组里新增了一个单选按钮，只需给这个单选按钮输入（或选择）对应的单选按钮组名称即可。

图 2–73

2.4.5 提交按钮

提交按钮，如图 2–74 所示。与矩形按钮的不同之处在于，提交按钮使用的是浏览器内置的默认样式和交互样式，不能自定义修改，但它可以修改文本样式、改变大小和设置禁用。如果正在制作不需要 UI 元素的后台界面原型，使用提交按钮是很方便的。

SUBMIT

提交按钮

图 2–74

2.4.6 设计原则：选择合适的表单元件

要根据不同的用途、不同的需求来选择合适的表单元件,这样才能让产品具有良好的易用性，提升产品的用户体验，进而提升产品的转化率。

1. 整体感知

从属性上看，复选框和列表框可以支持多选，而单选按钮和下拉列表框只支持单选，所以可以根据产品需要的功能来选择。

从直观感受上来看，单选按钮和复选框每个选项都要占据一定的空间，而下拉列表框只需要一行的空间，列表框也可以通过滚动条的方式显示更多的选项。如果要设计单选的功能，一般选项较多时选择下拉列表框（如地域的选择），而选项较少时选择单选按钮（如性别的选择）；如果产品需要多选功能，当页面空间有限且选项较多时可以选择列表框，当页面空间不受限制时可以选择复选框。

上述两个方面都是最简单的选择依据，在使用这些表单选择元件时，还需要遵循一定的设计原则。

2. 单选按钮的设计原则

设置默认项

因为单选按钮是不能取消选中的，所以一般会设置一个默认选择项，这样可以引导用户做出选择。如果在业务上确实需要空选项的话，可以设置一个“无”选项，如图 2–75 所示。

无
一个
两个
三个

图 2–75

扩大可单击区域

一般把单选按钮的文本标签部分也作为可单击区域，这样无须精确定位到按钮部分即可成功选中，能够显著提升用户体验。Axure RP 自带的单选按钮元件是可以实现这个功能的，只是在交互说明里需要交代清楚，如图 2–76 所示。

图 2–76

排列优先级设置选项顺序

按照用户选择的可能性排列选项的顺序，可能性较大的选项放到前面。

选项的排列方向

如果把选项设计成竖直排列，可以方便用户进行选项之间的对比；如果要水平排列，那么要注意单选按钮部分和文本标签之间的距离，如图 2–77 所示。

图 2–77

3. 复选框的设计原则

用肯定的文字作为文本标签

文本框选中状态的样式一般都是一个勾，所以用肯定的文字作为其文本标签是比较符合正常思维的，如“我同意上述条款”。尽量减少使用诸如“不要给我推送消息”这样的否定文字，“勾 + 否定文字”可能延长用户的反应时间，哪怕是零点几秒，也会给用户带来使用不流畅的感觉，如图 2-78 所示。

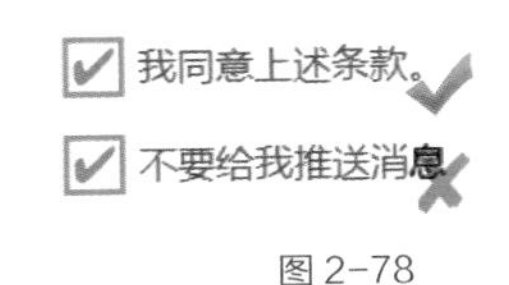

图 2-78

此外，选项的排列方向、扩大可单击区域这些同样需要注意规则。

4. 下拉列表框的设计原则

联动下拉列表框

当选项的数量非常多，达到一定程度时，可以尝试把选项分类，形成多个联动下拉列表框。虽然用户单击操作的次数多了，但避免了在很多选项中查找的麻烦，提高了效率，如图 2-79 所示。

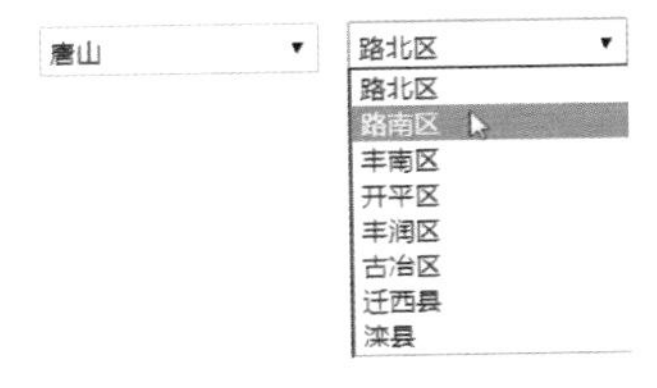

图 2-79

设置默认项

如果仅仅是在填写表单时作为单纯的选择功能，那么下拉列表框中最好有默认选项，而不是默认空白。

设置“全部”选项

如果下拉列表框是作为筛选功能使用的，会配合数据列表使用，那么应考虑是否需要加入“全部内容”的选项。在页面的筛选区域，一般不会有单独的文本去说明这个下拉列表框的作用，此时可以在第一个选项中设置“请选择……”来说明此下拉列表框筛选的内容，如“请选择年级”，既说明了下拉列表框的作用，并且当此选项被选中时数据列表显示的是“全部年级”，如图 2-80 所示。

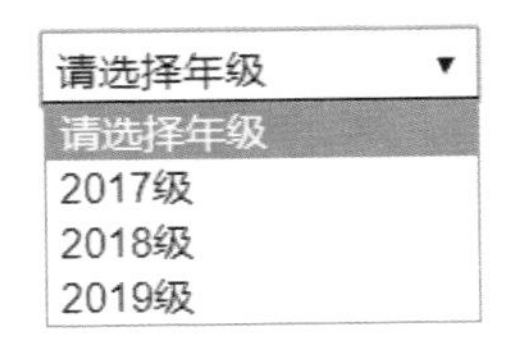

图 2-80

移动端的使用

在移动端尽量减少使用下拉列表框，因为在移动端需要先单击下拉列表框，在屏幕下方弹出选项列表，滚动列表并选择，最后关闭选项列表，如图 2-81 所示。这样的操作已经非常烦琐了，更重要的是移动设备的屏幕本来就很小，选项列表的范围又只是屏幕的一部分，在这么小的区域内滚动并查找目标选项是一件很痛苦的事。

图 2-81

5. 下拉列表框和单选按钮的对比

下拉列表框里的选项一般都是同一类型的不同备选内容，如河南、河北或山东这些省份的选择，2017 或 2018 年份的选择等；而单选按钮的选项一般表示状态或属性居多，如启用和禁用、打开和关闭、男和女等。

当用户不清楚待选项有哪些，需要直观显示全部的选项内容时，一般使用单选按钮或复选框，如用户喜好、用户标签的选择；当用户已经非常清楚自己的选择时，一般使用下拉列表框，如地域的选择。

当需要多条件组合筛选时，即使是涉及状态、属性的筛选（如启用和禁用、男和女），一般也习惯性地使用下拉列表框而不是单选按钮，因为这样用户选择后可以直观、清晰地看到筛选条件。

6. 复选框和单选按钮的对比

如果业务规定是单选并需要空选项，除了给单选按钮增加“无”选项外，也可以使用复选框，通过程序来限制只能选择其中的一个选项。由于复选框可以取消选中，所以无须设置“无”选项。

2.4.7 选择类表单元件在App上的“变体”

以上说的各种表单元件大多适用于电脑端的产品，而移动端因为屏幕尺寸偏小、交互方式与传统的鼠标键盘有所区别等原因，导致移动端关于选择类表单元件会有一些变化，比较典型的是把单选按钮、复选框转化为可选按钮和开关。

1. 可选按钮

传统的单选按钮和复选框的可操作区域比较小，在电脑上可以用鼠标操作，如果放到移动设备上，很容易发生单击困难或误操作的情况。为了避免这些问题，移动设备上一般采用“可选按钮”的形式来替代传统的单选按钮和复选框，如选择用户标签、选择话费充值金额等，如图 2-82 所示。

图 2-82

本节通过 App 的选择用户标签功能来介绍制作可选按钮的方法。

◖ **制作步骤**

（1）拖入 3 个“主要按钮”至设计区域，设置填充颜色为 #CCCCCC，尺寸为 90 像素 ×50 像素，修改文本分别为 IT 男、产品经理和设计师，如图 2-83 所示。

图 2-83

（2）设置按钮选中时的交互样式，如图 2-84 所示。

①同时选中 3 个按钮，单击属性面板中的“选中”按钮，打开“交互样式设置”对话框。

②勾选“填充颜色”复选框，设置颜色为 #FF6633。

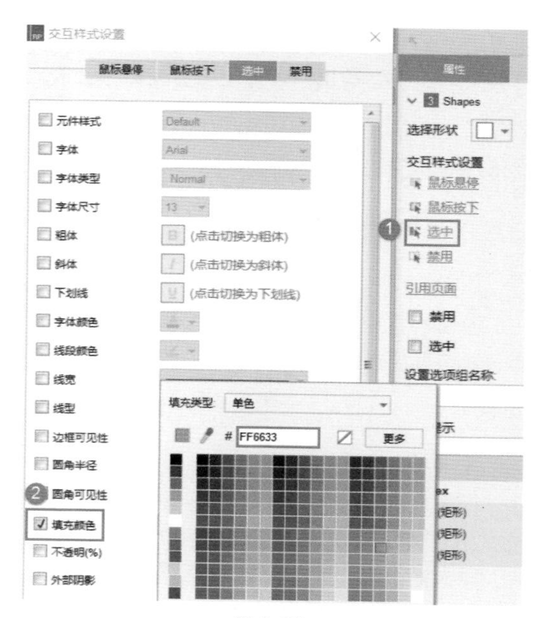

图 2-84

（3）选中按钮时高亮显示，如图 2-85 所示。

①选中第一个按钮，双击属性面板中的“鼠标单击时”事件，打开用例编辑器。

②选择【添加动作 > 元件 > 设置选中 > 选中】。

③在配置动作区域勾选“当前元件 to ‘true’”复选框。

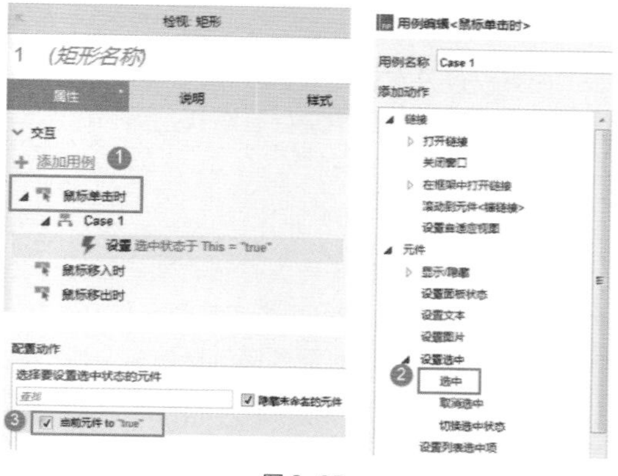

图 2-85

（4）为其他两个按钮的“鼠标单击时”事件添加相同的动作，如图 2-86 所示。

①在第一个按钮的“鼠标单击时”事件上按快捷键 Ctrl+C 复制。

②在其他两个按钮的“鼠标单击时”事件上按快捷键 Ctrl+V 粘贴。

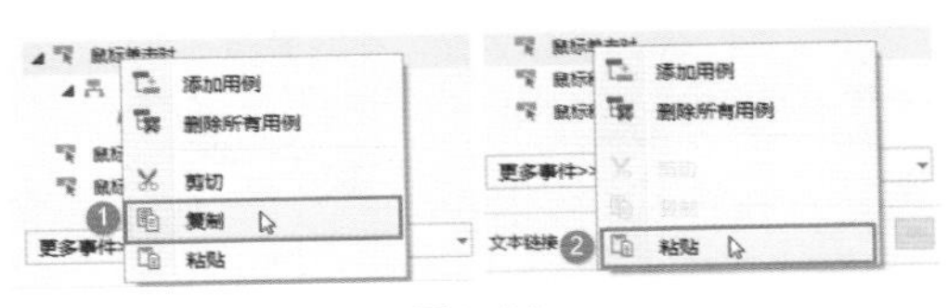

图 2-86

（5）设置完成后，按 F5 键在浏览器中预览效果，如图 2-87 所示。

图 2-87

> **提示**
>
> 无须为每个有交互动作的元件都命名，巧妙地运用“当前元件”，可以提高工作效率。

2. 开关

开关是移动设备上经常用到的一种元件，表示打开或关闭某个项目或功能，如图 2-88 所示。

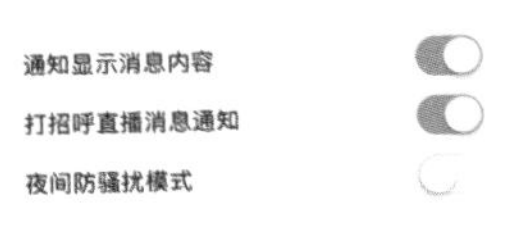

图 2-88

需要注意的是，开关的样式要避免产生歧义，图 2-89 这种样式设计会让用户很难区分开关的状态，虽然绿色和红色的对比很明显，但两种颜色都属于高亮色。一般让开关的打开状态高亮显示，而关闭状态置灰。如果有必要，还可以配合文本来区别开关的两种状态。

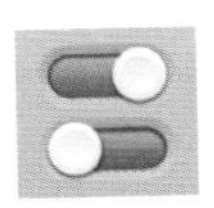

图 2-89

Axure 中并没有动态的开关元件，可以使用动态面板来制作，在后续的章节中会做介绍。

2.5 表格与菜单

2.5.1 表格

表格由多个单元格组成，多应用于管理页面和后台页面来显示统计数据，如图 2-90 所示。

图 2-90

双击单元格可以修改文字，单击不同的单元格内部可以设置不同的默认样式与交互样式，如图 2-91 所示。单击表格的边框可以设置表格的位置和尺寸，如图 2-92 所示。

Column 1	Column 2	Column 3

图 2-91

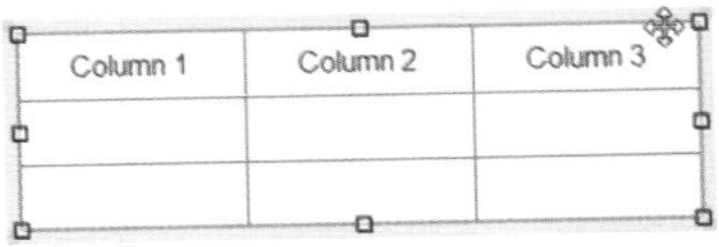

Column 1	Column 2	Column 3

图 2-92

其实用矩形也可以拼出表格，但有了专门的表格元件可以省去不少麻烦。虽然表格多用于显示数据，但它没有对数据进行动态操作的能力。如果原型中需要实现数据的增、删、改、排序和筛选等效果，需要用到中继器元件，在后续的章节中会作介绍。

2.5.2 树状菜单

当项目的数量和层级比较多时（如文件管理器），可以使用树状菜单元件，如图 2-93 所示。

图 2-93

双击树状菜单的某个节点可以修改文字，单击不同的节点可以设置不同的默认样式与交互样式，如图 2-94 所示，单击树状菜单的边框可以设置位置和尺寸，如图 2-95 所示。

图 2-94　　图 2-95

1. 设置展开 / 折叠图标

勾选属性面板中的“显示展开 / 折叠的图标”复选框，选择展开 / 折叠图标为“+/–”或三角形，也可以导入外部图片，如图 2-96 所示。

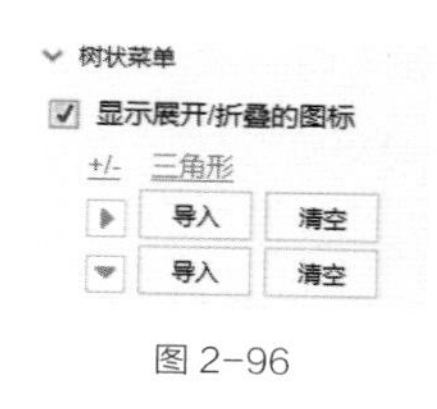

图 2-96

2. 设置树节点图标

选中某一个节点，勾选属性面板中的“显示树节点图标”复选框，单击“编辑”按钮，导入外部图像，设置尺寸为 16 像素 ×16 像素，如图 2-97 所示，然后选择应用范围（当前节点，当前节点和同级节点，当前节点、同级节点和所有子节点）。

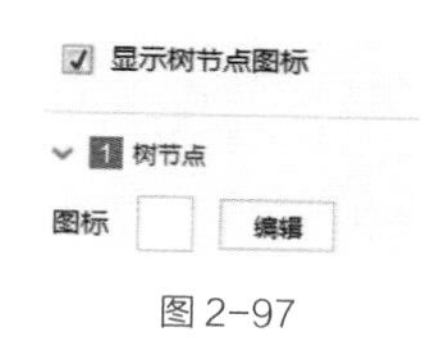

图 2-97

3. 设置交互样式

以“鼠标悬停时”样式为例，如图 2-98 所示。

①选中某一个节点项，单击属性面板中的“鼠标悬停”按钮，打开“交互样式设置”对话框。

②勾选“字体颜色”，并设置为 #FF0000。

③选择交互样式的应用范围，默认为“选择当前树节点、同级节点和所有子节点”（所有的同级节点和子节点均应用此交互样式）。也可以根据需要选择“只选择当前树节点”（仅选中的这一个节点应用此交互样式）或“选择当前树节点和同级节点”（选中的树节点及同级节点均应用此交互样式）。

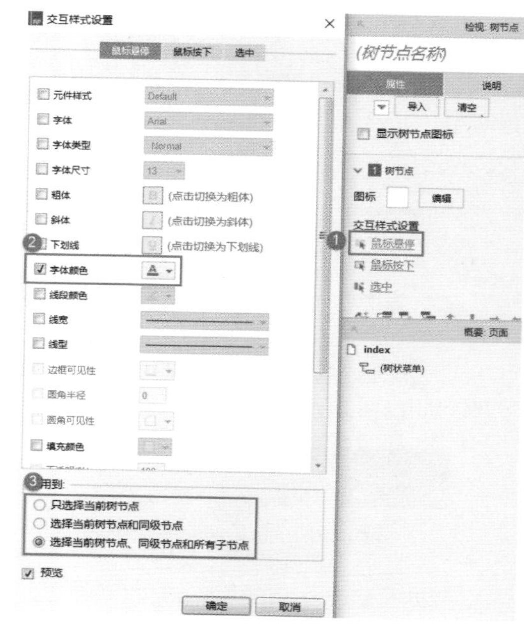

图 2-98

2.5.3 水平菜单和垂直菜单

网页的导航菜单一般位于顶部或左侧，有时可能还会有二级导航菜单、三级导航菜单，Axure 提供的水平菜单和垂直菜单元件刚好可以满足需求，如图 2-99 所示。

图 2-99

1. 编辑同级菜单

右键选择某一个菜单项内部 > 后方添加菜单项 / 前方添加菜单项，可以在该菜单项的旁边添加同级菜单。右键选择某一个菜单项内部 > 删除菜单项，可以删除该项，如图 2-100 所示。

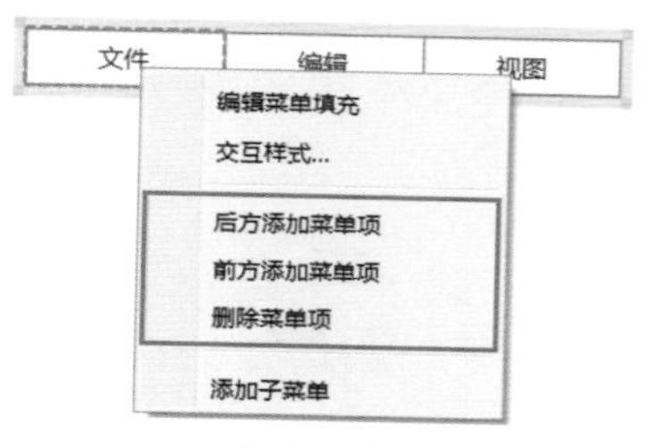

图 2-100

2. 添加子菜单

右键选择某一个菜单项内部 > 添加子菜单，在该菜单项的下部或右侧会新增 3 项子菜单，如图 2-101 所示。若需要更多的子菜单，可以给子菜单添加同级菜单。

图 2-101

3. 设置交互样式

水平菜单和垂直菜单交互样式的设置方法与树状菜单基本相同，同样需要注意选择交互样式的应用范围。

2.6 动态面板

在真实的软件或系统中并没有动态面板、内联框架和中继器这几种元件，它们仅仅是 Axure 中为了制作一些交互效果而特有的高级元件，掌握好这几种元件的特性，足以应对大多数交互效果的制作。

动态面板，从字面上看就是状态能够动起来的面板；从元件库中的图标上看，它是一个由 3 个矩形组成的有立体效果的图标，如图 2-102 所示，可以把这些矩形理解成面板的多个状态，每个状态都是由其他元件组成的。动态面板都用来制作什么效果？当页面的同一个部分需要显示不同内容时，一般都会用到动态面板，这些不同的内容对应的就是动态面板的不同状态，比如轮播图广告，需要在一张图片的区域循环展示多张图片；比如标签页，需要在一个固定的区域显示不同的分类。

图 2-102

2.6.1 动态面板的创建

方法 1：像其他元件一样，可以直接把“动态面板”图标从元件库拖入设计区域，此时动态面板默认有一个状态，且里面没有任何元件。

方法 2：选中设计区域中的某些元件，右键菜单执行【转换为动态面板】命令，如图 2-103 所示，此时选中的元件就组成了动态面板状态 1 中的内容。

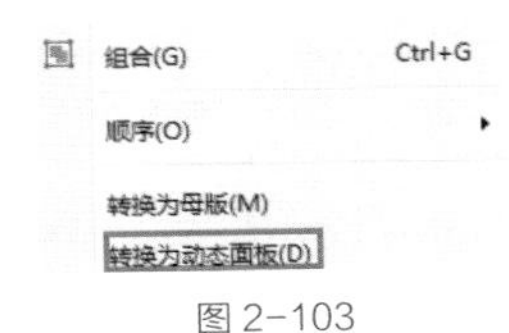

图 2-103

2.6.2 动态面板的状态

双击动态面板，进入动态面板状态管理器，如图 2-104 所示，可以给动态面板命名，增加、删除和复制状态，给状态排序等。

图 2-104

在动态面板状态管理器或概要面板中，单击某个状态，可以修改状态名称；双击某个状态，可以编辑该状态。

在概要面板中，鼠标悬浮至动态面板上，显示添加状态图标；鼠标悬浮至某个状态上，显示复制状态图标，如图 2-105 所示。

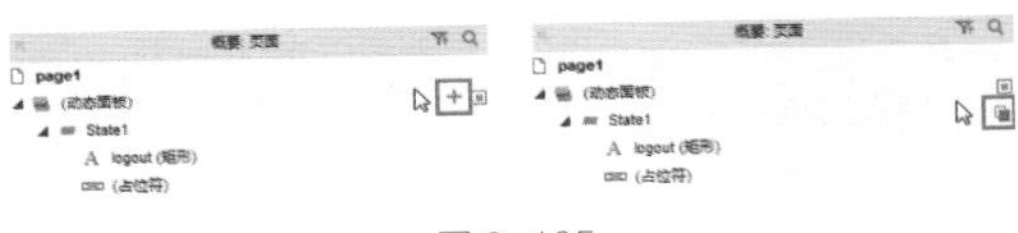

图 2-105

2.6.3 动态面板的属性

很多交互效果都是利用动态面板的一些特殊属性来制作的，如图 2-106 所示。用户必须熟悉这些属性的功能和设置方法，这样才能在实战中快速制作需要的效果。

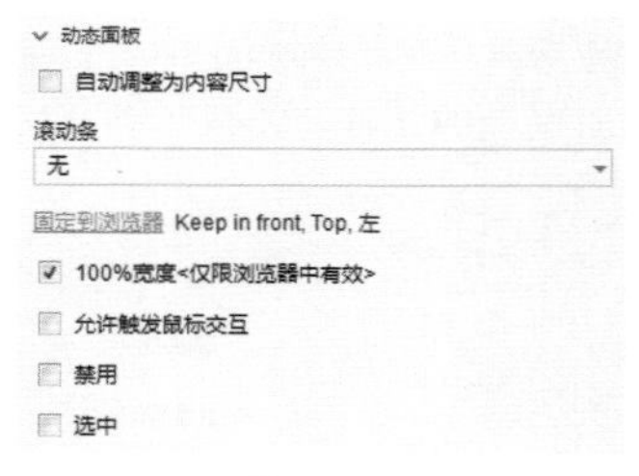

图 2-106

自动调整为内容尺寸：可以把动态面板理解为一个容器，如果容器内的元件尺寸过大，超出了初始设置的动态面板尺寸，那么超出的部分是不显示的，勾选“自动调整为内容尺寸”后，动态面板这个容器就会根据内部的元件尺寸自动调整大小。

滚动条：动态面板默认是不显示滚动条的，如果没有勾选“自动调整为内容尺寸”，那么如何显示超出动态面板尺寸的部分？此时可以根据需要选择“自动显示滚动条”“自动显示垂直滚动条”和“自动显示水平滚动条”。需要注意的是，滚动条在动态面板内部也是占宽度或高度的。

固定到浏览器：可以将动态面板在浏览器中悬浮显示，不随页面的滚动而移动。参数包括在浏览器中固定的水平位置和垂直位置，以及设置在浏览器中始终保持顶层。利用动态面板的这个属性可以制作头部悬浮菜单或者“返回顶部”按钮等。需要注意的是，在设置完该属性后，只有在浏览器中才能看到效果，也就是说浏览器中的效果只与设置的参数有关，和 Axure 设计区域中的位置无关。这也就意味着在 Axure 中做设计时，可以把需要悬浮的元件放到一个相对“舒服”的位置，没必要放到真实的位置，因为真实的位置很有可能和其他元件重合，容易干扰其他操作。

100% 宽度：勾选后动态面板的宽度会随着浏览器的宽度变化而变化，也仅限在浏览器中有效。如果要明显地看到效果，需要给动态面板的某个状态设置背景（默认背景是透明的，所以看不出效果）。这个属性的典型应用是和“固定到浏览器”属性配合，制作头部悬浮菜单。

允许触发鼠标交互：如果给动态面板内的元件设置了“鼠标悬停”“鼠标按下”的交互样式，勾选此项，当鼠标进入动态面板的范围时，将会同时触发这些元件的交互样式。

禁用：勾选后，动态面板的交互动作会被禁用。

选中：勾选后，动态面板中的元件会被选中。

2.6.4 动态面板样式

动态面板样式如图 2-107 所示，其使用频率不如其他基本元件频繁，可能很容易被忽略，但有时可以提升制作原型的效率。

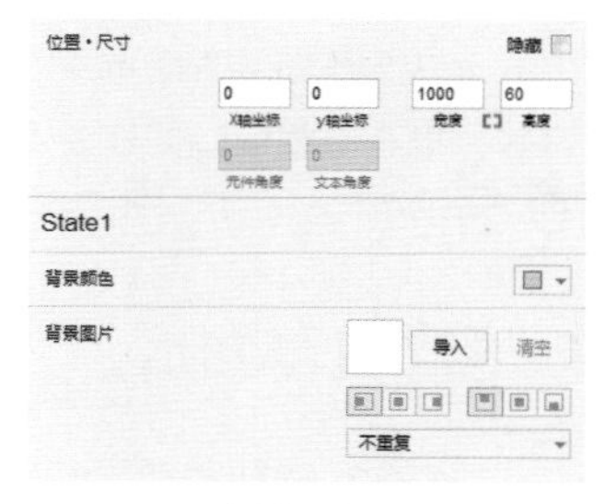

图 2-107

位置・尺寸：可以设置 x 轴坐标和 y 轴坐标、宽度和高度、元件角度和文本角度。

背景颜色：背景颜色默认是透明的。

背景图片：导入图片，设置图片在水平和垂直方向的对齐方式，设置图片的重复方式。

不重复：图片保持原始大小。

重复图片：若图片小于动态面板尺寸，在水平和垂直方向重复图片。

水平重复：若图片小于动态面板尺寸，只在水平方向重复图片。

垂直重复：若图片小于动态面板尺寸，只在垂直方向重复图片。

填充：图片将按照动态面板的尺寸完全填充。

适应：图片将按照动态面板的尺寸等比例缩放。

当同时设置了背景颜色和背景图片时，则优先显示图片；若图片没有完全填充，剩余部分显示背景颜色。

2.6.5 案例：移动端“开关”元件

案例描述

在 2.4.7 节中提到，开关是移动设备上很常见的一种元件，但 Axure 并没有直接提供可动态切换状态的开关，本节介绍其制作方法。

鼠标单击开关，可以循环切换“打开”和“关闭”状态，其中“打开”状态高亮显示。

案例难度：★☆☆☆☆

案例技术

动态面板切换不同状态、鼠标单击时事件。

制作步骤

（1）在 Icons 元件库中找到“开关－开启”元件并拖入设计区域，在该元件上右键菜单执行【转换为动态面板】命令，如图 2–108 所示。

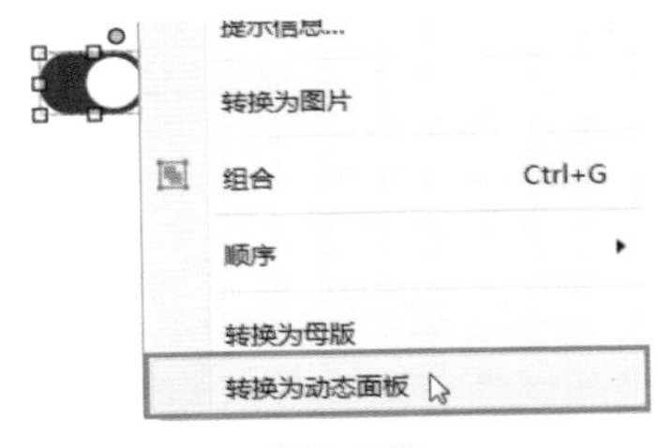

图 2–108

（2）双击该动态面板，打开动态面板状态管理器，单击加号，新增 State2，如图 2–109 所示。

图 2–109

（3）双击 State2，拖入“开关－关闭”元件至设计区域，位置为（0,0）。

（4）设置开关状态切换动画，如图 2–110 所示。

①选中“动态面板”，双击属性面板中的“鼠标单击时”事件，打开用例编辑器。

②选择【添加动作 > 元件 > 设置面板状态】。

③在右侧的配置动作区域勾选“当前元件”。

④选择状态为 Next，并勾选“向后循环”。

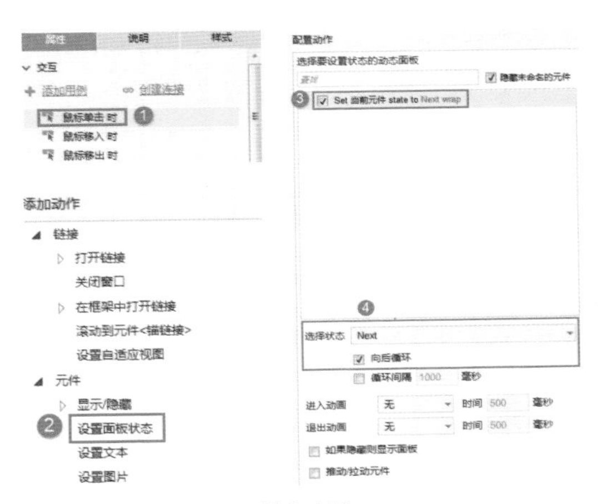

图 2–110

（5）设置完成后，按 F5 键在浏览器中预览效果，如图 2–111 所示。

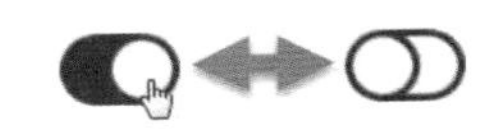

图 2–111

2.6.6 案例：轮播图基础

案例描述

在同一区域按顺序循环轮播 4 张不同的图片，每隔 3 秒自动向后轮播，可以单击上一张和下一张切换图片。

案例难度：★★★☆☆

案例技术

切换动态面板状态、页面载入时事件、鼠标单击时事件。

制作步骤

（1）在设计区域中拖入一个“图片”元件，调整至合适的位置和尺寸，然后双击导入图片。

（2）右键菜单执行【转换为动态面板】命令，并命名为 images，此时动态面板有了一个状态 State1，该状态含一张图片，如图 2–112 所示。

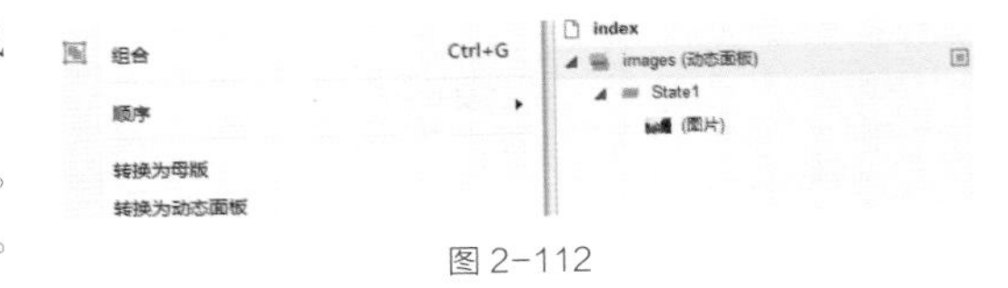

图 2–112

（3）4 张图片就需要 4个状态，为 images 动态面板增加剩余的 3 个状态，并添加图片，如图 2-113 所示。

①双击 images 动态面板，打开动态面板状态管理器，选中 State1，单击“复制”按钮，复制 3 次，此时动态面板就有了 4 个状态，并且每个状态里都有一张图片。

②只需要进入剩余的各个状态里，双击图片，导入新图片即可，这种方法操作比较便捷。

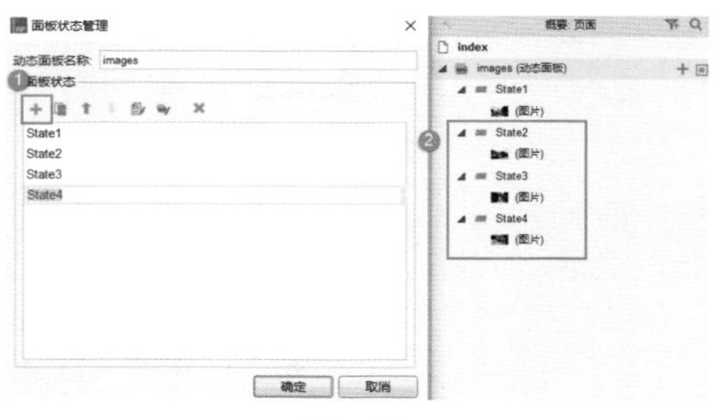

图 2-113

（4）制作每隔 3 秒自动向后轮播效果，如图 2-114 所示。

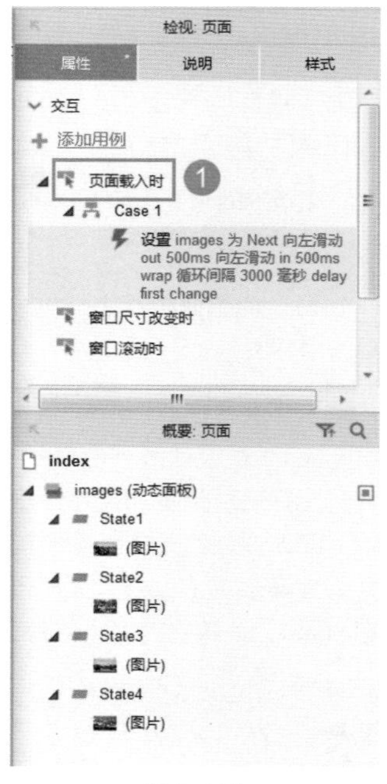

图 2-114

①先在页面的空白区域单击（不要选中任何元件），然后双击属性面板中的“页面载入时”事件，打开用例编辑器。

②选择【添加动作 > 元件 > 设置面板状态】。

③在右侧的配置动作区域勾选 images（动态面板）。

④选择状态为 Next，并勾选“向后循环”，设置并勾选“循环间隔为 3000 毫秒”，勾选“首个状态延时 3000 毫秒后切换”。

⑤设置进入动画为“向左滑动”，同时 Axure 会自动设置退出动画为“向左滑动”，时间都默认为 500 毫秒，如图 2-115 所示。

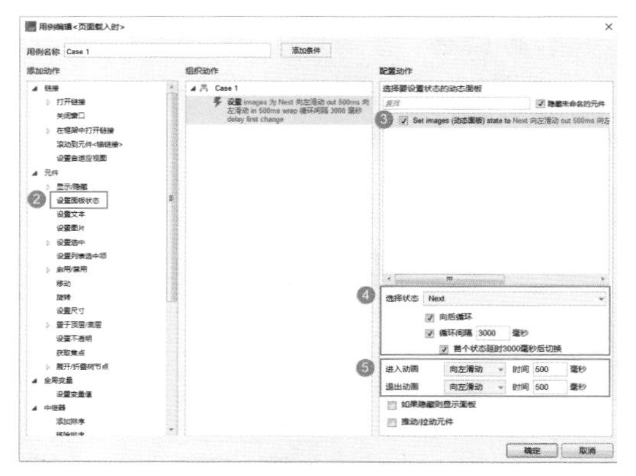

图 2-115

（5）把元件库切换至 Icons，分别拖入可以代表上一张、下一张的图标（单角符 - 左 / 右）至动态面板上，调整位置、尺寸和颜色。

（6）制作单击“上一张”按钮，切换上一张图片效果，如图 2-116 所示。

①选中“上一张（单角符 - 左）”按钮，双击属性面板中的“鼠标单击时”事件，打开用例编辑器。

②选择【添加动作 > 元件 > 设置面板状态】。

③在右侧的配置动作区域勾选 images（动态面板）。

④选择状态为 Previous，并勾选“向前循环”。因为每单击一次只需要切换一张图片即可，所以不要设置循环间隔。

⑤设置进入动画为“向右滑动”，同时 Axure 会自动设置退出动画为“向右滑动”，时间都默认为 500 毫秒。

图 2-116

（7）制作单击“下一张”按钮，切换下一张图片效果，和步骤（6）同理。

①选中“下一张（单角符 - 右）”按钮，双击属性面板中的“鼠标单击时”事件，打开用例编辑器。

②选择【添加动作 > 元件 > 设置面板状态】。

③在右侧的配置动作区域勾选 images（动态面板）。

④选择状态为 Next，并勾选“向后循环”。因为每单击一次只需要切换一张图片即可，所以不要设置循环间隔。

⑤设置进入动画为“向左滑动”，同时 Axure 会自动设置退出动画为“向左滑动”，时间都默认为 500 毫秒。

（8）此时在浏览器中预览一下就会发现，页面刚刚载入时自动轮播的效果很完美，单击“上一张”或“下一张”按钮切换图片也很正常，但单击切换图片之后就不会继续自动轮播了。这是因为我们只给“页面载入时”事件添加了自动轮播的交互动作，当我们单击按钮后，就已经不是“页面载入时”了，动作就不会继续执行。因此要在步骤（6）和步骤（7）的动作后面再加上自动轮播的动作，和“页面载入时”事件的动作相同，如图 2-117 所示。

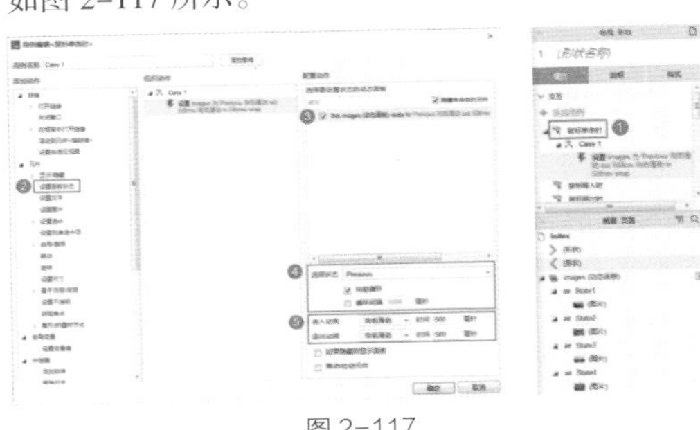

图 2-117

（9）设置完成后，按 F5 键在浏览器中预览效果，如图 2-118 所示。

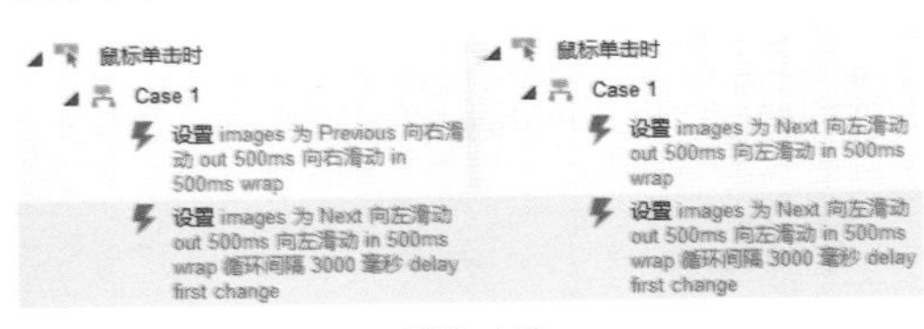

图 2-118

> **提示**
>
> 轮播图采用图文 + 链接的形式用来传达最重要的信息，当然图文的“文”指的是把文字放到图上，本质上还是图片。轮播图一般都放到网站或 App 首页，会占据很大的空间，有很强的视觉冲击力，往往第一印象就会决定是否能留住用户，所以合理地利用轮播图就显得尤为重要。用户对图文的感知程度远高于纯文字，如果图片设计合理、美观大方，就能够准确地传递信息，可以显著提高转化率；如果图片模糊粗糙，或者广告意味很浓，可能会起到适得其反的效果。

2.6.7 案例：悬浮网页头部

案例描述

网站的头部导航悬浮显示不随浏览器的滚动而移动，且自适应浏览器宽度。当页面向下滚动时，头部的不透明度变为 80%。在这个基础上，根据两种不同类型的产品制作两种不同的效果。

效果 1：页面整体居中显示，固定宽度（如 1000px），那么头部中的内容也要固定宽度，剩余的背景部分需要填充至浏览器宽度，如图 2-119 所示。

图 2-119

效果 2：页面整体（包括头部）全屏显示，但要做成响应式效果，也就是说不同的分辨率下的显示效果都是全屏，在调试的时候可以直接改变浏览器宽度来预览效果，如图 2-120 所示。

图 2-120

◖ **案例难度：** ★★☆☆☆

◖ **案例技术**

动态面板的“固定到浏览器”属性和“100% 宽度”属性、窗口尺寸改变时事件、窗口滚动时事件。

◖ **案例说明**

网站的头部一般都会有导航菜单、用户信息和退出按钮等内容，都是很重要或单击率比较高的内容，现在很多网站都把它设计成悬浮固定效果，还有 App 页面的标题栏和底部导航栏也都是固定的。这种设计的好处就是无论页面处于什么位置，都能在第一时间单击固定部分的内容。

本案例在页面滚动时，给头部增加了一些透明度，这个设计的目的在于增加网页纵向的延伸感，避免在衔接处显得过于生硬。对于移动设备而言，屏幕面积本来就很小，固定的标题栏和底部导航栏又占据了很大的空间，这种设计能明显地减少视觉上的压迫感和用户的紧张感。

◖ **制作步骤**

效果 1

（1）使用动态面板制作头部框架，如图 2-121 所示。

①拖入一个“动态面板”至设计区域，命名为 header。

②设置位置为（0,0），尺寸为 1000 像素 × 60 像素。

③设置背景颜色为 #CCCCCC。

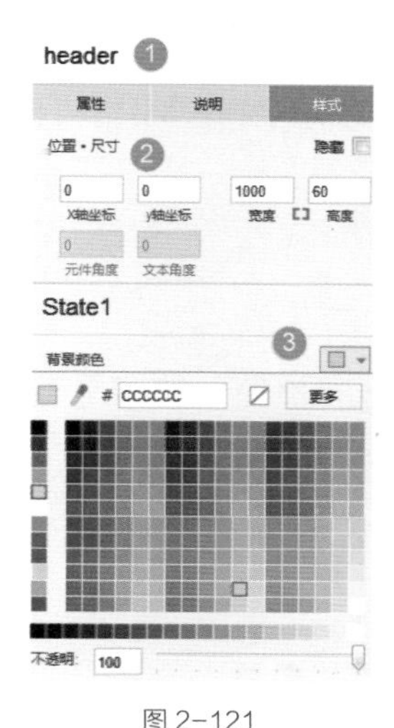

图 2-121

（2）填充头部内容。只在头部放置一个占位符（代表 Logo）、一个文本标签（代表退出按钮），做一下简单的示意即可，如图 2-122 所示。

①双击动态面板进入状态管理器，双击 State1。

②拖入一个占位符至设计区域，位置为（0,0），尺寸为 140 像素 × 60 像素，修改占位符文字为 Logo。

③拖入一个文本标签至设计区域，位置为（920,20），修改文字为“退出登录”。

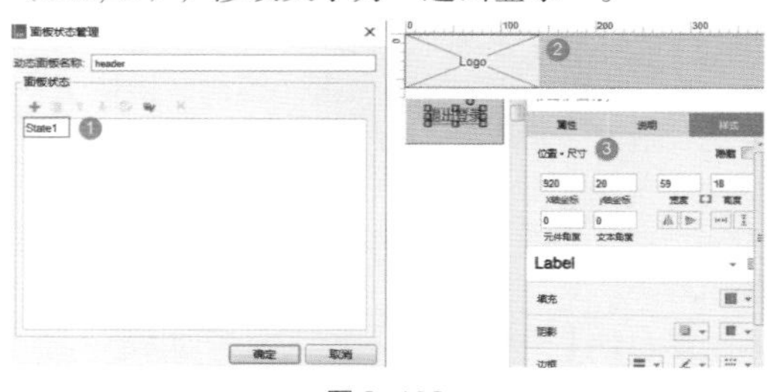

图 2-122

（3）设置动态面板属性，如图 2-123 所示。

①回到 header（动态面板），右键菜单执行【固定到浏览器】命令，勾选“固定到浏览器窗口”，“水平固定”选择“居中”，边距为 0，“垂直固定”选择“上”，并勾选“始终保持顶层 < 仅限浏览器中 >”，然后单击“确定”按钮。

②在属性中勾选“100% 宽度 < 仅限浏览器中有效 >”。

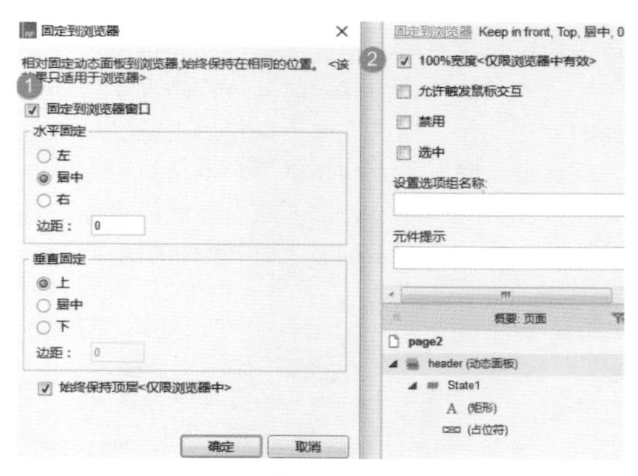

图 2-123

（4）执行菜单中的【项目 > 页面样式编辑】命令，选择“页面排列”为水平居中，如图 2-124 所示。

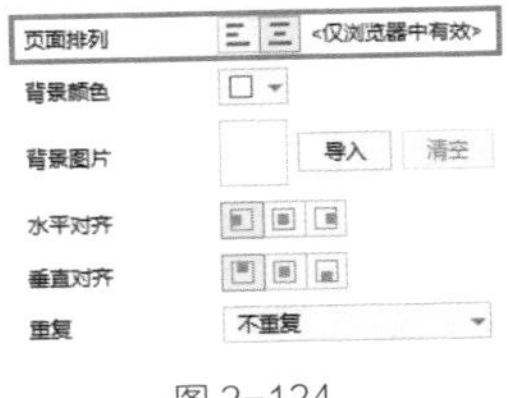

图 2-124

（5）制作页面滚动时头部增加透明度效果，如图 2-125 所示。

①关闭动态面板的 State1，先在页面的空白区域单击（不要选中任何元件），然后双击属性面板中的“窗口滚动时”事件，打开用例编辑器。

②选择【添加动作 > 元件 > 设置不透明】。

③在右侧的配置动作区域勾选“header（动态面板）”。

④设置不透明度为 80%。

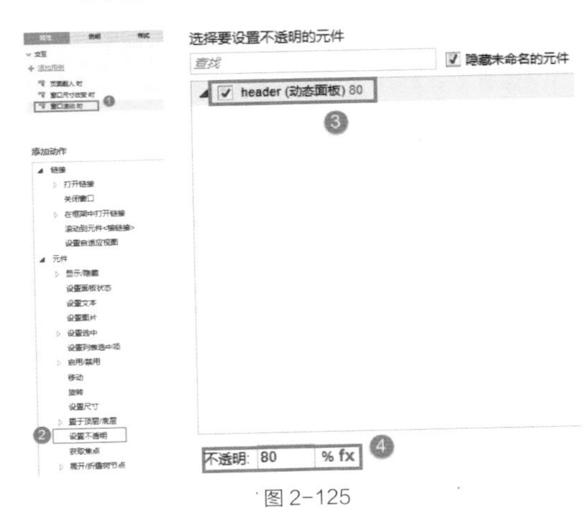

图 2-125

（6）此时关于头部的操作就都做完了，但为了能在浏览器中看到固定效果，还要在页面中拖入一些其他元件让页面长度变长，这样页面才会滚动起来。比如拖入一个占位符至设计区域（注意不是在动态面板的 State1 中），位置为（0,1200），尺寸为 1000 像素 ×500 像素。

（7）设置完成后，按 F5 键在浏览器中预览效果，如图 2-126 所示。

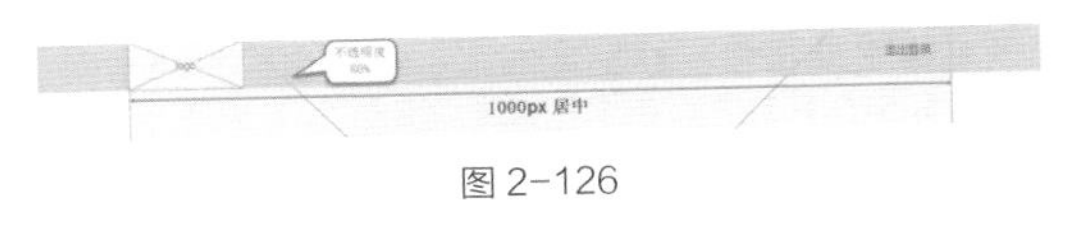

图 2-126

效果 2

此效果会用到获取窗口宽度的函数 Window.width，因为要兼容不同的屏幕分辨率（不同的浏览器尺寸），要让“退出登录”按钮时刻都是居右显示，不能设置固定位置。从示意图上看它的 x 坐标应该比浏览器的宽度值小一点。关于函数的内容在后续的章节中会详细讲解。

（1）使用动态面板制作头部框架，同效果 1。

①拖入一个“动态面板”至设计区域，命名为 header。

②设置位置为（0,0），尺寸为 1000 像素 ×60 像素。

③设置背景颜色为 #CCCCCC。

（2）填充头部内容，同效果 1。

①双击动态面板进入状态管理器，双击 State1。

②拖入一个占位符至设计区域，位置为（0,0），尺寸为 140 像素 ×60 像素，修改占位符文字为 Logo。

③拖入一个文本标签至设计区域，位置为（920,20）。其实文本标签的位置是动态变化的，此步骤是为了方便操作。然后命名为 logout，修改文字为“退出登录”。

（3）设置动态面板属性，如图 2-127 所示。

①勾选“固定到浏览器窗口”，选择“水平固定”为“左”，“垂直固定”为“上”，并勾选“始终保持顶层 < 仅限浏览器中 >”。

②在属性中勾选“100% 宽度 < 仅限浏览器中有效 >”。

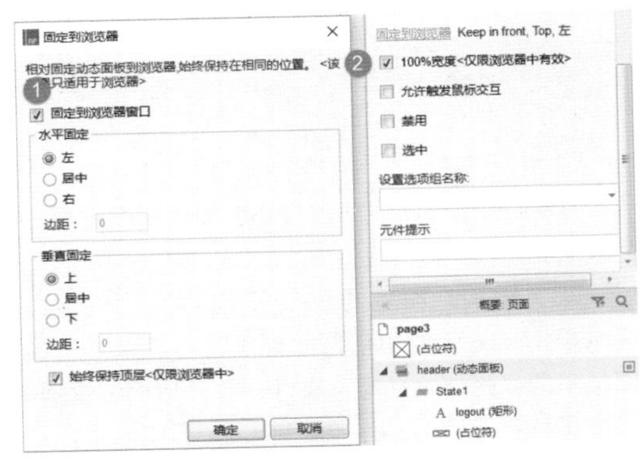

图 2-127

（4）让“退出登录”按钮的位置随浏览器的尺寸变化而左右移动，如图 2-128 所示。

①关闭动态面板的 State1，先在页面的空白区域单击（不要选中任何元件），然后双击属性面板中的“窗口尺寸改变时”事件，打开用例编辑器。

②选择【添加动作 > 元件 > 移动】。

③在右侧的配置动作区域勾选 logout。

④选择“绝对位置”，y 坐标输入 20，然后单击 x 坐标右侧的 fx 按钮。

⑤删除输入框里的 0，单击“插入变量或函数”，选择 Window.width。

⑥“退出登录”按钮的位置不能紧贴浏览器右侧，所以获取浏览器宽度后，再减去 80（在中括号内输入 -80），单击“确定”按钮。

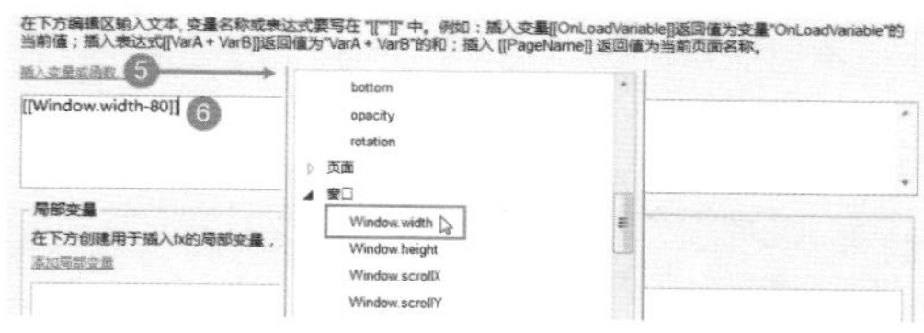

图 2-128

（5）制作页面滚动时头部增加透明度效果，同效果 1。

①关闭动态面板的 State1，先在页面的空白区域单击（不要选中任何元件），然后双击属性面板中的“窗口滚动时”事件，打开用例编辑器。

②选择【添加动作 > 元件 > 设置不透明】。

③在右侧的配置动作区域勾选“header（动态面板）”。

④设置不透明度为 80%。

（6）此时关于头部的操作就都做完了，继续拖入一个占位符至设计区域（注意不是动态面板的 State1 中），位置为（0,1200），尺寸为 1000 像素 ×500 像素，让页面可以滚动起来。

（7）设置完成后，按 F5 键在浏览器中预览效果。通过改变浏览器尺寸来模拟不同的屏幕分辨率，“退出登录”按钮的位置会随浏览器宽度的变化而左右移动，如图 2-129 所示。

图 2-129

本案例的两种效果中，当页面滚动时头部的不透明度变为 80%，但当页面又回滚到顶部时，头部的不透明度应该恢复为 100%，但案例中并没有实现。这种效果涉及条件用例的知识，在后续的章节中会具体讲解。

提示

案例中制作的两种不同效果，都在什么样的产品中应用？

效果 1：页面宽度在 1000px 左右并居中显示，大部分的网站其实都是采用的这种设计，如新闻类网站、微博、QQ 空间和社区等。因为在这种宽度下浏览信息是最舒服的，人的眼睛或头部左右转动的幅度不会很大。有一些网站的宽度比较大（如淘宝），但采取了左右分栏的设计，某一栏的宽度也是很有限的。

效果 2：页面整体全屏显示，内容的宽度随浏览器尺寸的变化而变化。大多数纯信息展示类的页面（如广告页、产品介绍页）和一些 ERP 管理系统、后台管理系统等产品都采取这种设计。对于信息展示类页面，很少有大量的文字信息，基本是图片 + 动效，不会涉及浏览不方便的问题，全屏的设计也很酷炫；管理系统因为是工作页面，常常会有一些复杂的表单、表格等内容，固定宽度的话可能会造成表格宽度很窄，数据展示不全的问题，影响用户的操作。

2.6.8 案例：标签页

案例描述

同一页面下有 3 个不同的标签，单击标签高亮显示，并切换对应的标签页内容。

案例难度：★★★☆☆

案例技术

动态面板切换不同状态、鼠标单击时事件。

制作步骤

（1）拖入 3 个“矩形 1”元件至设计区域，横向排开，分别修改文本为“标签 1”“标签 2”和“标签 3”，分别命名为 tab1、tab2 和 tab3，设置尺寸均为 144 像素 ×45 像素，位置可自行设置。

（2）把上述 3 个矩形的形状转换为“右梯形”，如图 2–130 所示。

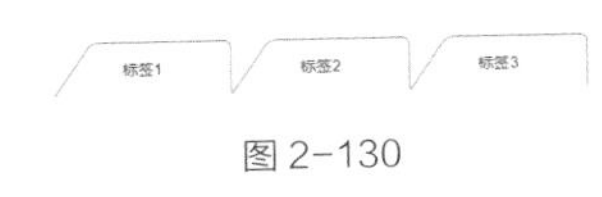

图 2–130

（3）设置 3 个标签页选中时的交互样式，如图 2–131 所示。

①选中 tab1、tab2 和 tab3，单击属性面板中的“选中”按钮，打开“交互样式设置”对话框。

②勾选“字体颜色”，设置为 #FFFFFF。

③勾选“填充颜色”，设置为 #999999。

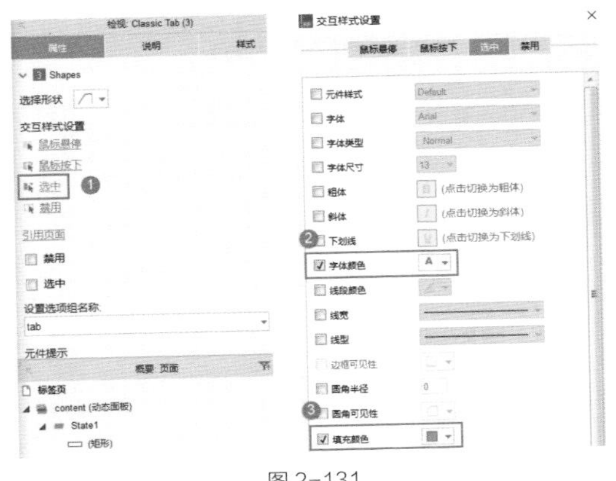

图 2–131

（4）用同样的方法设置 3 个标签页鼠标悬浮时的交互样式。

（5）选中 tab1，勾选属性面板中的“选中”，设置标签 1 默认为选中状态，如图 2–132 所示。

图 2–132

（6）选中 tab1、tab2 和 tab3，在属性面板中设置选项组名称为 tab，即在同一时刻这三个标签只能有一个被选中，如图 2–133 所示。

图 2–133

（7）拖入“矩形 1”元件 3 个标签到下方，修改文本为“第一个标签页的内容”，设置填充颜色为 #999999，文本颜色为 #FFFFFF，尺寸为 432 像素 ×170 像素，右键菜单执行【转换为动态面板】命令，并命名为 content，此时动态面板已有了一个状态 State1，该状态含一个矩形，如图 2–134 所示。

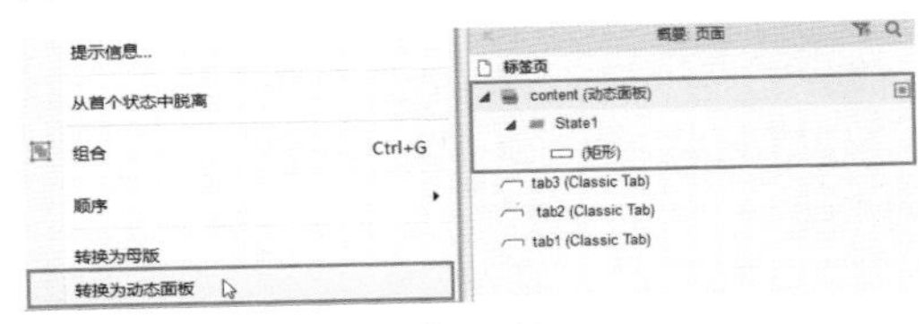

图 2–134

（8）3 个标签页就需要 3 个状态，为 content 动态面板增加剩余的两个状态，并修改内容，如图 2–135 所示。

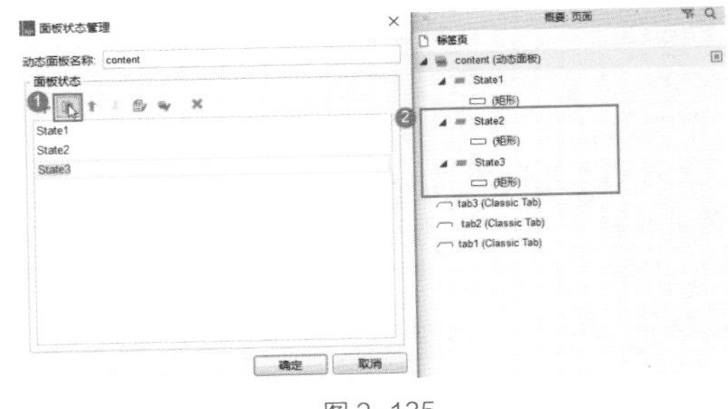

图 2–135

①双击 content 动态面板，打开动态面板状态管理器，选中 State1，单击复制按钮，复制两次，此时动态面板就有了 3 个状态，并且每个状态里都有一个矩形。

②进入剩余的两个状态里，分别修改矩形文本为“第二个标签页的内容”和“第三个标签页的内容”。

（9）单击标签 1，切换为第一个标签页的内容，如图 2–136 所示。

①选中tab1,双击属性面板中的“鼠标单击时”事件，打开用例编辑器。

②选择【添加动作 > 元件 > 设置面板状态】。

③在右侧的配置动作区域勾选 content。

④选择状态 State1。

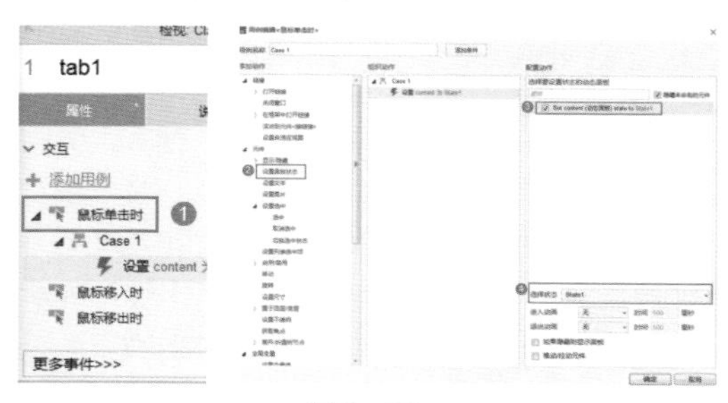

图 2–136

（10）当切换为第一个标签页内容时，标签 1 被选中，高亮显示，如图 2–137 所示。

①不要关闭用例编辑器，继续添加“选中”动作。

②在右侧的配置动作区域勾选“当前元件”。

图 2–137

（11）用同样的方法设置剩余两个标签页的交互效果。

（12）设置完成后，按 F5 键在浏览器中预览效果，如图 2–138 所示。

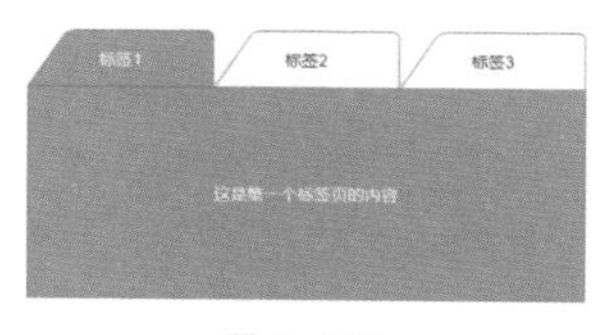

图 2–138

> **提示**
>
> 当同一个页面区域需要显示不同分类的内容时，可以使用标签页的设计。例如，淘宝的订单列表分为“所有订单、待付款、待发货、待收货和待评价”5 个标签页，这些标签页是按照订单的状态进行分类的，如果不能找到明显的分类标准，那么标签页这种设计就不是最适合的。
>
> 标签的文本不宜过长，一般不超过 5 个字，这样能让用户快速浏览标签的内容。
>
> 被选中的标签应该高亮显示，或与其他标签有明显的区别，能够明确地表示当前显示的是哪个标签分类下的内容。

2.7 内联框架

内联框架，如图 2–139 所示，可以嵌入当前项目的某个页面或外部页面，也可以嵌入图片、视频和地图。

图 2–139

2.7.1 内联框架嵌入内容

双击设计区域中的内联框架元件，打开链接属性编辑器，设置要嵌入的内容。

1. 嵌入项目中的页面

选中“链接到当前项目的某个页面”单选按钮，选择目标页面或输入目标页面名称，如图 2–140 所示。

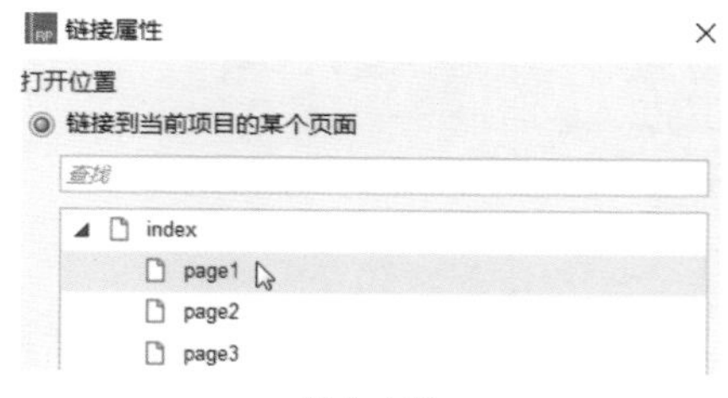

图 2–140

2. 嵌入在线页面

选中“链接到 url 或文件”单选按钮，输入 url 链接，如图 2-141 所示。

图 2-141

3. 嵌入本地页面

（1）执行菜单命令【发布 > 生成 HTML 文件】，如图 2-142 所示，选择目标文件夹位置，单击“生成”按钮。

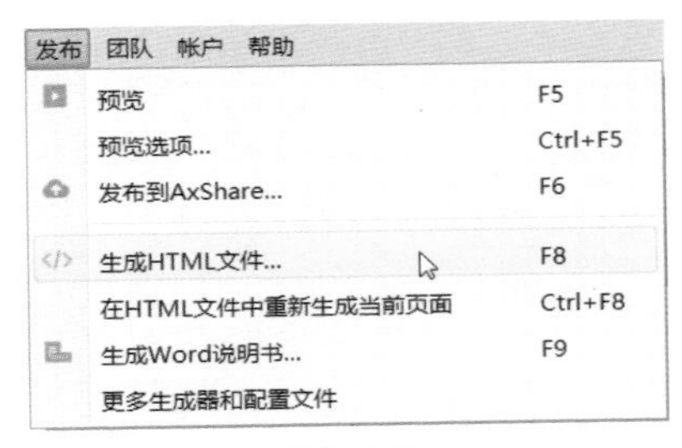

图 2-142

（2）把要嵌入的本地 HTML 文件放到生成的 HTML 文件目录下，如图 2-143 所示。

图 2-143

（3）选中“链接到 url 或文件”单选按钮，直接输入本地 HTML 页面的文件名（含扩展名），如图 2-144 所示。

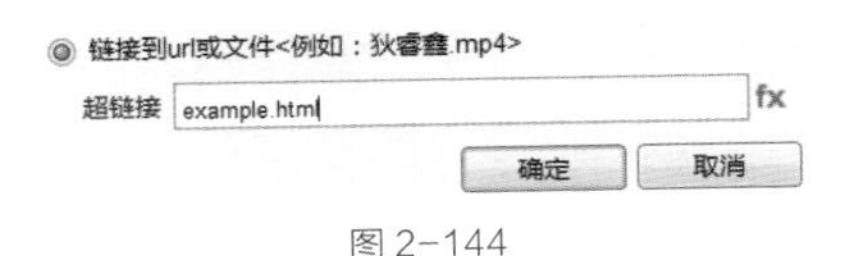

图 2-144

（4）在生成的 HTML 文件目录下打开含有内联框架的页面。

4. 嵌入在线视频

内联框架可以嵌入 flash 格式的在线视频。在视频网站上找到一段视频，获取其 flash 地址，然后选中“链接到 url 或文件”单选按钮，粘贴刚刚复制的 flash 地址即可。但由于 HTML5 技术的发展和版权的限制，主流视频网站上的分享功能中，已经很难直接获取 flash 地址了，不过这个功能在真实项目中的应用比较少。

5. 嵌入在线图片

找到网页上的图片，复制其图片地址，然后选中“链接到 url 或文件”单选按钮，粘贴刚刚复制的图片地址即可。

浏览器不同，获取图片地址的方法可能有所区别。有些浏览器在右键菜单里可以直接复制图片地址，有些浏览器需要在新标签页中打开图片，再复制地址栏中的地址。

6. 嵌入本地视频 / 图片

思路与嵌入本地页面相同。

（1）执行菜单命令【发布 > 生成 HTML 文件】，选择目标文件夹位置，单击“生成”按钮。

（2）把要嵌入的视频 / 图片放到生成的 HTML 文件目录下。

（3）选中“链接到 url 或文件”单选按钮，直接输入视频 / 图片的文件名（含扩展名）。

（4）在生成的 HTML 文件目录下打开含有内联框架的页面。

2.7.2 内联框架属性

内联框架的属性，如图 2-145 所示。

框架滚动条：自动显示或隐藏（可根据框架内嵌入内容的尺寸自动显示或隐藏滚动条）、一直显示和从不显示。

隐藏边框：勾选后内联框架的边框将隐藏，多用于自定义内联框架样式。

预览图片：可以设置预览图片为视频、地图效果，也可以导入外部图片。预览图片只会在设计区域显示，在网页中是没有效果的，其作用是提醒制作者内联框架里是什么类型的内容。

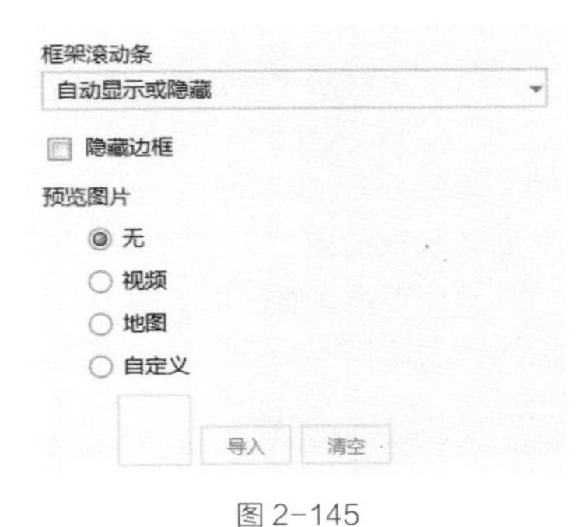

图 2-145

2.7.3 案例：在内联框架中实现菜单跳转

案例描述

单击页面左侧的菜单区域，右侧区域显示不同的内容。

案例难度：★★☆☆☆

案例技术

鼠标单击时事件、在内联框架中打开链接。

制作步骤

（1）在 index 页面中使用占位符、矩形制作简易的页面头部区域。在 page1、page2 和 page3 中分别任意添加一些元件加以区别。

（2）拖入“垂直菜单”元件至设计区域，位置为（0,100），修改 3 个菜单项的文本分别为“页面 1”、“页面 2”和“页面 3”；拖入“内联框架”元件至设计区域，位置为（115,100），尺寸为 800 像素 ×500 像素，命名为 content。

（3）设置 content 默认显示页面 1 的内容。双击 content，打开“链接属性”对话框，选择 page1，如图 2-146 所示。

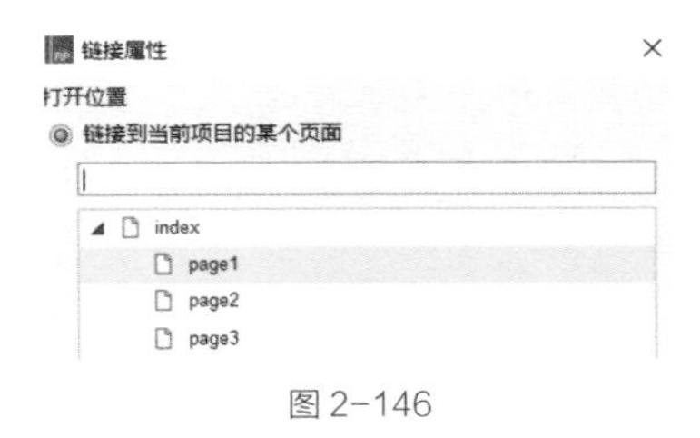

图 2-146

（4）为左侧菜单项添加跳转链接，如图 2-147 所示。

①选中页面 1 菜单项，双击属性面板中的“鼠标单击时”事件，打开用例编辑器。

②选择【添加动作 > 链接 > 在框架中打开链接】。

③在右侧的配置动作区域选中“内联框架”单选按钮，并勾选 content。

④选中 page1 页面，然后单击“确定”按钮。

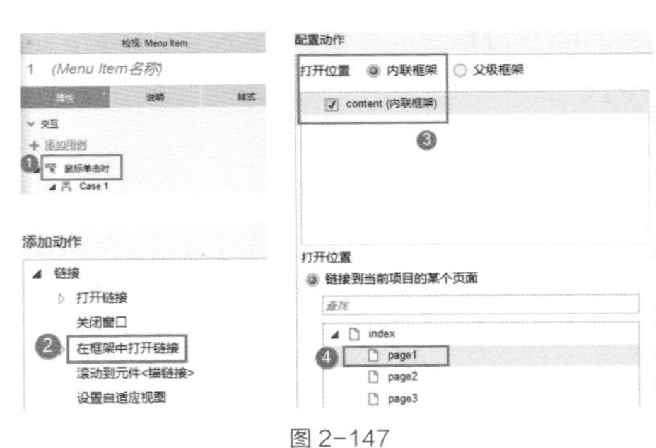

图 2-147

（5）用同样的方法为其他两个菜单项添加跳转链接。

（6）设置完成后，按 F5 键在浏览器中预览效果，如图 2-148 所示。

图 2-148

> **提示**
>
> 左右结构是各种管理页面的经典结构，每个页面的左侧导航菜单都是相同的，所以可以把内容部分放到内联框架中，在框架内实现页面切换效果。这样可以避免每个页面中都要制作导航菜单，减少后期维护的成本。但这种方式有一定的局限性，由于内联框架不能自适应内容的高度，当内容很多时会出现局部滚动条。

2.8 中继器

中继器，如图 2–149 所示，一般用来制作各种形态的数据列表。数据列表的特点就是每条数据分别对应的字段都是相同的，例如，用户列表中每条数据都会有用户名、性别、电话和邮箱等字段。中继器的作用就是存储这些具有相同字段的数据，它由“项”和数据集组成。

图 2–149

用中继器来制作数据列表比使用表格的优势在于，中继器可以实现数据的增、删、改、排序和筛选等功能。随着项目进度的推进，如果需要逐渐完善原型的保真度，那么笔者建议在制作低保真原型时，在原始需求已经确定的情况下就直接使用中继器显示数据而不是表格，这样可以避免后期替换元件的麻烦，除非确定不需要制作高保真原型，或高保真原型中只需添加 UI 元素而不需要制作复杂的交互效果。

2.8.1 中继器的“项”

中继器的“项”可以理解为用来显示重复内容的元件或元件集合，如图 2–150 所示。例如，用户列表中用来显示用户名、注册信息和账号状态等数据的矩形就是中继器的项。项可以由图形、图片、文本和表单等元件组成，双击设计区域的中继器，可以设计“项”的内容。

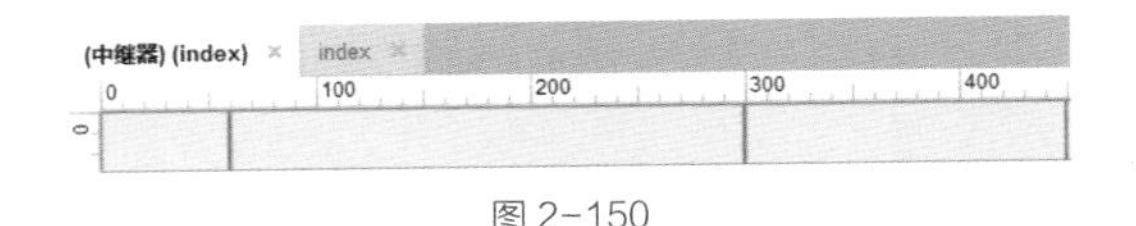

图 2–150

2.8.2 中继器的数据集

数据集就是中继器每一项对应数据的集合，如图 2–151 所示，与数据库中的表有些类似。在中继器的属性面板中可以编辑数据的字段和内容。双击表中的“添加列”可以新增字段（仅支持英文），双击表中的“添加行”可以新增一行数据内容，双击表中的单元格可以编辑数据，也可以使用表上方的快捷按钮对数据集进行编辑。

图 2–151

2.8.3 中继器显示数据

“项”和数据集共同组成了中继器的内容，但这二者目前是相对独立的存在，需要把数据集的每一个字段绑定到“项”中的元件上才能把数据显示出来。

拖入中继器元件至设计区域，默认是三行一列的表格，并且表格中已经填充数据为 1、2、3，如图 2–152 所示。先来分析一下默认中继器的内容。

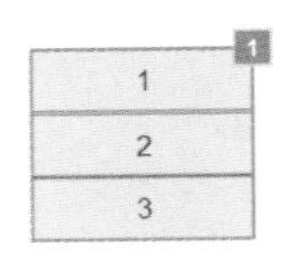

图 2–152

在数据集中可以看到第一列的字段名称为 Column0，数据为 1、2、3，如图 2–153 所示。

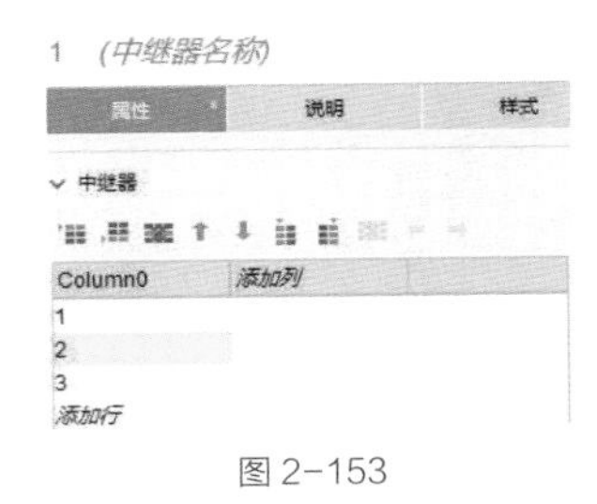

图 2–153

双击中继器，在“项”中只有一个矩形元件，如图 2–154 所示。通过数据集可以发现需要重复显示的字段只有一个，只要把这个字段的数据绑定到“项”中的一个矩形即可。

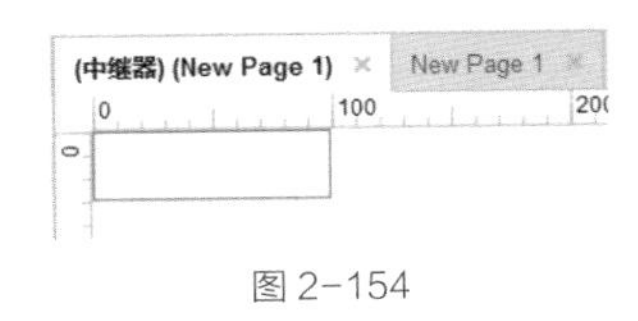

图 2–154

在属性面板的“每项加载时”事件的Case1中，已经添加了“设置文本”的动作，如图2–155所示，此动作的目的就是绑定数据。

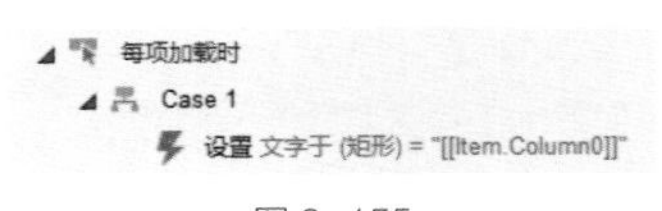

图 2–155

这就是让中继器显示数据的操作思路，它不仅可以显示文本数据，也可以显示图片、链接页面，在后面通过两个具体的案例详细讲解使用中继器的操作步骤。

2.8.4 中继器样式

通过修改中继器的样式可以快速设置数据列表的样式，在制作高保真原型时可以显著提升工作效率，如图2–156所示。

图 2–156

填充：设置中继器在上、下、左、右4个方向与内部元件之间的距离。

布局：设置中继器的“项”垂直分布或水平分布，需要配合“网格排布”复选框使用。

背景：样式面板上半部分的“背景色”指的是整个中继器元件的背景颜色，而下半部分的“背景”指的是“项”的背景颜色。“项”的背景色支持隔行变色效果，勾选“交替”复选框，分别设置两种颜色值即可。

分页：当中继器数据较多时，可以分页显示，参数包括每页项目数和起始页。当勾选“多页显示”复选框时，页面中只会显示第一页的数据，其他数据需要通过给其他元件（如按钮）添加交互动作的方式显示，在高级交互的章节中会介绍。

间距：设置中继器的“项”的行间距或列间距。如果“项”被设置为垂直分布，则“行”参数有效；如果“项”被设置为水平分布，则“列”参数有效。

2.8.5 案例：用户管理列表

案例描述

制作一个用户管理列表，包括序号、用户名、注册时间和账号状态4个字段。

案例难度：★★★☆☆

案例技术

中继器的项、中继器的数据集、中继器每项加载时事件。

案例说明

本案例使用中继器制作用户管理列表。通过本案例介绍使用中继器显示普通文本数据的方法和步骤。

制作步骤

（1）制作表头。中继器元件是存储和显示数据的，表头部分并不属于数据，所以需要单独制作。拖入4个“矩形1”元件至设计区域，修改文本分别为“序号”“用户名”“注册时间”和“账号状态”，位置和尺寸可自行设置。

（2）拖入中继器元件至设计区域，位置与表头的下边界对齐，如图2–157所示。

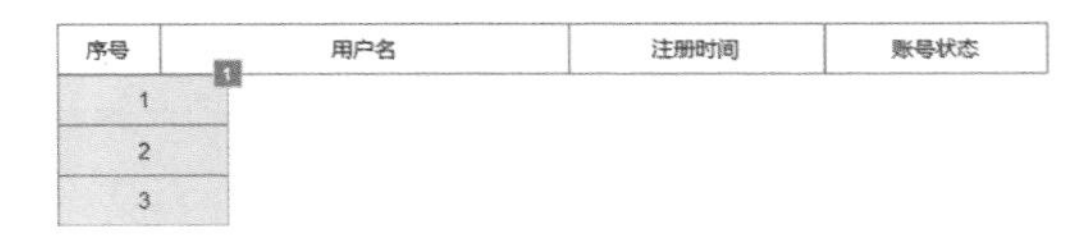

图 2–157

（3）编辑中继器数据集，如图2–158所示。

①设置4个字段名称：number、userName、registerTime和userState，分别代表序号、用户名、注册时间和账号状态。

②添加数据集中的数据。

number	userName	registerTime	userState
1	张三	2017-10-12	正常
2	李四	2017-10-09	冻结
3	王五	2017-10-07	正常

图 2-158

（4）双击中继器，设计“项”的内容。删除默认的矩形，为了保证每一列和表头的宽度相同，可以直接把表头的 4 个矩形复制进来，位置为（0,0），分别命名为 number、userName、registerTime 和 userState，用来显示数据集中 4 个字段的数据内容。从这里可以看出，元件的名称和数据集的字段名称可以相同，这样做方便下一步绑定数据。

（5）把数据集中的数据绑定到“项”上显示出来，如图 2-159 所示。

①双击属性面板中的“每项加载时”事件，打开用例编辑器。

②选择【添加动作 > 元件 > 设置文本】。

③在右侧的配置动作区域勾选 number。

④选择设置文本类型为“值”，单击 fx 按钮，打开“编辑文本”对话框。

⑤单击“插入变量或函数”按钮，选择中继器 / 数据集分类下的 Item.number，单击“确定”按钮，并用同样的方法依次为 userName、registerTime 和 userState 设置文本。

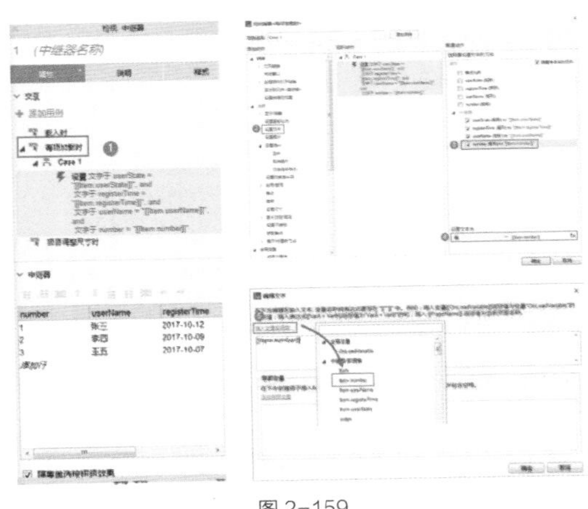

图 2-159

（6）设置列表的各行变色效果，如图 2-160 所示。

图 2-160

①在样式面板中的“背景”栏目下勾选“交替”复选框。

②设置第一个背景颜色为 #E8E8E8。

> **提示**
>
> 由于中继器的“项”里面所有矩形的填充颜色都是白色，这样会覆盖中继器的背景颜色，所以需要把“项”中所有矩形的填充颜色设置为透明才能看到效果。

（7）设置完成后，按 F5 键在浏览器中预览效果，如图 2-161 所示。

序号	用户名	注册时间	账号状态
1	张三	2017-10-12	正常
2	李四	2017-10-09	冻结
3	王五	2017-10-07	正常

图 2-161

> **提示**
>
> 虽然制作表头和制作数据区域的顺序没有严格要求，但最好先把表头的位置和尺寸设置好。因为在真实的项目中，页面元件一定是比较多的，而列表一般只占据整个页面宽度的一部分，数据区域又是在单独的页面中设计的。如果先制作数据区域，不容易把握列表的宽度，可能需要反复调整，这样会降低工作效率。

2.8.6 案例：商品订单列表

案例描述

制作一个商品订单列表，内容包括订单号、商品名称、商品图片、购买时间、商品数量、付款金额和状态，单击商品名称跳转至商品详情页面，如图 2-162 所示。

案例难度：★★★★☆

案例技术

中继器的项、中继器的数据集、中继器每项加载时事件、导入图片、添加参照页。

图 2-162

案例说明

本案例使用中继器来制作商品订单列表。通过本案例介绍使用中继器显示普通文本数据和图片、添加参照页的方法与步骤。

制作步骤

效果图中的列表在布局上和传统的表格有些不同，但同样可以用中继器实现效果。显示每条商品信息的元件集合就是中继器的“项”。

（1）拖入中继器元件至设计区域，编辑中继器数据集，并添加其中的文本数据，如图 2-163 所示。

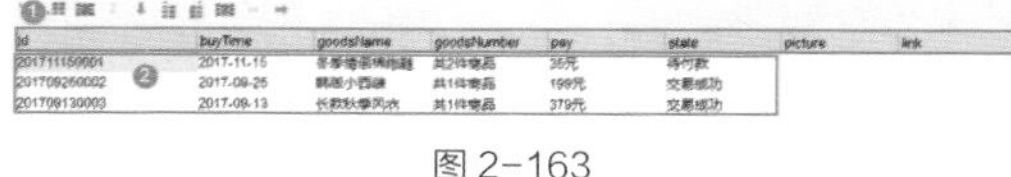

图 2-163

① 设置 8 个字段名称：id、buyTime、goodsName、goodsNumber、pay、state、picture、link，分别代表订单号、购买时间、商品名称、商品数量、付款金额、状态、商品图片和链接页面。

②添加数据集中的文本数据。

（2）导入商品图片。在 picture 列下面的单元格上执行右键菜单命令【导入图片】，如图 2-164 所示，然后选择图片。

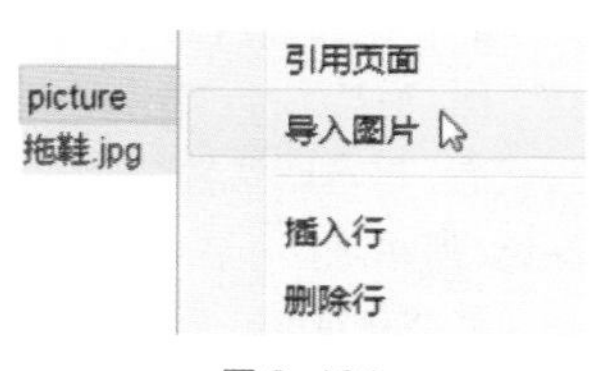

图 2-164

（3）添加商品跳转链接。在 link 列下面的单元格上执行右键菜单命令【引用页面】，如图 2-165 所示，然后选择页面。本案例中直接选择 page1、page2 和 page3 即可，大家可自行在对应的页面中加入一些元素加以区分。

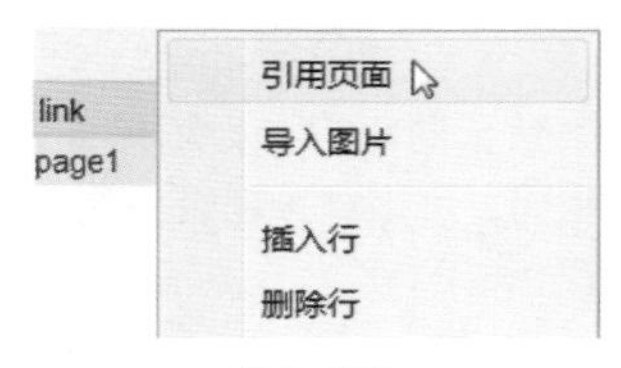

图 2-165

（4）双击中继器，设计“项”的内容。删除默认的矩形，使用矩形、文本标签和图片元件做好页面布局，如图 2-166 所示，并将需要绑定数据的元件命名为 id、buyTime、goodsName、goodsNumber、pay、state 和 picture，用来显示数据集中除 link 之外 7 个字段的数据内容。注意，并不是所有的元件都需要绑定数据，比如图 2-166 中矩形的作用只是布局。

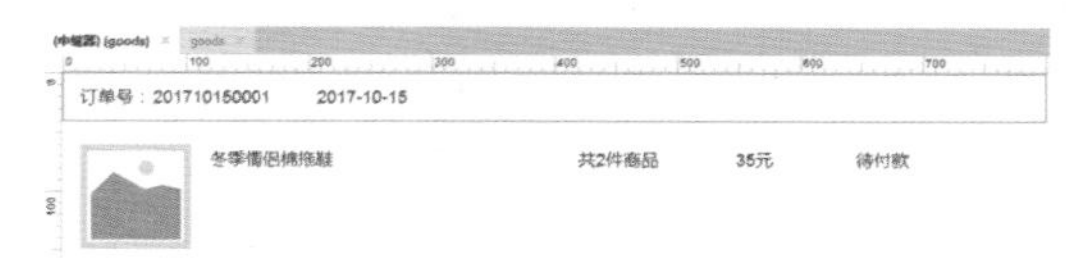

图 2-166

（5）把数据集中的文本数据绑定到“项”上显示出来，如图 2-167 所示。

①双击属性面板中的“每项加载时”事件，打开用例编辑器。

②选择【添加动作 > 元件 > 设置文本】。

③在右侧的配置动作区域勾选 id。

④设置文本类型为“值”，单击 fx 按钮，打开“编辑文本”对话框。

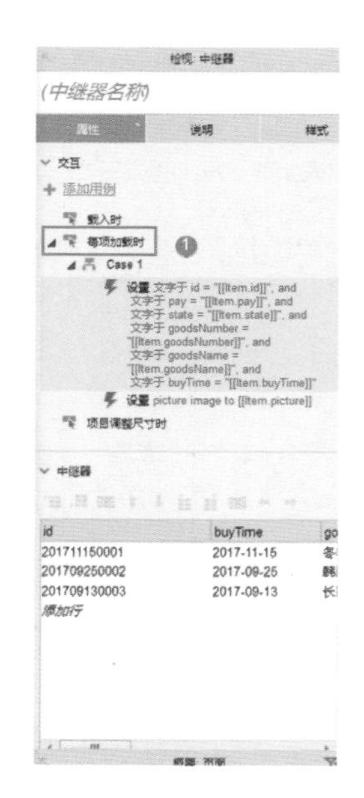

图 2-167

⑤单击“插入变量或函数”，选择中继器/数据集分类下的Item.id，单击“确定”按钮，并用同样的方法依次为buyTime、goodsName、goodsNumber、pay、state和picture设置文本。

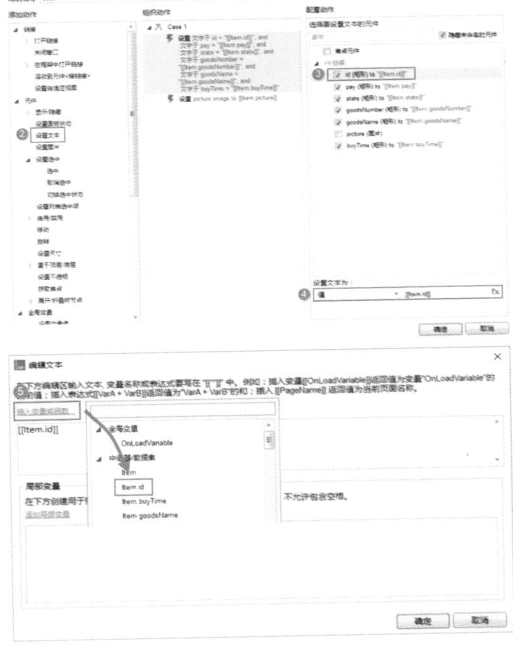

图2-167（续）

（6）把数据集中的图片数据绑定到“项”上显示出来，如图2-168所示。

①双击属性面板中的“每项加载时”事件，打开用例编辑器。

②选择【添加动作>元件>设置图片】。

③在右侧的配置动作区域勾选Set picture。

④设置图片类型为“值”，单击fx按钮，打开“编辑值”对话框。

图2-168

⑤单击“插入变量或函数”，选择中继器/数据集分类下的Item.picture，单击“确定”按钮。

图2-168（续）

（7）为商品名称和商品图片添加跳转链接，如图2-169所示。

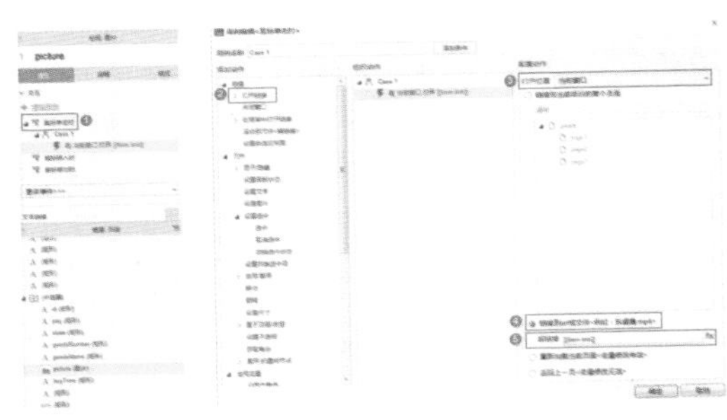

图2-169

①分别选中商品名称和商品图片的文本标签，双击属性面板中的“鼠标单击时”事件，打开用例编辑器。

②选择【添加动作>链接>打开链接】。

③在右侧的配置动作区域选择打开位置为“当前窗口”。

④选择“链接到url或文件”。

⑤输入[[Item.link]]，或单击fx按钮，在“编辑值”对话框中选择“插入变量或函数”，并选择中继器/数据集分类下的Item.link。

82863

（8）目前每条商品信息互相之间的距离为 0，为了更加美观，可以设置行间距为 20，并使用文本标签制作表头，如图 2–170 所示。

图 2–170

（9）设置完成后，按 F5 键在浏览器中预览效果，如图 2–171 所示。

图 2–171

> **提示**
>
> 决定本案例中列表宽度的元件是订单号所在行的矩形，在真实的项目中，页面元件一定是比较多的，而商品列表只占页面宽度的一部分。为了控制好列表的宽度，可以在页面中先设计一条商品信息的布局，再把它们剪切到中继器里。另外，从本案例中可以更深入地体会到，中继器本质上是用来存储数据的，至于是否显示出来，取决于是否把数据和“项”中的元件绑定。

2.9 巧用母版

当原型中有元件或元件组合需要重复使用时，可以把它们制作成母版，需要使用这些内容时，只需要直接调用母版即可，无须每个页面都单独制作；当要修改这些内容时，只需要在母版中修改一次，所有应用母版的页面都会自动修改，方便后期维护。例如，页面的导航菜单、底部版权信息等是母版最常见的应用，如图 2–172 所示，多次使用的图片素材使用母版制作，可以降低项目文件的大小。

图 2–172

2.9.1 创建母版

方法 1

在母版功能区上单击“添加母版”按钮并命名，如图 2–173 所示，双击该母版可以编辑内容。此方法是在单独的设计区域编辑母版，很难把握母版元件和应用页面元件之间的尺寸、位置关系，所以在实战中使用得比较少。

图 2–173

方法 2

比较常用的方法是在页面设计区域中先把需要重复显示的内容设计好，选中这些元件，然后执行右键菜单命令【转换为母版】，命名新母版名称，选择拖放行为（任何位置、固定位置或脱离母版），单击“继续”按钮即可创建母版，如图 2–174 所示。

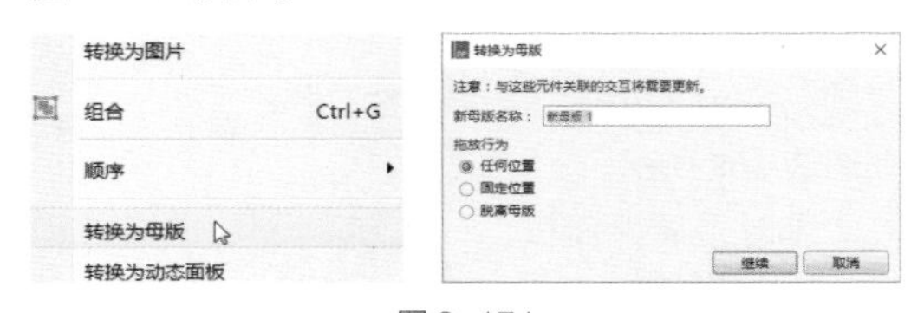

图 2–174

2.9.2 母版实例

选中设计区域中的母版，在属性面板中有两个母版实例，如图 2–175 所示。

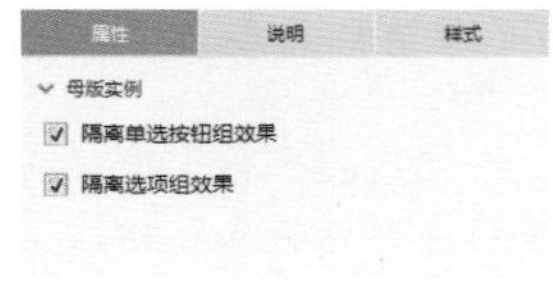

图 2–175

隔离单选按钮组效果：默认勾选，把母版和页面中的单选按钮组隔离，即使两处的单选按钮组名称相同，也不被认为是同一单选按钮组，互不干扰。

隔离选项组效果：默认勾选，把母版和页面中的选项组隔离，即使两处的选项组名称相同，也不被认为是同一选项组，互不干扰。

2.9.3 母版的拖放行为

1. 任何位置

在应用页面中，母版可以随意改变位置。

（1）拖入一个“矩形 3”元件至 index 页面的设计区域，修改文本内容为“版权所有：狄睿鑫老师”，尺寸可自行设置。

（2）在“矩形 3”元件上执行右键菜单命令【转换为母版】，命名为“bottom”，“拖放行为”选择“任何位置”，如图 2-176 所示。

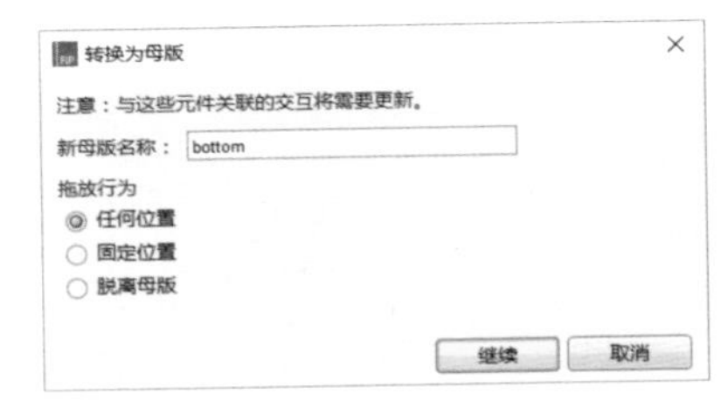

图 2-176

（3）打开 page1 页面，把 bottom 从母版功能区拖入设计区域，可以随意拖动母版改变其位置。此时母版的边界是绿色的，如图 2-177 所示。

图 2-177

2. 固定位置

情况 1：在母版最初创建时，内部元件的位置就是应用页面中母版的位置，不可改变。

（1）拖入一个“矩形 1”元件至 index 页面的设计区域，位置为（0,0），然后拖入一个“占位符”元件，位置为（0,0），修改文本内容为“logo”，尺寸可自行设置。

（2）选中上述两个元件，执行右键菜单命令【转换为母版】，命名为“head”，“拖放行为”选择“固定位置”，如图 2-178 所示。

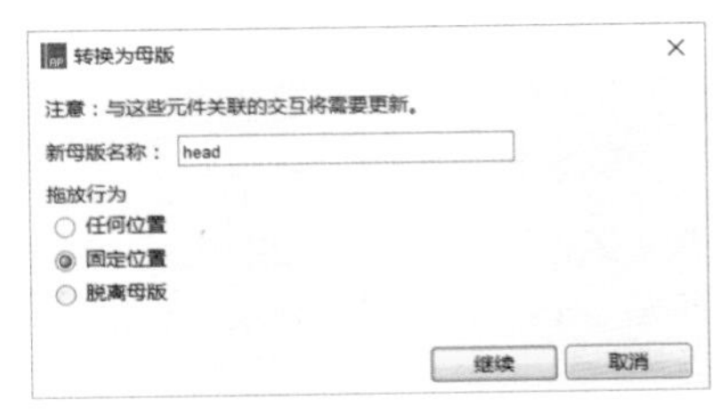

图 2-178

（3）打开 page1 页面，把 head 从母版功能区拖入设计区域，无论把 head 拖曳到什么位置，松开鼠标时，head 的位置都是（0,0）。此时模板的边界是红色的，如图 2-179 所示。

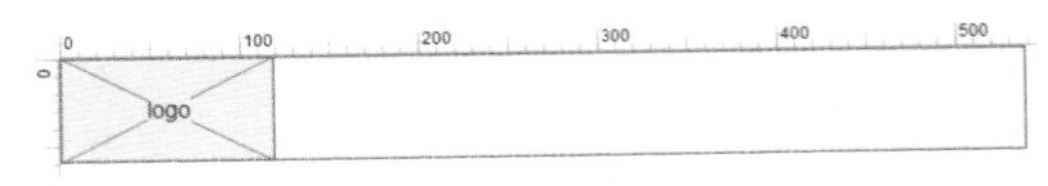

图 2-179

情况 2：在已经应用母版的页面中，执行右键菜单命令【固定位置】，如图 2-180 所示，仅修改此页面中该母版的拖放行为，其他页面的母版不受影响。

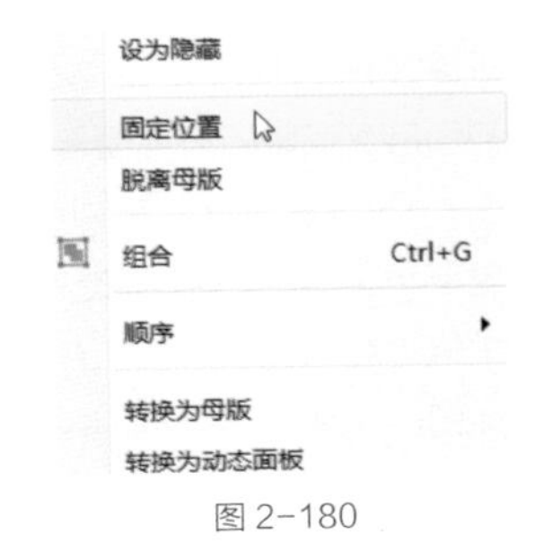

图 2-180

3. 脱离母版

情况 1：当选中此拖放行为后，再次把它拖入设计区域时，原母版里的元件就会变成孤立的元件，而不再是母版，不再自动更新母版的内容，但已经应用过母版的页面不受影响。

（1）在母版功能区中右键单击 head 并执行【拖放行为 > 脱离母版】命令，如图 2-181 所示。

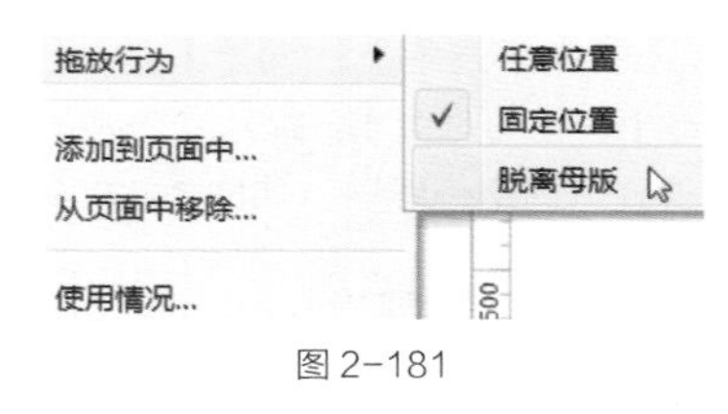

图 2-181

（2）打开 page2 页面，把 head 从母版功能区拖入设计区域，可以看到矩形和占位符元件不再是一个整体，如图 2-182 所示。

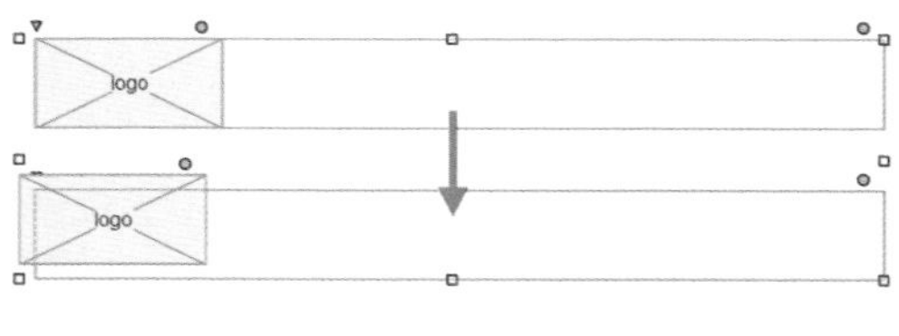

图 2-182

（3）再次打开 head 母版，拖入一个文本标签至设计区域，修改位置为（830,22），修改文本内容为“退出”，如图 2-183 所示。

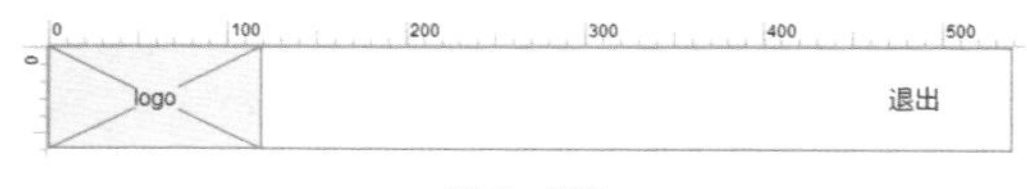

图 2-183

（4）依次打开 index、page1 和 page2 页面，可以发现 index、page1 页面的内容均已自动更新，而 page2 页面的内容没有变化。

情况 2：在已经应用母版的页面中，执行右键菜单命令【母版 > 脱离母版】，仅修改此页面中该母版的拖放行为，其他页面的母版不受影响，如图 2-184 所示。

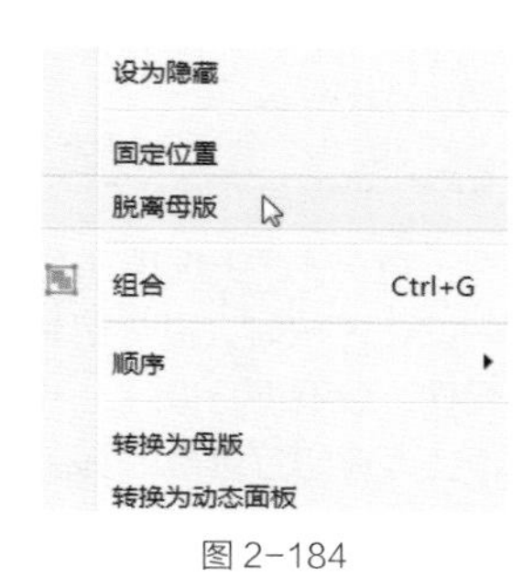

图 2-184

2.9.4 应用母版

除了直接把母版拖入页面的设计区域这种方法，还可以批量应用母版。在母版功能区的母版上执行右键菜单命令【添加到页面中】，打开“添加母版到页面中”对话框，如图 2-185 所示。

①选择要应用的页面。

②选择快捷按钮，包括全部选中、全部取消、全部选中子页面和取消全部子页面。

③设置母版的应用位置，可以锁定为母版中的位置、指定新的位置、设置是否置于底层。

④一般默认勾选“页面中不包含此母版时才能添加”复选框。

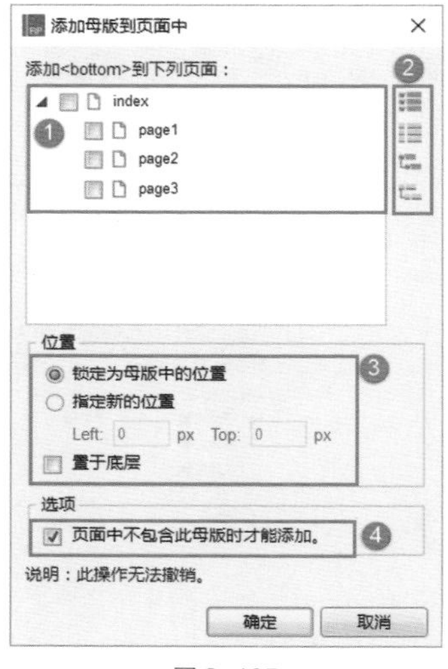

图 2-185

> **提示**
>
> 注意此操作无法撤销。

2.9.5 移除母版

直接选中页面中的母版，按 Delete 键即可移除该母版。在母版功能区的母版上执行右键菜单命令【从页面中移除】，在打开的对话框中，可以批量移除多个页面中的母版，如图 2-186 所示。

图 2-186

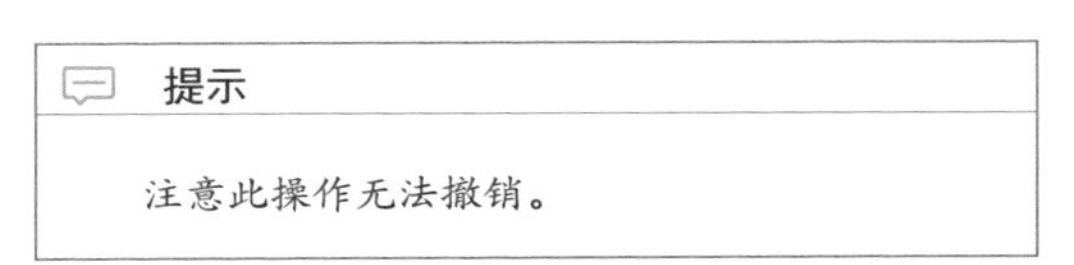
提示

注意此操作无法撤销。

在制作低保真原型阶段，上面介绍的关于母版的知识就已经足够了。如果在后续制作高保真原型时，可能会有母版内元件和母版外元件交互的需要，这就会用到“母版自定义事件”的相关知识，在后续的高级交互章节会做详细的介绍。

2.10 界面原型的尺寸

本节内容分别介绍如何设置 Web 原型和 App 原型的尺寸。笔者在之前的章节中强调过，在制作低保真原型阶段不要过多纠结原型中各元件的尺寸、位置和样式等，这是为了在产品设计的初级阶段把工作重心放到业务逻辑上面来，不要把时间浪费在原型的 UI 元素上。不过在工作流程中，最好在设计之初就把整个原型页面的尺寸大体确定下来：对于 Web 页面，可以无须关注到像素级别；对于 App 页面，需要先确定在哪些移动设备上预览，要确定一个基本尺寸，这样在后续制作高保真原型时会省下不少力气。

2.10.1 Web 原型尺寸

Web 产品一般是在 PC 端使用，PC 的屏幕比较大，各种高分辨率的屏幕也越来越普及，很多初学者都会认为把页面设计成全屏效果会显得很大气，但这并不一定是合理的设计。想象一下，当你在上网时，信息充满了整个页面，你需要不停地转动眼睛和头部，这样的用户体验是非常差的。

对于内容型网站，一般把页面宽度设计成 1000px 左右，这样在浏览信息时是最舒服的。有些网站的内容越来越丰富（如淘宝），页面的宽度可能变成了 1200px 或更大，但采取了分栏设计，如图 2-187 所示。

图 2-187

单击菜单中的【布局 > 栅格和辅助线 > 创建辅助线】命令，打开“创新辅助线”对话框。以页面宽度 1000px 为例，设置列数为 1、列宽为 1000、间距宽度为 0、边距为 0，行数为 0，后续参数无须设置，如图 2-188 所示，勾选“创建为全局辅助线”复选框，所有页面均被添加了辅助线，如图 2-189 所示。

图 2-188

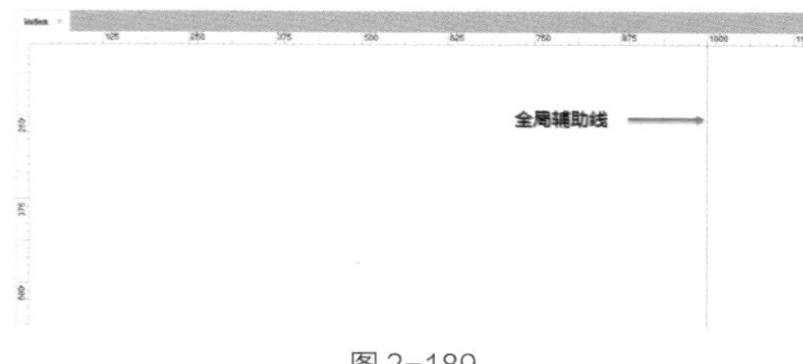

图 2-189

如果想给某一个页面单独创建辅助线，可以取消勾选“创建为全局辅助线”复选框，然后从页面左侧或顶部的标尺向设计区域拖曳鼠标，创建辅助线，如图 2-190 所示。拖曳辅助线可以改变其位置。

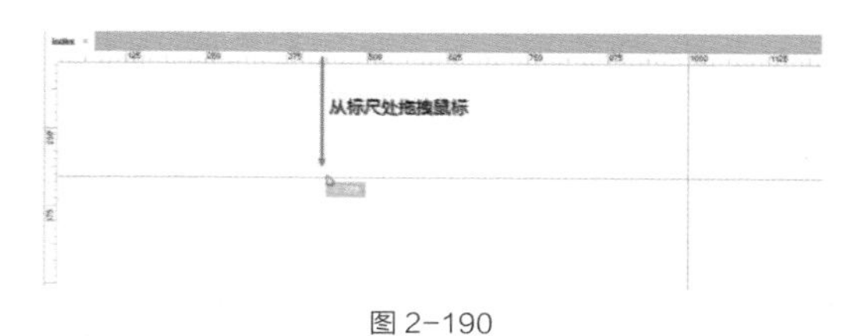

图 2-190

对于展示型网站，页面一般设计成响应式的，即随着分辨率的变化而自适应宽度。在原型中，可以使用 Axure 提供的自适应视图功能，在后续的章节中会做详细的介绍。

2.10.2 App 原型尺寸

如果原型需要在移动设备中预览，那么在设计之初就要规划好原型的尺寸。首先要明确一个概念，虽然设计的是 App 原型，但原型在本质上也是 HTML 页面，在移动设备上也是通过浏览器预览的。

HTML 页面的样式是通过 CSS 控制的，在 PC 设备上，CSS 中的 1 像素就相当于真实屏幕的 1 像素；而在移动设备上，由于屏幕分辨率越来越高，从 480P、1080P 到 2K 的分辨率，但屏幕的真实尺寸却并没有成比例地变化（甚至是没有变化），出现了不同的像素密度，所以 CSS 中的 1 像素并不一定等于移动设备屏幕的 1 像素。如 iPhone 6s 的屏幕物理分辨率为 750 像素 ×1334 像素，Axure 中的原型尺寸为 375 像素 ×667 像素，是物理屏幕分辨率的 1/2。需要注意的是，并不是所有移动设备的原型尺寸和物理分辨率都是 1/2 的关系，如 iPhone 6s Plus 的屏幕物理分辨率为 1080 像素 ×1920 像素，Axure 中的原型尺寸为 414 像素 ×736 像素。

在真实项目中，页面的内容很多，高度往往是不确定的，所以无须限制 Axure 中原型的高度。但有一点需要注意，如果要在移动设备中查看一屏范围内能显示哪些内容（即不垂直滚动页面时），在计算高度的时候需要减去状态栏的高度，状态栏就是手机上显示运营商、信号强度、时间和电量的区域。还是以 iPhone 6s 为例，状态栏的真实高度为 40 像素，但在 Axure 中需要把高度减去 20 像素，也就是说 Axure 中一屏范围的尺寸是 375 像素 ×647 像素。

如果需要在不同的移动设备中预览原型，同样要使用自适应视图功能，在后续的章节中会做详细的介绍。

第3章

原型的分享与合作

在低保真原型制作完成之后，通常就可以把原型分享给团队之中的技术人员（开发、测试）和设计人员（视觉、动效）查看了，技术人员更多关注的是产品的功能逻辑，设计人员更多关注的是页面中的各种元素和交互的过程。可以利用低保真原型在需求评审会上为各方人员讲解产品的业务、功能。编写交互说明书，可以为后续的开发、设计和测试工作提供详细的依据。

本章学习要点

» 标记元件的使用

» 撰写交互说明书

» 生成 HTML 页面

» 利用 AxShare 分享原型

» 利用 AxShare 进行团队合作、管理团队项目

3.1 页面快照标记元件

页面快照元件是Axure RP8.0中新增的元件，如图3-1所示，可以显示某个页面的全部或页面的一部分，相当于页面的截图，可以用来制作低保真线框图，或者把它当作流程图中的节点来使用。我们同样可以像其他元件一样为页面快照的事件添加用例。

图3-1

3.1.1 添加引用页面

拖入“页面快照”元件至设计区域，单击属性面板中的“添加引用页面”，选择引用页面或母版。默认状态下，快照中的图像会跟随着页面快照尺寸的变化而等比例变化，如图3-2所示。

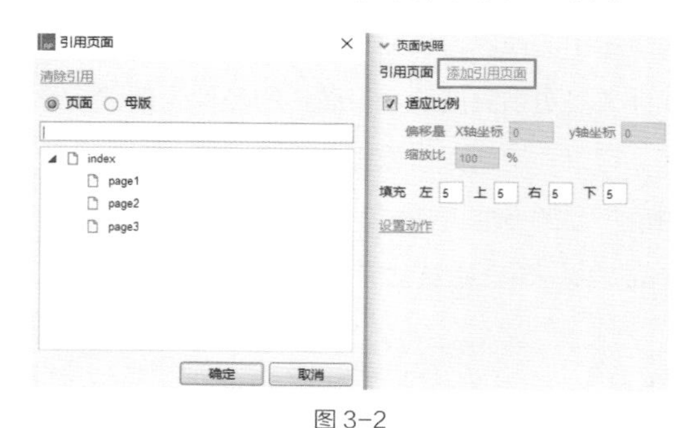

图3-2

3.1.2 设置快照范围

选中“页面快照”元件，取消勾选属性面板中的“适应比例”后，可以设置水平方向、垂直方向的偏移量及缩放比例，改变快照范围，如图3-3所示。

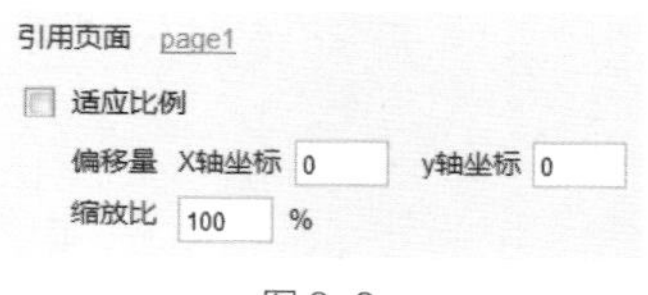

图3-3

也可以双击页面快照元件，当鼠标手势变成小手形状时，可以直接拖动页面快照的内容，按住Ctrl键的同时滚动鼠标滚轮，可以改变缩放比例。

> **提示**
>
> 当页面快照还没有引用页面时，双击它可以直接设置引用页面；当设置了引用页面后，双击它才可以设置快照范围。

在属性面板中可以设置页面快照内容距四周边界的距离，默认均为5像素，如图3-4所示。

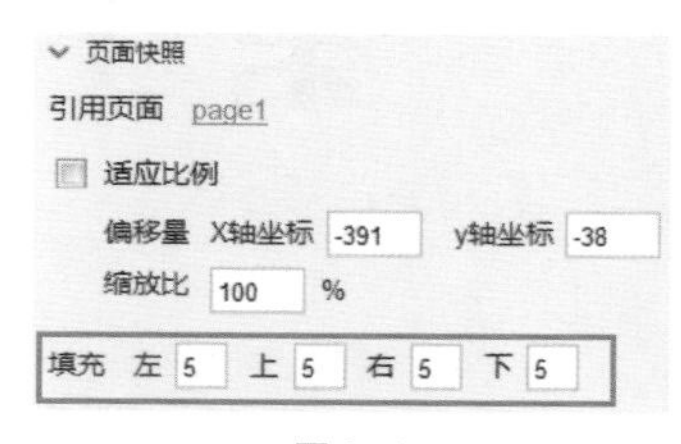

图3-4

3.1.3 案例：制作低保真线框图

产品经理的输出成果除了可交互原型外，低保真线框图也是一个不错的选择，它可以很直观地展示产品的各个功能模块都是由哪些页面组成的。页面快照元件有一个很典型的应用，就是用它来制作低保真线框图，步骤如下。

（1）当每个页面都制作完成后，新建一个页面，使用页面快照分别给每个页面“截图”。

（2）选择工具栏中的“连接”工具，如图3-5所示。把鼠标悬浮至某个图形上时，图形的边界上会出现连接点，拖动鼠标连接两个图形之间的连接点即可添加连接线。

图3-5

（3）把页面快照连接起来。一般箭头的起点是页面快照中的某个元件（如按钮和超链接等），终点是整个页面快照，含义是单击某个按钮或链接后跳转至某个新页面，如图3-6所示。

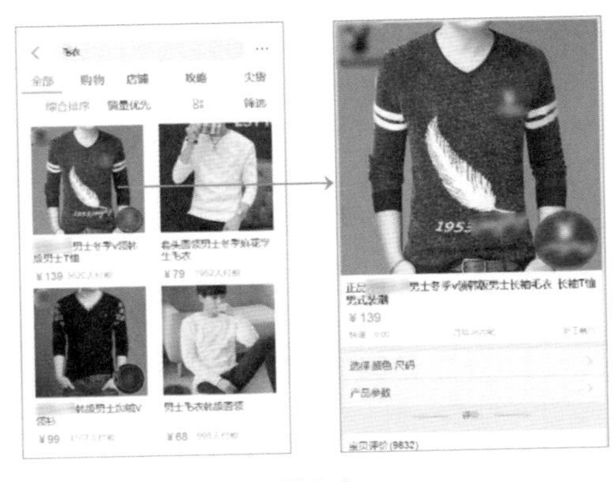

图 3-6

> 提示
>
> 为什么不直接在一个页面中设计各个页面并使用箭头连接，而要在不同的页面中设计，最后使用页面快照把它们连接起来呢？如果在一个页面中设计产品不同的页面，每个产品页面的尺寸都很小，这样很不方便；其次，这样是无法制作交互效果的，若需要高保真原型，还需要重新制作，影响效率。

3.2 其他标记元件

根据实际需要使用水平剪头、垂直箭头、4种便签、圆形标记和水滴标记，如图 3-7 所示，在页面上做标注，其他团队成员就能够非常方便地了解业务逻辑和注意事项，如图 3-8 所示。

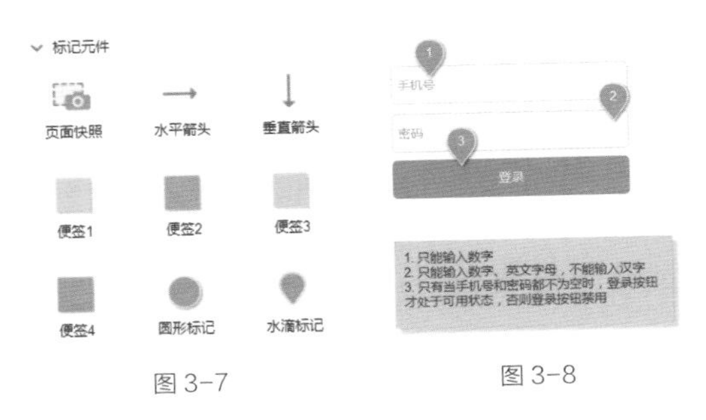

图 3-7　　图 3-8

3.3 流程图

3.3.1 绘制流程图

流程图，可以用来清晰地表达业务逻辑，可以为产品人员梳理思路，防止出现业务漏洞，也可以为团队其他成员说明业务流程。流程图可以纵向绘制，也可以横向绘制。图 3-9 是一个登录功能的流程图。

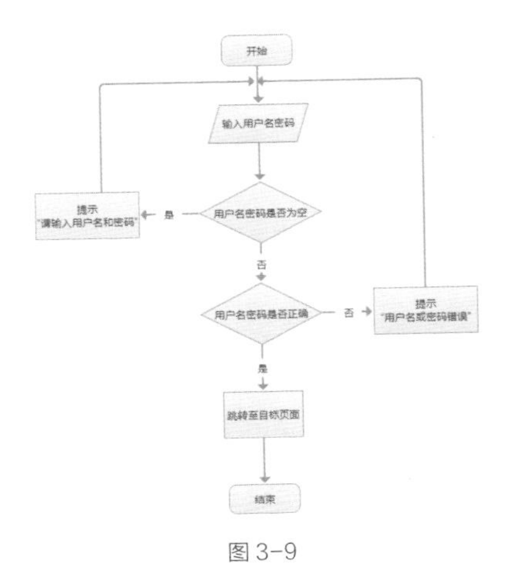

图 3-9

Axure RP 提供了一个流程图元件库（Flow），可以像使用其他元件一样，直接拖入设计区域即可，双击可以添加文字。当给各个图形添加连接线时，需要选择工具栏中的“连接”工具，如图 3-10 所示，把鼠标悬浮至某个图形上时，图形的边界上会出现连接点，如图 3-11 所示，拖动鼠标连接两个图形之间的连接点即可添加连接线。

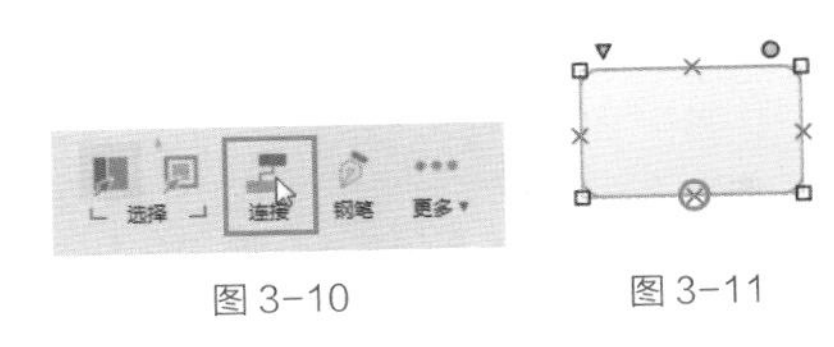

图 3-10　　图 3-11

默认的连接线是没有箭头的，选中连接线，在工具栏中可以改变箭头样式，如图 3-12 所示。

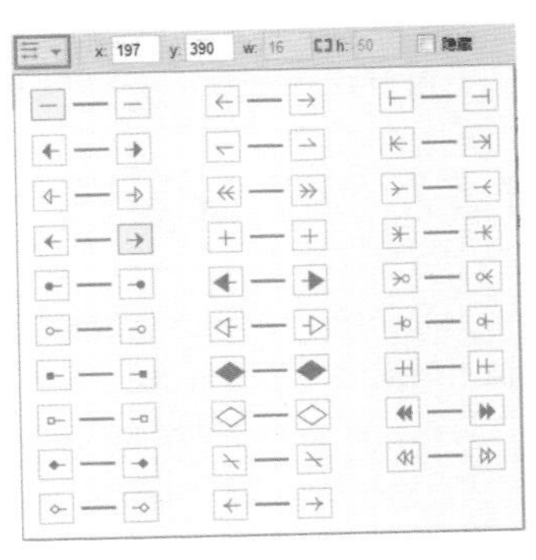

图 3-12

流程图的每个形状都有自己的含义，在绘制流程图时要尽可能地遵守这些通行的使用规范，这样才能更好地沟通交流。下面是基本流程图形状的含义。

圆角矩形：表示流程的开始和结束。
矩形：表示要执行的动作。
菱形：表示决策或判断。
平行四边形：表示数据的输入或输出。
箭头：表示执行的方向。
文件：表示以文件的方式输入或输出。
圆形：表示交叉引用。
角色：表示执行流程的角色。
数据库：表示系统的数据库。

3.3.2 生成页面流程图

Axure RP 还可以根据页面层级结构生成流程图。打开需要放置流程图的页面，在页面列表的根页面（或根文件夹）上执行右键菜单命令【生成流程图】，如图 3-13 所示。

为了把流程图页面和普通页面区分开，可以在流程图页面上执行右键菜单命令【图表类型 > 流程图】，如图 3-14 所示，该页面的图标就会变成流程图样式。需要说明的是，这一操作不是必须的。

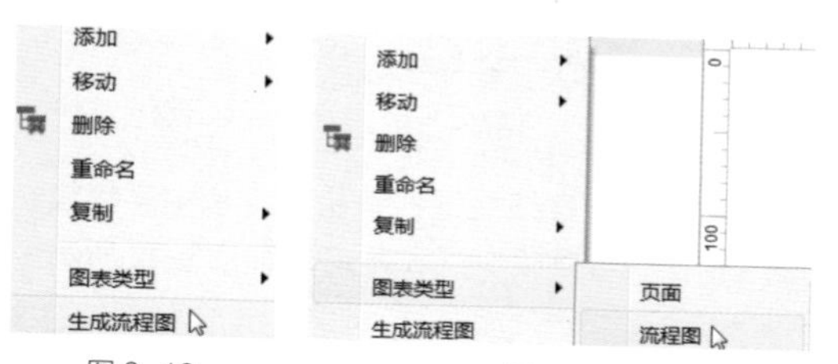

图 3-13　　图 3-14

3.4 交互说明书

交互说明书是产品经理或交互设计师重要的输出成果之一，是开发人员进行产品研发、测试人员进行产品测试的重要依据。

Axure RP 提供了添加页面说明和元件说明的功能，可以自动生成 Word、CSV 格式的交互说明书。

3.4.1 页面说明

在“检视：页面”功能区的“说明”面板中，默认有一个“说明”字段，单击“自定义字段”，打开“页面说明字段”对话框，单击“加号”可以新增字段，如图 3-15 所示。

图 3-15

页面说明支持富文本编辑，当输入说明内容时，单击文本框右上角的 Aa 按钮，可以设置说明内容的字体和样式，如图 3-16 所示。

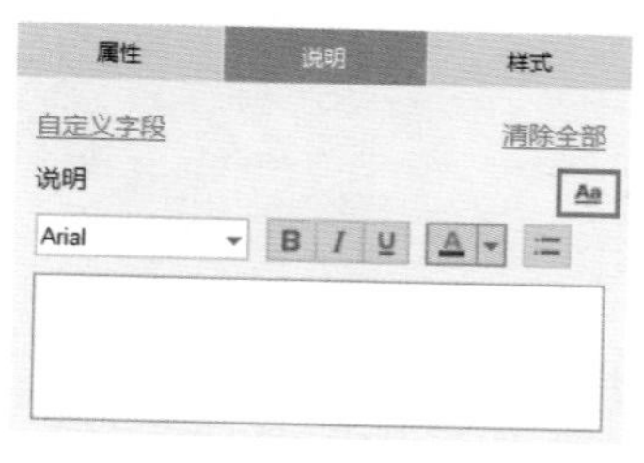

图 3-16

3.4.2 元件说明

选中某个元件，在检视功能区的“说明”面板中，同样也有一个默认的“说明”字段，单击“自定义字段”，打开“元件说明字段与配置”对话框，如图 3-17 所示。

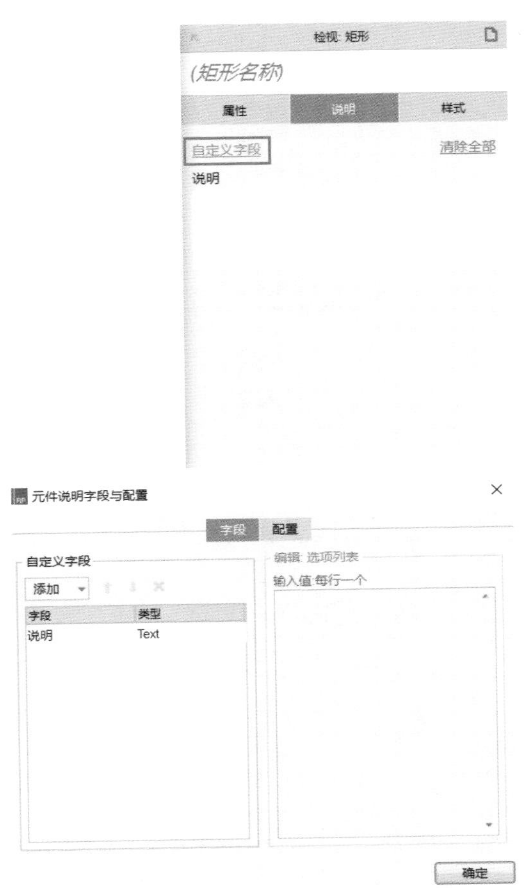

图 3-17

在“字段”选项卡中，可以增加文本（Text）、选项列表、数字（Number）和日期 4 种类型的元件说明字段，其中选项列表类型的字段需要在对话框右侧编辑列表值，每行一个，如图 3-18 所示。

在“配置”选项卡中，可以把刚刚新增的某些字段添加到一个集合中，相当于给自定义字段分类，如图 3-19 所示。

①单击“加号”，新增一个集合。

②给集合命名。

③选择元件说明字段。

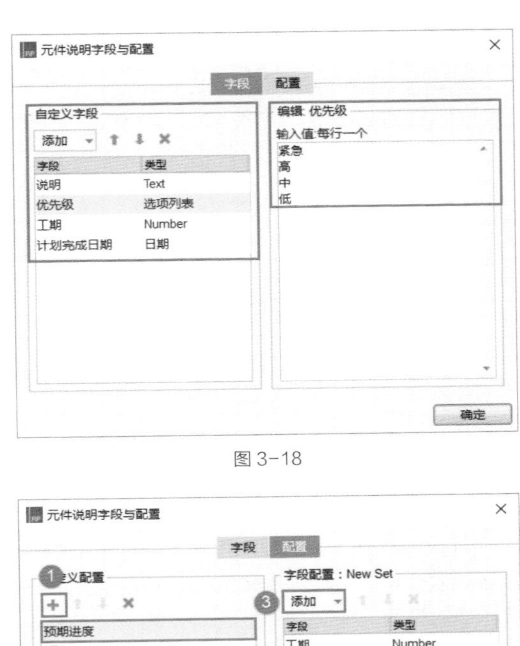

图 3-18

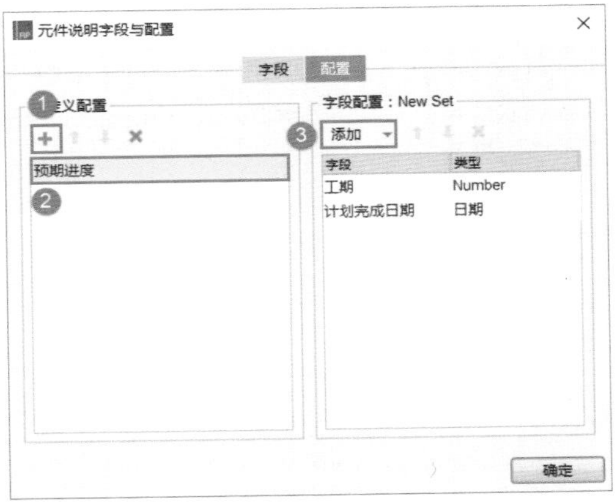

图 3-19

元件说明同样支持富文本编辑，方法与页面说明相同。

3.4.3 生成 Word 说明书

单击菜单中的【发布 > 生成 Word 说明书】命令，打开“生成 Word 说明书”对话框，如图 3-20 所示，在“常规”选项卡中选择生成的 Word 文件位置，单击“生成”按钮，即可生成 Word 说明书。在对话框的其他选项卡中，还可以进行其他关于 Word 说明书的配置。

图 3-20

页面：设置 Word 说明书中是否包含页面和站点地图列表，设置页面和站点地图模块的标题，选择生成的页面范围。

母版：设置 Word 说明书中是否包含母版和母版列表，设置母版和母版列表模块的标题，选择生成的母版范围。

页面属性：设置 Word 说明书中是否包含页面说明和说明的排序，设置是否包含页面交互母版列表、母版使用情况报告、动态面板和中继器，以及各模块的标题。

屏幕快照：设置 Word 说明书中是否包含屏幕快照和屏幕快照的各项参数。

元件表：设置 Word 说明书中是否包含元件表，默认有一个元件表，还可以新建元件表，把表格中的内容放到不同的元件表中。

布局：设置 Word 说明书的布局（单列、双列），以及各模块的排序。

Word 模板：编辑 Word 样式模板，可以使用 Word 内置样式或 Axure 默认样式，支持导入和新建模板。

3.4.4 生成 CSV 报告

单击菜单中的【发布 > 更多生成器和配置文件】命令，打开“管理配置文件”对话框，如图 3-21 所示。选择“CSV Report 1”，单击“生成”按钮，进行相关参数配置，如图 3-22 所示，再单击“生成”按钮，即可生成 CSV 格式的文件。

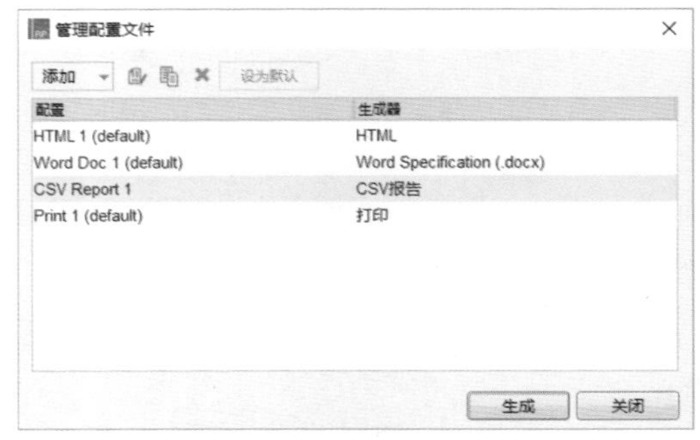

图 3-21

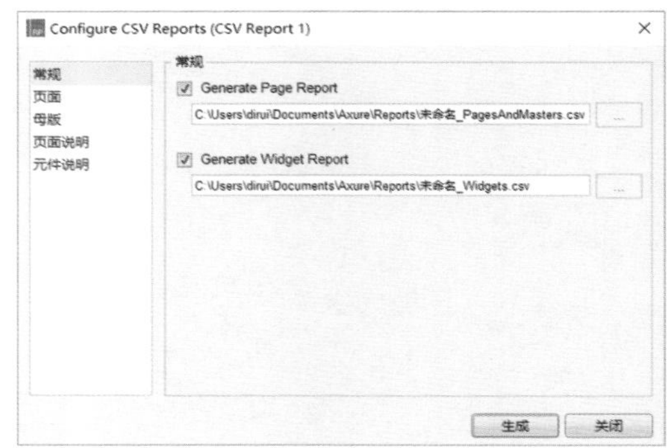

图 3-22

3.5 AxShare

AxShare 是 Axure RP 的官方管理平台，可以把制作好的原型发布到 AxShare 上并生成 URL 链接，其他人可以在线访问，链接中还提供了讨论区，项目干系人可以直接在原型链接中发布自己的意见和建议。还可以利用 AxShare 创建并管理团队项目，当项目规模较大需要多人协作时，是非常方便的。

AxShare 最多可以发布 1000 个原型，官方网址需要使用 Axure 账号登录。

3.5.1 分享原型

1. 注册 Axure 账号

可以在 Axure RP 软件中注册 Axure 账号，也可以在 AxShare 网站中注册 Axure 账号，如图 3-23 和图 3-24 所示。

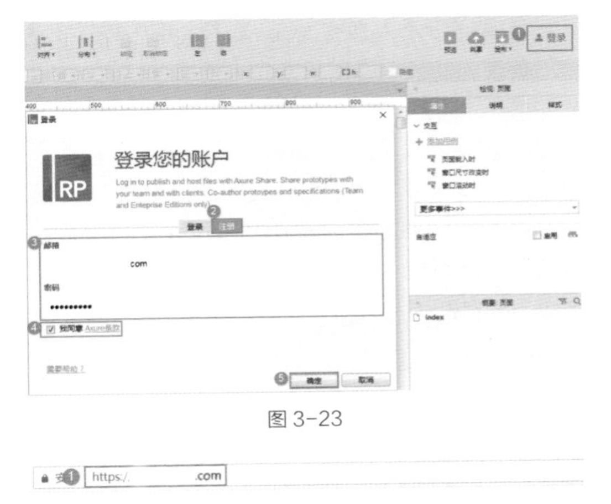

图 3-23

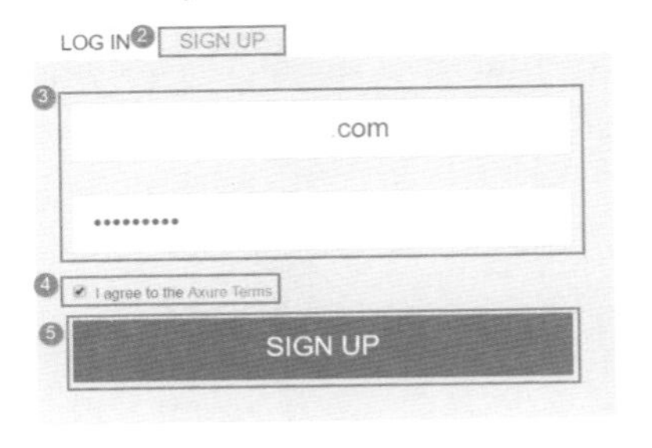

图 3-24

2. 发布原型至 AxShare 并分享 URL 链接

（1）登录刚刚注册的 Axure 账号。原型制作完毕后，单击菜单中的【发布 > 发布到 AxShare】命令，如图 3-25 所示。

图 3-25

（2）设置项目参数，如图 3-26 所示。

①选择“创建一个新项目”。

②输入项目名称。

③可以根据需要选择是否设置密码。

④选择项目文件夹（选填，如果不填则默认发布至 My Projects 文件夹下）。

⑤单击“发布”按钮。

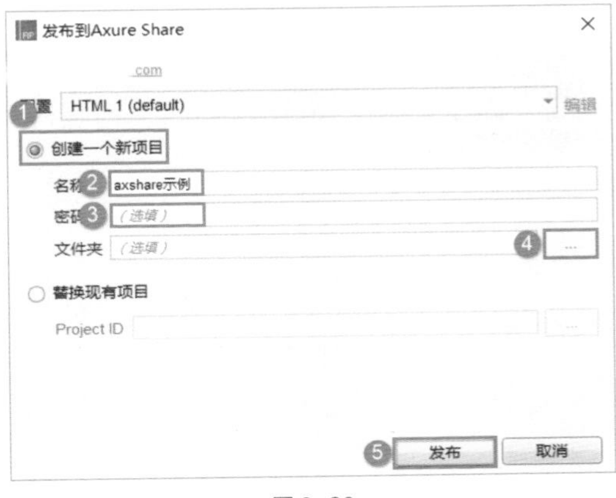

图 3-26

（3）发布成功后，会提供原型的 URL 链接，如图 3-27 所示。

① URL 链接，单击可直接在浏览器中打开，也可以将其复制至剪贴板。

②勾选“不加载工具栏”后，浏览器中将没有左侧的功能区。

图 3-27

3. 更新原型至 AxShare

在修改原型后，可以直接提交更新至 AxShare 的原项目中，URL 链接中的内容也会同步更新。

（1）单击菜单中的【发布 > 发布到 AxShare】

命令。

（2）选择“替换现有项目”，输入框中默认显示的是当前项目的 ID，无须修改，单击“发布”按钮即可，如图 3-28 所示。

图 3-28

4. 参与讨论

在包含站点地图（左侧功能区）的 URL 链接中，选择 DISCUSS，进入讨论区，如图 3-29 所示。

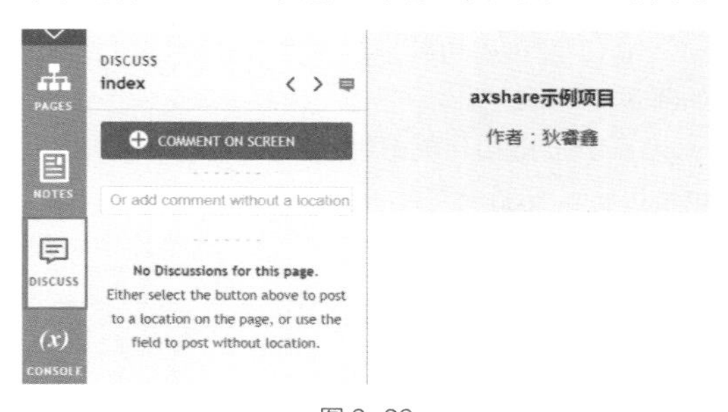

图 3-29

（1）项目干系人可以在文本输入框中发表自己的意见和建议，如图 3-30 所示。

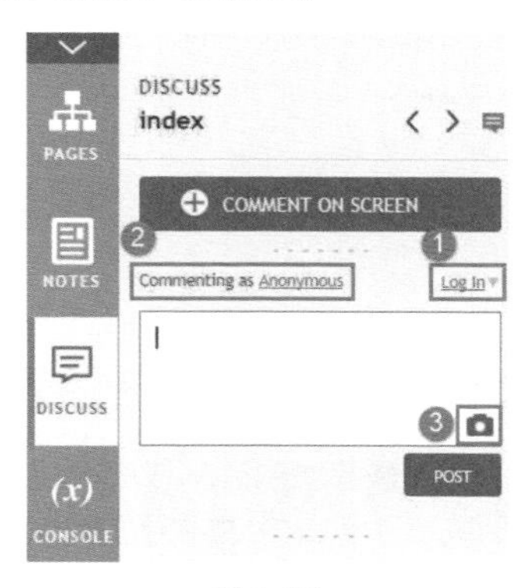

图 3-30

①如果干系人拥有 Axure 账号，可以单击“Log In”登录。登录后将显示发布人的账号信息。

②大部分干系人是非专业人员，没有 Axure 账号，此时可以单击“Commenting as …”输入人员信息，以区分不同干系人发布的讨论内容。

③单击“照相机”按钮，可以在原型中截图并将其插入讨论区。

（2）单击“COMMENT ON SCREEN”按钮，可以在屏幕上的特定位置发表讨论内容，拖动题注编号可以改变其位置，如图 3-31 所示。

图 3-31

（3）单击某一条讨论内容的“POST REPLY”按钮，可以发表回复，如图 3-32 所示。

图 3-32

3.5.2 管理原型

在浏览器中打开 AxShare 网址并登录账号，打开 My Projects 文件夹。在此页面中可以看到项目的名称、更新时间和 URL。勾选项目名称前面的复选框，可以对其进行移动、复制、重命名和删除操作，如图 3-33 所示。

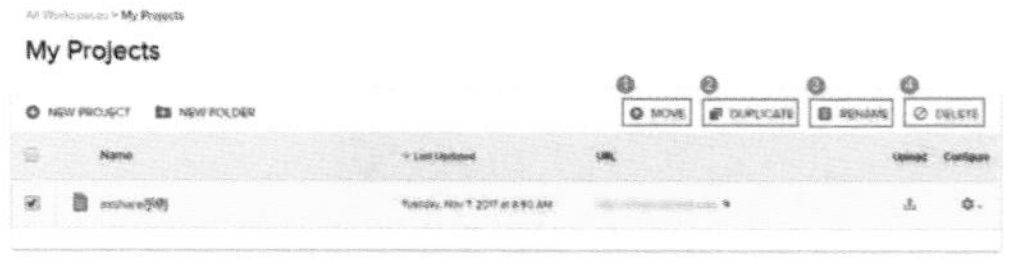

图 3-33

单击项目列表右侧的“上传”按钮，如图 3-34 所示，可以直接上传 Axure 的项目文件，文件大小限制在 400MB 以内。

图 3-34

1. 项目基本信息管理

鼠标悬浮至项目列表右侧的“设置”按钮，选择【FILE+SETTINGS】命令，如图 3-35 所示，进入基本信息管理页面，如图 3-36 所示。

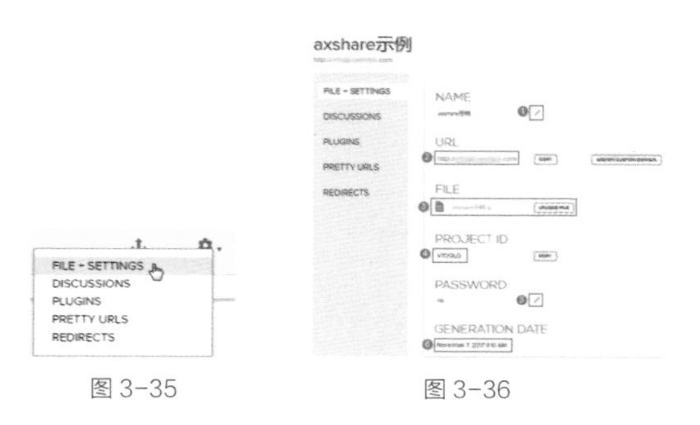

图 3-35　　图 3-36

①单击上方的“铅笔”按钮，可以编辑项目名称。

②自动生成 URL 链接。

③ Axure 的项目文件，单击“UPLOAD FILE”按钮可以上传文件，大小限制在 400MB 以内。

④自动生成的项目 ID，每个 ID 对应不同的项目。

⑤单击下方的“铅笔”按钮，可以设置原型链接的密码。

⑥最新的更新时间。

2. 自定义 URL

单击页面左侧的“PRETTY URLS”标签，可以对原型中各个页面的 URL 进行自定义修改。

（1）设置默认页面和 404 页面，如图 3-37 所示。

图 3-37

①单击“Assign”按钮。

②选择对应页面。

（2）单击页面列表右侧的“edit”按钮，可以进入编辑状态，设置各个页面的 URL，如图 3-38 所示。

① Custom Page Title（自定义页面标题）：设置在浏览器标签页中显示的页面标题。

② Pretty Url（漂亮的 Url）：设置对应页面的 Url 链接，如输入 login，则其 Url 为…/login。

③ Meta Description（描述标记）：设置描述说明。

④当某个页面被设置为默认页面或 404 页面时，其 Pretty Url 将不能修改。

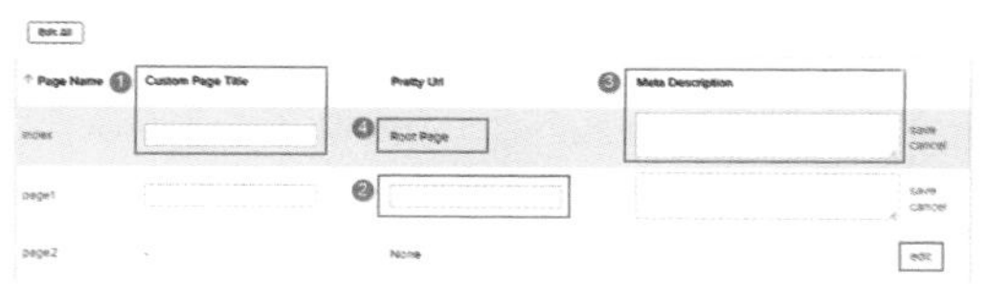

图 3-38

（3）单击“Edit All”按钮，可以同时编辑所有页面的 URL。

若设置 page1 页面的 Custom Page Title 为“登录页”，Pretty Url 为“login”时，在浏览器中的效果如图 3-39 所示。

图 3-39

3.5.3 创建和管理团队项目

当项目需要多人协作时，可以利用 AxShare 创建团队项目；如果只有一个人，但想要记录原型的各个历史版本，也可以利用团队项目来进行版本管理。

1. 创建团队项目

◖在 AxShare 中建立团队并邀请成员

（1）在浏览器中打开 AxShare 网址并登录账号，单击“NEW WORKSPACE”按钮，新建一个工作区并命名为 Team1，单击进入该工作区，选择【MANAGE USERS > INVITE PEOPLE】，如图 3-40 所示。

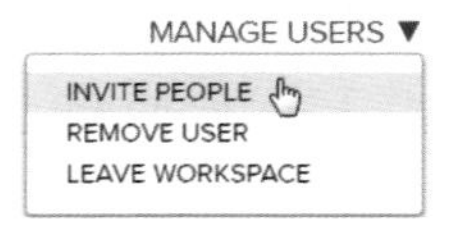

图 3-40

（2）输入团队成员的 Axure 账号（邮箱），单击“INVITE”按钮，即可完成人员邀请操作，如图 3-41 所示。

INVITE PEOPLE

Email addresses separated by commas:

team1@example.com

Invite as Viewer Only

INVITE　CANCEL

图 3-41

（3）此时 Team1 工作区内会显示被邀请成员的账号信息，如图 3-42 所示，待被邀请人同意后，信息自动更新。

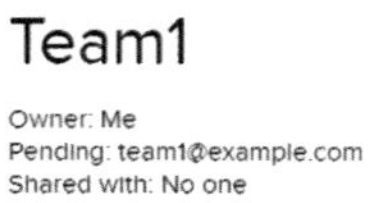

Team1

Owner: Me
Pending: team1@example.com
Shared with: No one

图 3-42

◖在 Axure 中创建团队项目

（1）单击菜单中的【团队 > 从当前文件创建团队项目】命令，如图 3-43 所示，如果当前的个人项目未保存，会询问是否要保存当前文件，可根据需要选择是否保存。

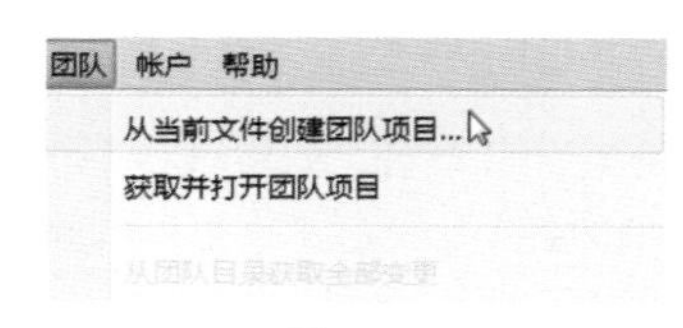

图 3-43

（2）在打开的“创建团队项目”对话框中，设置团队项目参数，如图 3-44 所示。

①选择“Axure Share”选项卡。

②选择文件夹为 Team1。

③输入团队项目名称为 teamTest。

④选择团队项目在本地的保存目录。

⑤可以根据需要选择是否设置密码。

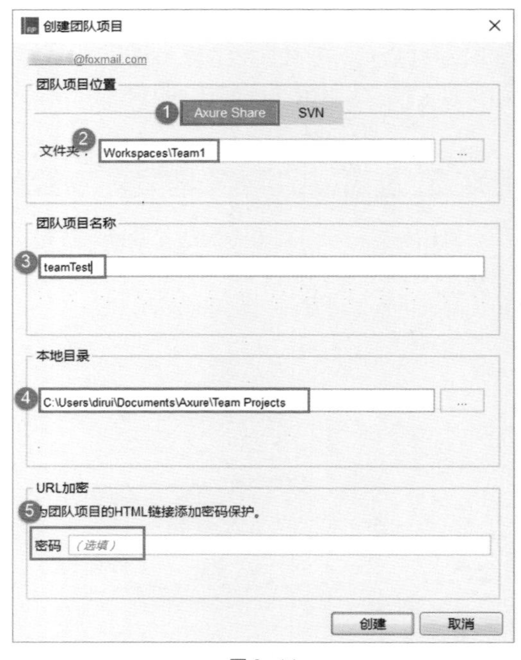

图 3-44

（3）本地保存的团队项目文件扩展名为 .rpprj，在其同级目录有一个名为 DO_NOT_EDIT 的文件夹，切记里面的内容不要做任何增、删、改操作，如图 3-45 所示。

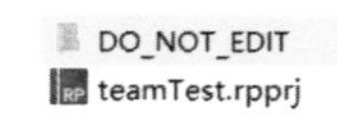

图 3-45

◖团队成员获取该项目

（1）单击菜单中的【团队 > 获取并打开团队项目】命令，如图 3-46 所示。

图 3-46

（2）在打开的“获取团队项目”对话框中，设置团队项目参数，如图 3-47 所示。

①选择“Axure Share”选项卡。

②输入 Project ID，快捷方法是单击右侧的“…”按钮，选择刚刚创建的团队项目。

③选择团队项目在本地的保存目录。

图 3-47

2. 在团队项目中工作

在团队项目中工作时, 可能会有多个人编辑同一个页面的需要, 如果任由各成员随意编辑, 当多人同时编辑一个页面时,就会出现版本冲突的问题。

为了解决这个问题, 在编辑已有页面之前, 需要先将该页面“签出”。签出的意思是获取到了对该页面的编辑权限, 此时其他团队成员不能编辑该页面。操作方法是单击设计区域右上角的“签出”按钮, 如图 3-48 所示。也可以在页面列表中需要编辑的页面上执行右键菜单命令【签出】, 如图 3-49 所示。在“团队”菜单中提供了全部签出所有页面的操作, 但需要谨慎操作, 如图 3-50 所示。

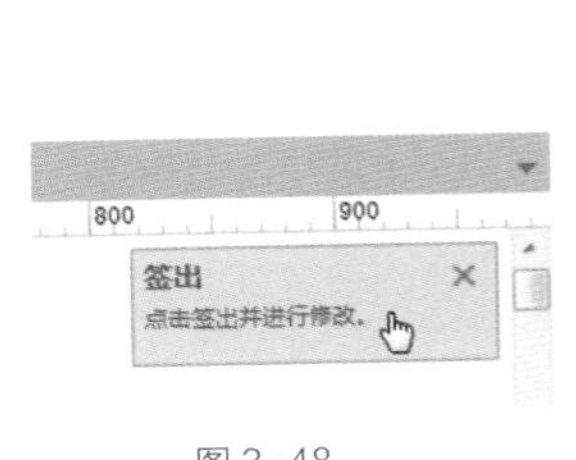

图 3-48

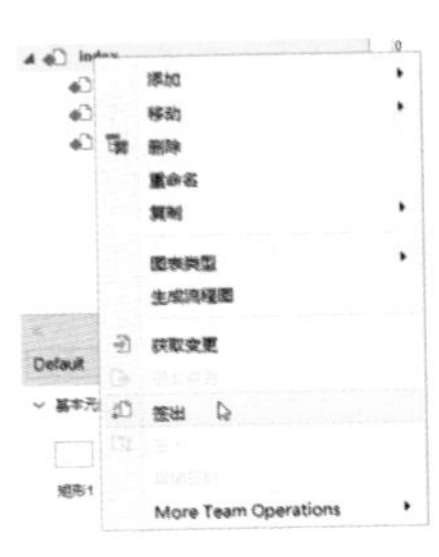

图 3-49

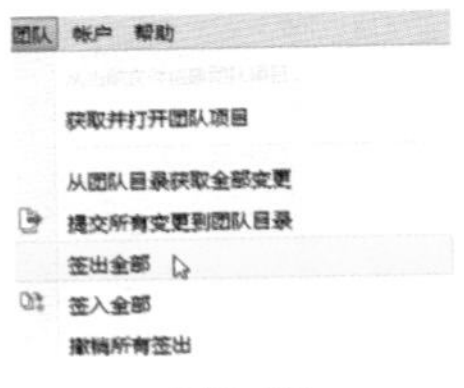

图 3-50

在编辑完成后, 把该页面“签入”, 这样就提交了更新并释放了编辑权限, 此时其他团队成员才可以对该页面进行编辑操作。操作方法是在页面列表中需要签入的页面上执行右键菜单命令【签入】, 若此次页面改动较大, 可以输入签入说明, 方便进行版本管理, 如图 3-51 所示。也可以单击菜单中的【团队 > 签入全部】命令, 进行签入操作, 如图 3-52 所示。

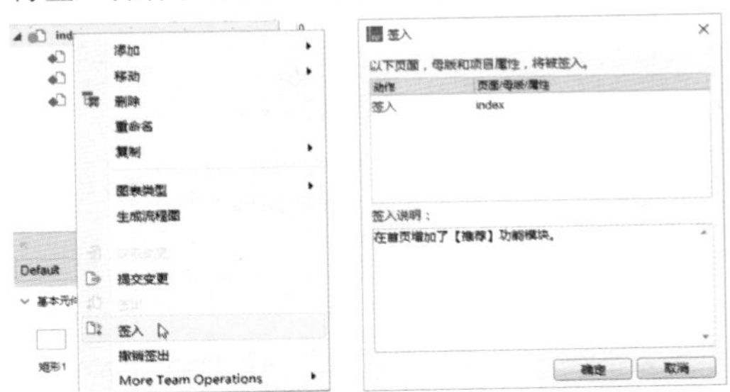

图 3-51

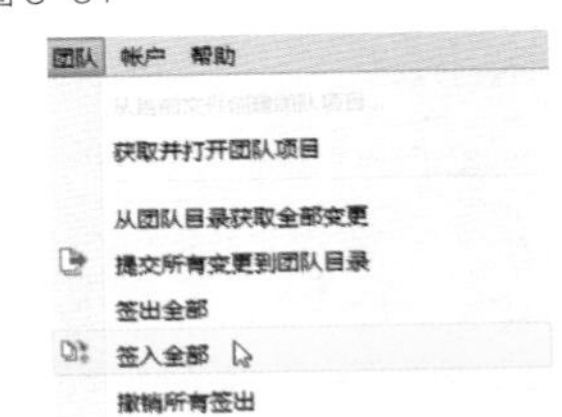

图 3-52

除了签入和签出, 还有获取变更和提交变更操作。与签出和签入的区别是, 获取变更只是获取团队项目的最新内容, 但没有编辑权限; 提交变更只是提交修改的内容, 但没有释放编辑权限, 如图 3-53 所示。

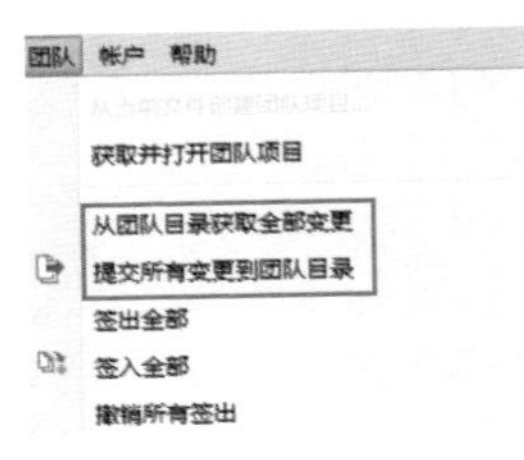

图 3-53

3. 团队项目的常规管理

如果需要查看团队项目中的页面正在被哪些成员编辑、哪些页面做了修改, 可以单击菜单中的【团队 > 管理团队项目】命令, 打开团队项目管理器, 如图 3-54 所示。

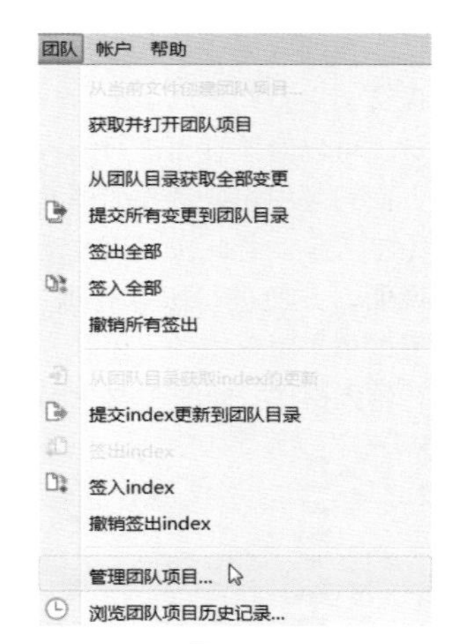

图 3-54

单击“刷新”按钮，可以查看团队项目中各个元素的状态、是否可签出、是否需要获取更新、是否提交更新等内容，如图 3-55 所示。

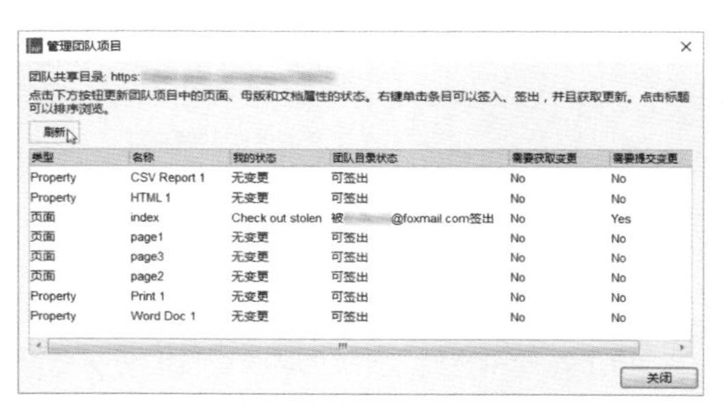

图 3-55

4. 团队项目的版本管理

单击菜单中的【团队 > 浏览团队项目历史记录】命令，如图 3-56 所示，打开“团队项目历史记录”对话框。

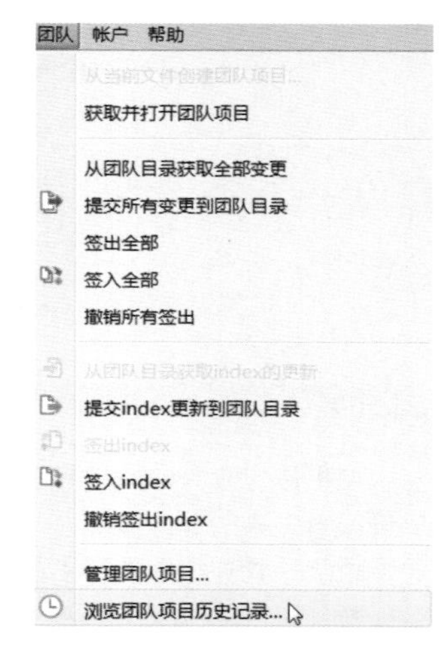

图 3-56

在“团队项目历史记录”对话框中，可以查看指定时间段内的团队项目操作记录，导出某一历史版本的文件等，如图 3-57 所示。

①选择开始日期和结束日期，单击“获取”按钮，可以查看所选日期范围内每次提交更新的记录，包括更新日期、作者和签入说明。

②单击某一条记录，可以查看该记录的详细签入说明。

③如果需要单独使用某一历史版本的原型，单击“导出到 RP 文件”按钮，可以将所选版本导出至 RP 文件（非团队项目文件）。

图 3-57

3.6 生成 HTML 文件

原型设计完毕后，单击菜单中的【发布 > 生成 HTML 文件】命令，如图 3-58 所示，打开“生成 HTML”对话框。默认在“常规”选项卡下，选择存放 HTML 文件的位置，再根据需要对其他的参数进行设置，单击“生成”按钮即可在本地生成 HTML 文件，如图 3-59 所示。在此对话框中设置参数后，按 F5 键预览原型时或者把原型发布至 AxShare 时同样可以看到效果，接下来进行详细的介绍。

图 3-58

图 3-59

3.6.1 选择生成的页面

在“生成 HTML” 对话框中，切换至“页面”选项卡，可以根据需要选择生成哪些页面，如图 3-60 所示。

①选择页面。

②全部选中。

③全部取消。

④选中全部子页面。

⑤取消全部子页面。

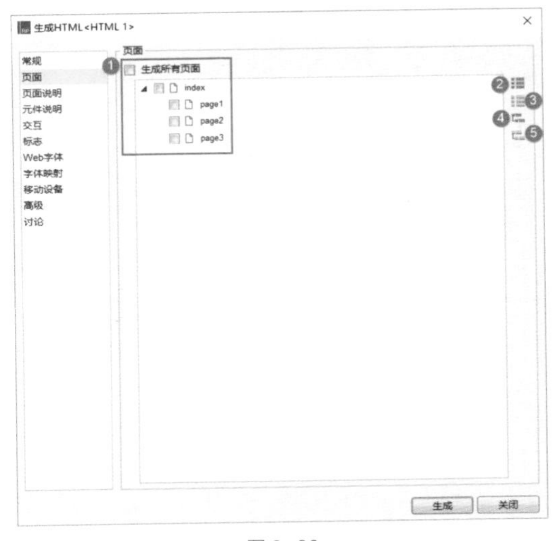

图 3-60

设置完成后，单击“生成”按钮，保存设置并在本地生成 HTML 文件；单击“关闭”按钮，也同样会保存设置，在预览原型或发布原型至 AxShare 时可以看到效果。在设置完其他的内容后，同样是这样的操作步骤，之后的小节就不再赘述了。

3.6.2 选择页面说明字段

在“生成 HTML”对话框中，切换至“页面说明”选项卡，可以选择和排序 HTML 页面中显示的页面说明字段，如图 3-61 所示。

①选择页面说明字段。

②排序按钮，上移和下移。

③选中“显示页面说明名称”复选框后，显示页面说明的字段名称。

图 3-61

页面说明显示在 HTML 页面左侧工具栏的 NOTES 区域，如图 3-62 所示。

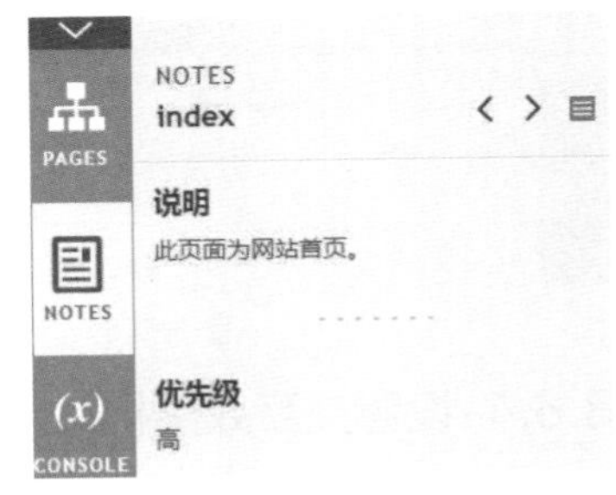

图 3-62

3.6.3 选择元件说明字段

在“生成HTML”对话框中，切换至“元件说明”选项卡，可以选择和排序HTML页面中显示的元件说明字段，如图3-63所示。

①勾选“包含元件说明脚注”复选框后，元件说明将以脚注的形式显示。

②勾选“使用名称作为说明标志”复选框后，在元件的脚注上会显示元件名称。

③勾选“在工具栏中包含元件说明”复选框后，元件说明将显示在HTML页面左侧工具栏的NOTES区域。

④选择元件说明的字段。

⑤排序按钮，上移和下移。

图3-63

元件说明以脚注的形式显示，或显示在HTML页面左侧工具栏的NOTES区域，如图3-64所示。

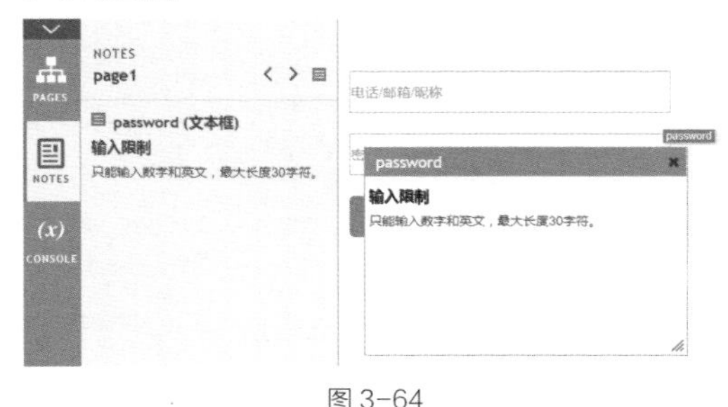

图3-64

3.6.4 设置交互效果相关内容

在“生成HTML”对话框中，切换至“交互”选项卡，可以设置关于交互效果的相关内容，如图3-65所示。

①设置是否显示HTML页面左侧工具栏的CONSOLE区域。

②设置是否显示用例名称。

③设置打开引用页的方式。

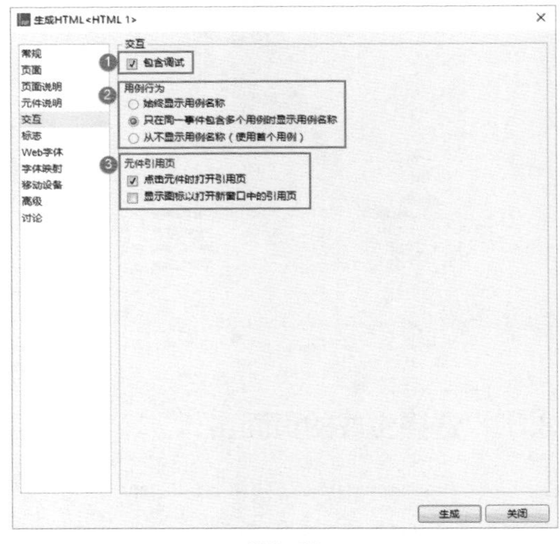

图3-65

3.6.5 设置HTML页面工具栏的标志

在“生成HTML”对话框中，切换至“标志”选项卡，可以设置HTML页面左侧工具栏中显示的内容，包括图片和标题，如图3-66所示。

①导入图片。

②设置标题。

图3-66

设置完成后，在浏览器中的浏览效果如图3–67所示。

图 3–67

3.6.6 设置 Web 字体

当原型里应用了特殊字体时，如图 3–68 所示，需要把字体嵌入原型中，否则生成 HTML 文件后是没有这些字体效果的。

图 3–68

以某种特殊字体为例，把该字体文件命名为yaya.ttf，设置的方法如下。

（1）把使用该字体元件的字体名称修改为yaya，如图 3–69 所示。在下拉列表中是没有 yaya 字体的，需要直接输入，此时在设计区域中字体会恢复成默认样式。

图 3–69

（2）在“生成 HTML”对话框中，切换至“Web字体”选项卡，如图 3–70 所示。

①勾选“包含 Web 字体”复选框。

②单击“加号”，新增 Web 字体。

③命名 Web 字体。

④选择“@font–face”单选按钮。

⑤输入代码：

font–family: yaya;

src:url('font/yaya.ttf') format('truetype');

代码中 url('font/yaya.ttf') 为字体文件的路径，自行替换即可，注意代码中的符号均为英文半角符号，字体文件名为英文。

⑥单击“生成”按钮，生成 HTML 文件至本地。

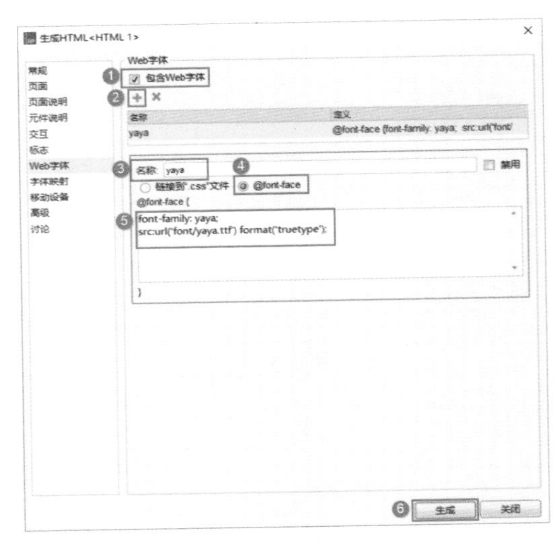

图 3–70

（3）把字体文件复制到刚刚设置的路径中，如图 3–71 所示，生成的文件里是没有 font 文件夹的，需要自行创建。

（4）打开本地 HTML 文件查看效果，如图3–72 所示。

图 3-71　　图 3-72

3.6.7 设置字体映射

把系统中的字体样式修改为 Web 字体样式，以上一小节的内容为基础，在“生成 HTML”对话框中，切换至“字体映射”选项卡，把 Arial 字体修改为 yaya 字体样式，如图 3-73 所示。

①单击“加号”，新增字体映射。

②选择系统中的字体。

③选择特定的字体类型（可根据需要选择）。

④输入要映射的 font-family（上一小节中的代码里已输入）、font-weight 和 font-style。

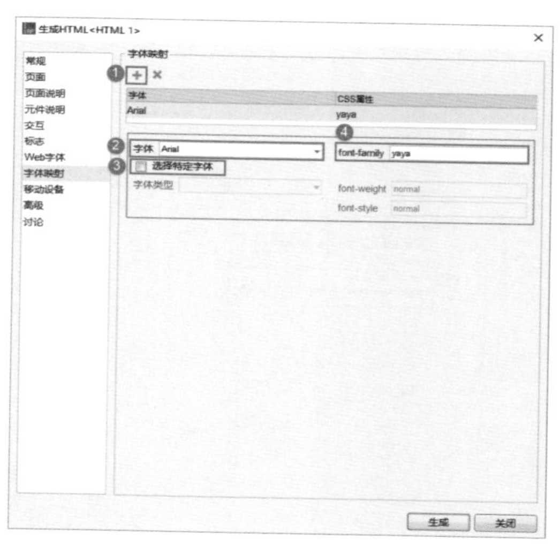

图 3-73

打开本地 HTML 文件查看效果，如图 3-74 所示。

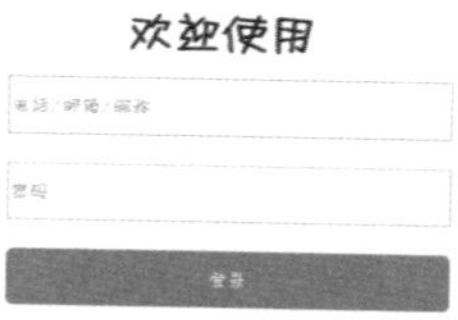

图 3-74

3.6.8 在移动设备中预览 App 原型

以 iPhone 6s 为例，在之前的章节中了解到若要在 iPhone 6s 上预览原型，则 Axure 中原型的宽度应设置为 375px（因为页面可以滚动，高度无须限制）。在“生成 HTML”对话框中，切换至“移动设备”选项卡，进行如下操作，如图 3-75 所示。

①勾选“包含视口标签”复选框。

②设置宽度为 device-width。

③设置初始缩放倍数为 1.0。

④设置最大缩放倍数为 1.0。

⑤勾选“自动检测并链接电话号码（iOS）”复选框。

⑥ 导入主屏幕图标，大小为 114 像素 ×114 像素的 png 格式文件。

⑦ 单击“关闭”按钮，保存设置。

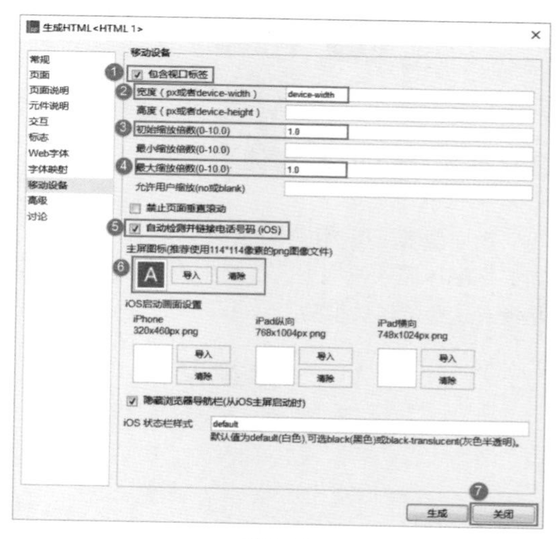

图 3-75

经过以上这些设置后，可以在移动设备（以 iPhone 6s 为例）上比较真实地模拟原型，还可以根据需要导入在 iOS 平台上的启动画面（图片尺寸可根据设备设置）。在此对话框的参数里不难发现，Axure 对在 iOS 设备上预览原型的支持是最完善的，所以一直以 iPhone 6s 为例进行说明。

设置完成后，需要把原型发布到 AxShare，发布成功后会显示该原型的 URL 链接。因为在移动设备上是不需要看到左侧工具栏的，所以勾选“不加载工具栏”复选框，如图 3-76 所示。

图 3-76

在 iPhone 6s 的 Safari 浏览器中打开该 URL 链接，可以预览原型。为了让原型更加逼真，单击 Safari 浏览器底部的“分享”按钮，再单击“添加到主屏幕”按钮，如图 3-77 所示，这样在主屏幕上就显示了导入的主屏图标，如图 3-78 所示。单击图标可以直接查看原型，并且没有了浏览器的地址栏、导航栏等内容，让它更像一款真实的 App。

图 3-77

图 3-78

除了上述方法外，还可以在手机上直接下载 Axure Share App，登录 AxShare 账号后可直接预览原型（需要提前把原型发布至 AxShare）。

3.6.9 高级设置

在“生成 HTML”对话框中，切换至“高级”选项卡，可以对如下两种参数进行设置，如图 3-79 所示。

①把字体大小的单位以点(pt)替换像素(px)。

②设置是否使用草图效果。

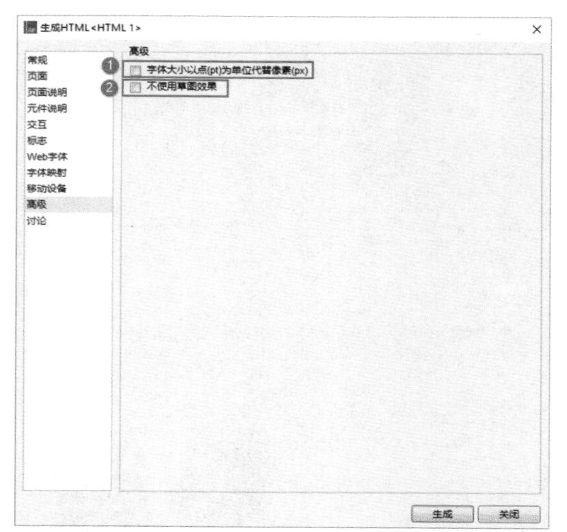

图 3-79

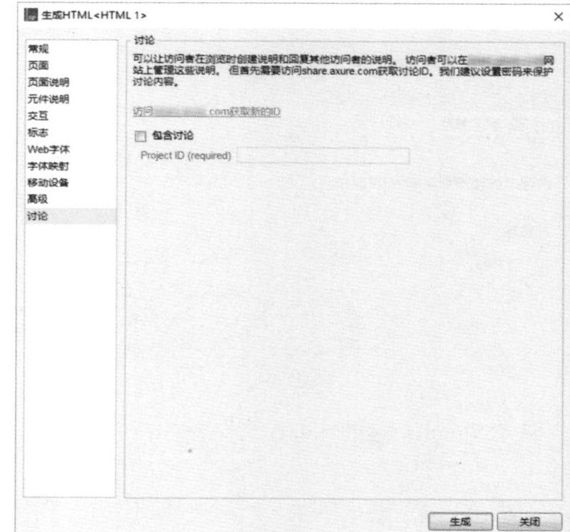

图 3-80

3.6.10 设置是否开放讨论

在“生成 HTML”对话框中，切换至“讨论”选项卡，可以设置是否开放原型的讨论功能，如图 3-80 所示，需要把原型发布至 AxShare 平台并获取其 Project ID。

第4章

使用 Axure 制作高保真原型

本章所说的制作高保真原型，更多的是在交互逻辑方面。为了让高保真原型最大限度地接近真实产品，需要把交互效果做得更加细致，这一章会引入一些高级交互知识，同时进一步学习 Axure 高级元件——动态面板和中继器的用法。

本章学习要点

» 事件、用例（条件用例）和动作
» 全局变量和局部变量
» 函数
» 动态面板进阶
» 中继器进阶

4.1 高级交互

在之前的章节案例中，一直在说为某个事件添加动作，严格来讲应该是为某个事件的用例添加动作。例如，“单击‘鼠标单击时’事件，在用例编辑器中添加‘设置面板状态’动作”，通过这一系列的步骤来制作交互效果。这一小节介绍事件、用例和动作的相关知识。

可以简单地理解为“事件”就是要发生的某件事，“用例”就是这件事的不同情况，“动作”是某种情况下具体执行的内容。下面通过一个生活中的例子来说明事件、用例和动作的关系（见表 4–1）。

吃饭是一个事件，第 1 种情况是天气晴朗（用例 1），第 2 种情况是天气下雨（用例 2）。

表 4–1

事件	吃饭
用例 1 条件	天气晴朗
用例 1 动作	（1）打电话给餐厅预定位置 （2）查询公交线路 （3）坐公交去餐厅
用例 2 条件	天气下雨
用例 2 动作	（1）使用手机 App 订外卖 （2）等待外卖 （3）签收外卖

4.1.1 事件

在 Axure 中实现交互效果的前提是触发事件，事件又可分为页面事件和元件事件，在属性面板中默认显示 3 个最常用的事件，剩下的在“更多事件”下拉列表中可以找到，如图 4–1 所示。

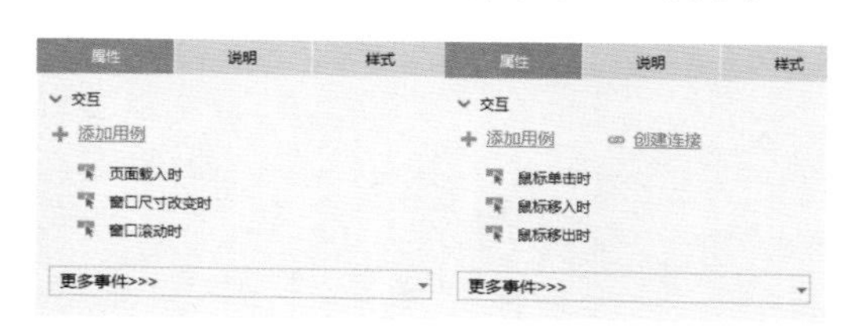

图 4–1

4.1.2 用例

在 Axure 中，一个事件可以有多个用例，双击属性面板中的某个事件（或单击“添加用例”），打开用例编辑器，可以根据需要输入用例名称，如图 4–2 所示。

图 4–2

当给某个事件添加了多个用例，但用例却没有执行条件时，会出现图 4–3 所示的效果，需要手动选择执行哪个用例。当给每个事件的不同用例都添加了执行条件时，那么它就变成了“条件用例”，按照从上至下的顺序进行判断，若符合条件就会执行该用例。

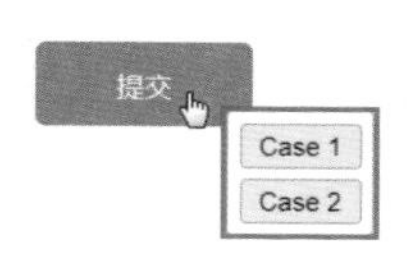

图 4–3

4.1.3 动作

动作是每个事件在不同用例下的具体执行内容，在用例编辑器中添加并配置动作，如图 4–4 所示。

①单击左侧列表中的动作，可以添加多个动作。

②动作是按照从上至下的顺序执行的，拖曳每个动作可以改变其顺序。

③配置动作的具体参数。

图 4–4

4.1.4 条件用例

在真实的产品中，往往一个事件在不同的执行条件下会呈现不同的交互效果，或者某个交互效果只有在满足某个条件的情况下才能被呈现出来。高保真原型要尽可能地接近真实产品的视觉内容和交互逻辑，需要把上述各种情况都体现出来，这就需要为用例添加条件。本节通过一个小案例来介绍条件用例的用法。

要制作一个评论区，效果是当文本框的内容为空时，“发布”按钮禁用；文本框一旦被输入了内容，就会启用“发布”按钮，如图 4-5 所示。

图 4-5

（1）拖入“多行文本框”和“主要按钮”至设计区域，“多行文本框”命名为 content，“主要按钮”命名为 release，修改其文本为“发布”，位置和尺寸自行设置。

（2）因为文本框默认为空，所以“发布”按钮在初始时应被禁用，勾选其属性面板中的“禁用”复选框，如图 4-6 所示。

☑ 禁用
☐ 选中

图 4-6

（3）设置“发布”按钮禁用时的交互样式，如图 4-7 所示。

①选中 release，单击属性面板中的“禁用”。

②勾选“填充颜色”，设置颜色为 #999999。

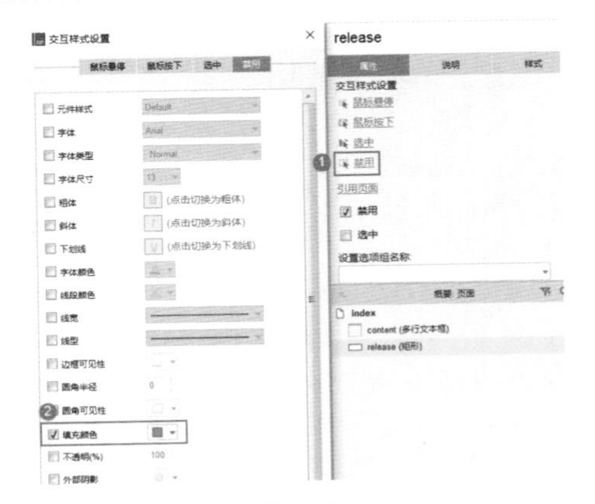

图 4-7

（4）设置当多行文本框为空时，禁用“发布”按钮，如图 4-8 所示。

①选中 content，在属性面板中双击“文本改变时”事件，打开用例编辑器。

②修改用例名称为“文本框为空时”。

③单击“添加条件”按钮，打开“条件设立”对话框。

④依次设置条件参数为元件文字、This、==、值，最后一个参数为空即可。

⑤执行【添加动作 > 元件 > 启用 / 禁用 > 禁用】命令。

⑥在右侧的配置动作区域勾选 release。

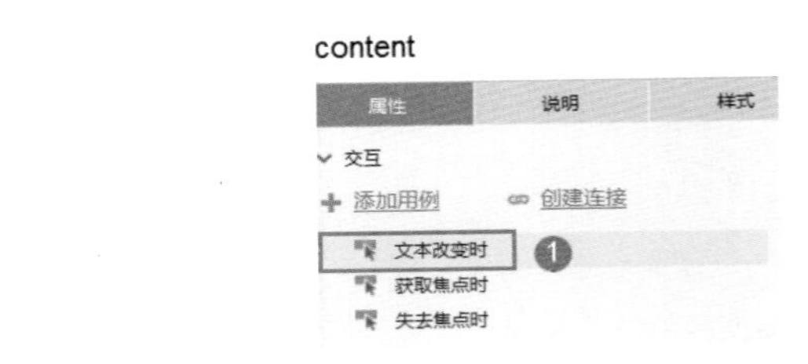

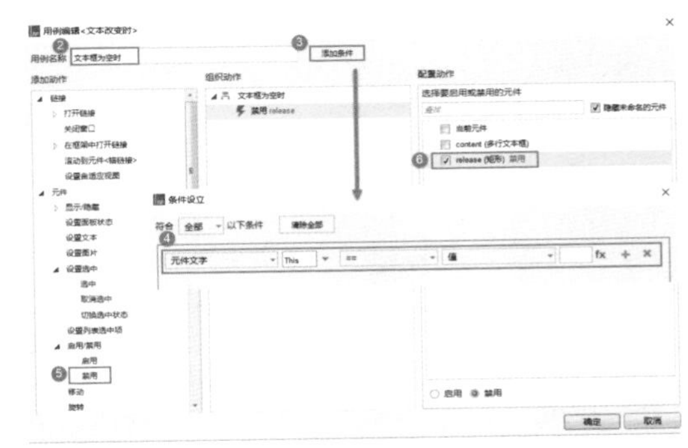

图 4-8

（5）设置当多行文本框不为空时，启用“发布”按钮，如图 4-9 所示。

①选中 content，在属性面板中双击“文本改变时”事件，打开用例编辑器。

②修改用例名称为“文本框不为空时”。

③因为此案例中条件只有两种，非此即彼，当文本框不为空时，可以不设置条件，默认为 Else If True。

④添加动作“启用。

⑤在右侧的配置动作区域勾选 release。

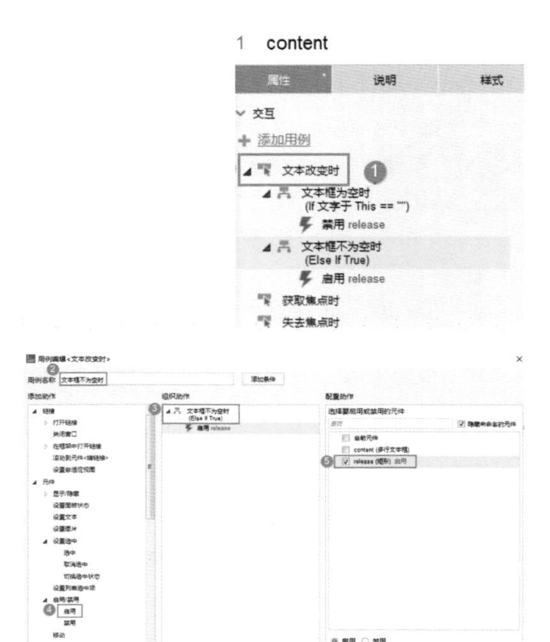

图 4-9

（6）设置完成后，按 F5 键在浏览器中预览效果，如图 4-10 所示。

图 4-10

> **提示**
>
> 用例名称相当于用例内容的说明，可以根据实际需要选择是否填写。

当一个用例有多个条件时，它的操作方法如图 4-11 所示。

①在条件设立编辑器中单击“加号”新增条件。

②选择符合全部条件或任何条件。

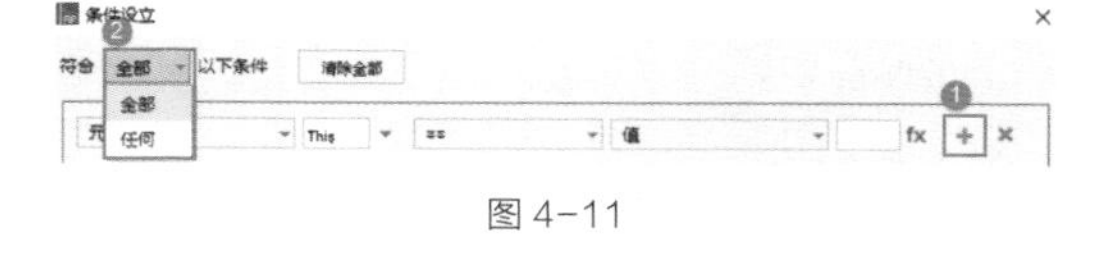

图 4-11

当设置多个条件用例时，第 1 个用例的前缀是 If，从第 2 个用例开始，前缀都是 Else If。在用例名称上执行右键菜单命令【切换为 <If> 或 <Else If>】，If 和 Else If 可以互相转换，如图 4-12 所示，按住 Ctrl 键可以同时选中多个用例名称进行批量转换。

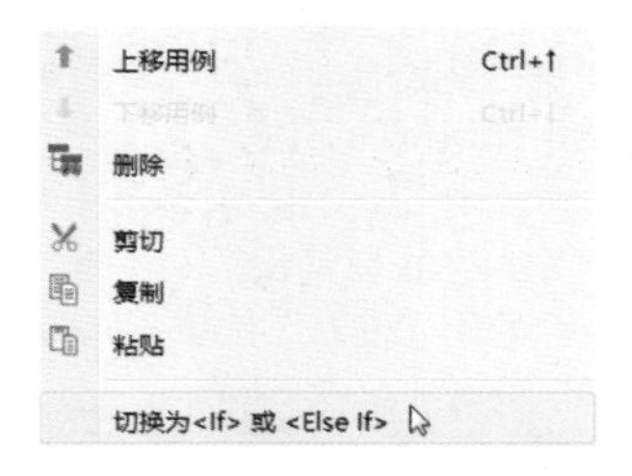

图 4-12

这二者的区别如下。

If：每个用例的条件都会判断一次，如果符合条件就执行该用例。

Else If：只要有一条用例已经满足条件，就不再对后面的 Else If 进行判断了。

4.1.5 变量

变量可以用来在页面之间、元件之间传递数据，按照变量的作用范围可以分为全局变量和局部变量。

1. 全局变量和局部变量

全局变量的作用范围是整个项目文件，即给任何一个页面、元件添加交互时，都可以获取到它的值，可以在页面之间传递数据、保存状态信息等。Axure 中默认提供了一个全局变量 OnLoadVariable。

局部变量的作用范围仅局限于某个交互动作内，在其他的交互动作内无效，经常用来充当“中间变量”，比如要获取某个元件上的文字时，可先把文字传递给局部变量，再通过局部变量获取元件文字。

变量需要使用英文或数字命名，最大长度不超过 25 个字符，不能有空格（当输入空格时会自动把空格替换为下划线）。全局变量的变量名不允许重复，局部变量名称在作用范围内不重复即可，即两个交互动作的局部变量名称可以相同。

2. 创建和使用变量

（1）单击菜单中的【项目 > 全局变量】命令，如图 4-13 所示。打开“全局变量”对话框。

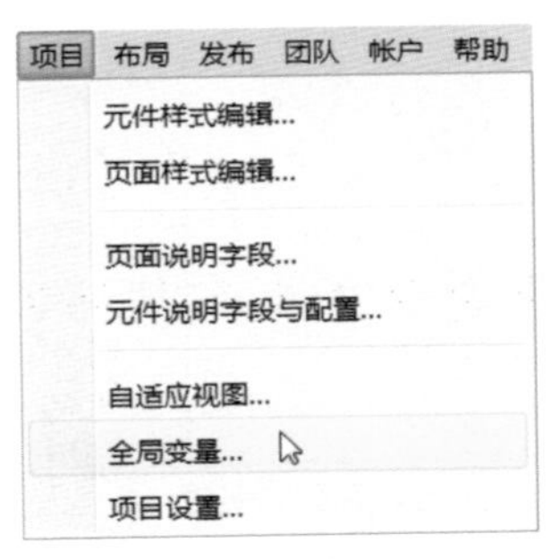

图 4-13

（2）新增全局变量，如图 4-14 所示。

①单击“加号”，新增一个全局变量并命名。

②可以根据需要设置全局变量的默认值，默认值可以为中文、英文和数字。

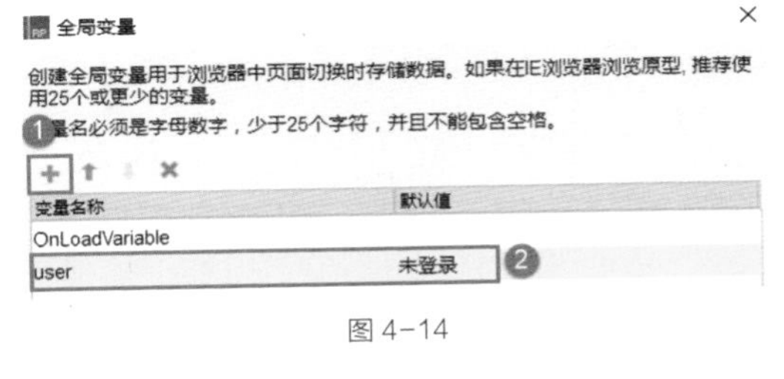

图 4-14

（3）应用全局变量，如图 4-15 所示。

①在用例编辑器中添加“设置变量值”动作。

②在右侧的配置动作区域勾选变量名称。

③设置全局变量值，有 9 种备选类型：值、变量值、变量值长度、元件文字、焦点元件文字、元件文字长度、被选项、选中状态和面板状态。

图 4-15

（4）若需要使用局部变量，可以单击 fx 按钮，如图 4-16 所示。打开“编辑文本”对话框。

图 4-16

（5）新增局部变量，如图 4-17 所示。

①单击“添加局部变量”。

②输入变量名称。

③选择变量值，有 6 种备选类型：选中状态、被选项、变量值、元件文字、焦点元件文字和元件。

图 4-17

（6）应用局部变量，如图 4-18 所示。

①单击“插入变量或函数”。

②选择刚刚新增的局部变量。

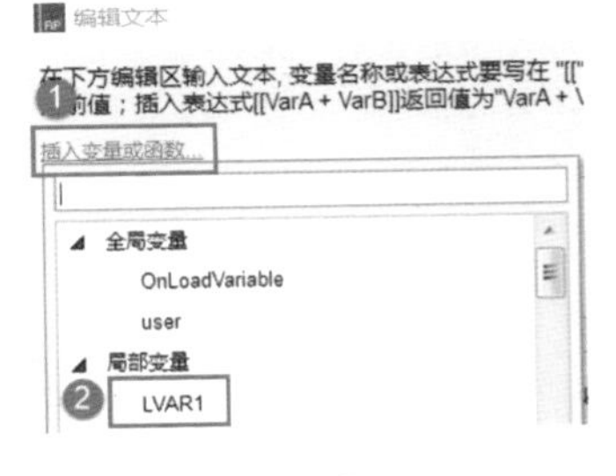

图 4-18

> **提示**
>
> 如果在添加交互动作时，临时发现需要使用全局变量，也可以在用例编辑器中添加“设置变量值”动作，在右侧的配置动作区域单击“添加全局变量”即可，如图 4-19 所示。
>
> 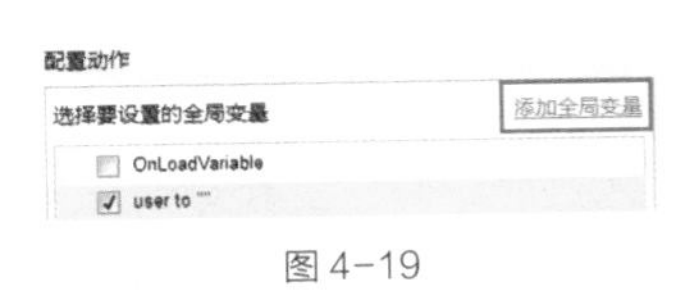
>
>
> 图 4-19

4.1.6 函数

Axure 内置了很多不同种类的函数，以供制作更为复杂、精确的交互效果。这些函数无须全部记住，只需要记住一些常用函数即可。另外，在实战项目中制作原型时，如果对某些函数不太熟悉，不要过分纠结它的使用，否则容易顾此失彼，降低工作效率，影响项目进度。

函数的命名都是有实际意义的，Axure 提供了下拉选项，在使用中可以直接选择，如图 4-20 所示。

图 4-20

Axure 中的函数分为字符串函数、数学函数、日期函数、数字函数、元件函数、窗口函数、页面函数、鼠标函数、中继器 / 数据集函数、布尔函数等种类，见表 4-2 ~ 表 4-11。

字符串函数

表 4-2

length	返回字符串的长度
charAt(index)	返回文本中指定位置的字符
charCodeAt(index)	返回文本中指定位置字符的 Unicode 编码
concat('string')	连接两个或多个字符串
indexOf('search value',start)	返回从左至右查询字符串在当前文本对象中首次出现的位置
lastIndexOf('search value',start)	返回从右至左查询字符串在当前文本对象中首次出现的位置
replace('search value','newvalue')	用新的字符串替换当前文本对象中指定的字符串
slice(start,end)	在当前文本中截取从指定起始位置开始到终止位置之前的字符串（不含终止位置）

表 4-2（续）

split('separator', limit)	将文中的字符串按照指定分隔符分组，并返回从左开始的指定数量的字符串
substr(start,length)	从文本中指定起始位置开始截取一定长度的字符串
substring(from,to)	在文本中截取从指定位置到另一指定位置区间的字符串（较小的参数为起止位置，较大的参数为终止位置，不包括终止位置）
toLowerCase()	将文本中所有的大写字母转换为小写字母
toUpperCase()	将文本中所有的小写字母转换为大写字母
Trim()	删除文本两端的空格
toString()	将数值转换为字符串

数学函数

表 4-3

+	返回两数相加的值
-	返回两数相减的值
*	返回两数相乘的值
/	返回两数相除的值
%	返回两数相除的余数
Math.abs(x)	返回参数的绝对值
Math.acos(x)	返回参数的反余弦值
Math.asin(x)	返回参数的反正弦值
Math.atan(x)	返回参数的反正切值
Math.atan2(y,x)	返回某一点 (x, y) 的弧度值
Math.ceil(x)	向上取整数
Math.cos(x)	余弦函数
Math.exp(x)	以 e 为底的指数函数
Math.floor(x)	向下取整数

表 4-3（续）

Math.log(x)	以 e 为底的对数函数
Math.max(x,y)	返回参数中的最大值
Math.min(x,y)	返回参数中的最小值
Math.pow(x,y)	返回 x 的 y 次幂
Math.random()	返回 0 ~ 1 之间的随机数（不含 0 和 1）
Math.sin(x)	正弦函数
Math.sqrt(x)	平方根函数
Math.tan(x)	正切函数

日期函数

表 4-4

Now	返回当前计算机的系统日期
GenDate	返回原型生成的日期
getDate()	返回日期的数值
getDay()	返回星期的数值
getDayOfWeek()	返回星期的英文名称
getFullYear()	返回年份的数值
getHours()	返回小时的数值
getMilliseconds()	返回毫秒的数值
getMinutes()	返回分数的数值
getMonth()	返回月份的数值
getMonthName()	返回月份的英文名称
getSeconds()	返回秒数的数值
getTime()	返回从 1970 年 1 月 1 日 00:00:00 到当前日期的毫秒数，以格林威治时间为准
getTimezoneOffset()	返回世界标准时间 (UTC) 与当前主机时间之间相差的分钟数
getUTCDate()	使用世界标准时间，返回日期的数值
getUTCDay()	使用世界标准时间，返回星期的数值

表 4-4（续）

getUTCFullYear()	使用世界标准时间，返回年份的数值
getUTCHours()	使用世界标准时间，返回小时的数值
getUTCMilliseconds()	使用世界标准时间，返回毫秒的数值
getUTCMinutes()	使用世界标准时间，返回分钟的数值
getUTCMonth()	使用世界标准时间，返回月份的数值
getUTCSeconds()	使用世界标准时间，返回秒数的数值
parse(datestring)	返回指定日期字符串与 1970 年 1 月 1 日 00:00:00 之间相差的毫秒数
toDateString()	返回字符串格式的日期
toISOString()	返回 ISO 格式的日期，格式为：yyyy-mm-ddThh:mm:ss.sssZ
toJSON()	返回 JSON 格式的日期字串，格式为：yyyy-mm-ddThh:mm:ss.sssZ
toLocaleDateString()	返回字符串格式日期的“年 / 月 / 日”部分
toLocaleTimeString()	返回字符串格式时间的“时分秒”部分
toLocaleString()	返回字符串格式的日期和时间
toUTCString()	返回字符串形式的世界标准时间
ToTimeString( )	返回字符串形式的当前时间
UTC(year,month,day,hour,min,sec,millisec)	返回指定日期与 1970 年 1 月 1 日 00:00:00 之间相差的毫秒数
valueOf( )	返回当前日期的原始值
addYears(years)	返回新日期，新日期的年份为当前年份数值加上指定年份数值

表 4-4（续）

addMonths(months)	返回新日期，新日期的月份为当前月份数值加上指定月份数值
addDays(days)	返回新日期，新日期的天数为当前天数数值加上指定天数数值
addHours(hours)	返回新日期，新日期的小时为当前小时数值加上指定小时数值
addMinutes(minutes)	返回新日期，新日期的分钟为当前分钟数值加上指定分钟数值
addSeconds(seconds)	返回新日期，新日期的秒数为当前秒数数值加上指定秒数数值
addMilliseconds(ms)	返回新日期，新日期的毫秒数为当前毫秒数值加上指定毫秒数值
Year	返回年份的数值
Month	返回月份的数值
Day	返回日期的数值
Hours	返回小时的数值
Minutes	返回分钟的数值
Seconds	返回秒数的数值

数字函数

表 4-5

toExponential (decimalPoints)	把数值转换为指数计数法
toFixed(decimalPoints)	将数字转为保留指定位数的小数，当该数字的小数位数超出指定位数时进行四舍五入
toPrecision(length)	将数字格式化为指定的长度，当该数字超出指定的长度时，会将其转换为指数计数法

元件函数

表 4-6

This	返回当前元件
Target	返回目标元件
x	返回元件的 x 轴坐标值
y	返回元件的 y 轴坐标值
width	返回元件的宽度值
height	返回元件的高度值
scrollX	返回元件的水平滚动距离
scrollY	返回元件的垂直滚动距离
text	返回元件的文字
name	返回元件的自定义名称
top	返回元件的上边界 y 轴坐标值
left	返回元件的左边界 x 轴坐标值
right	返回元件的右边界 x 轴坐标值
bottom	返回元件的下边界 y 轴坐标值
opacity	返回元件的不透明比例
rotation	返回元件的旋转角度

窗口函数

表 4-7

Window.width	返回浏览器页面的宽度
Window.height	返回浏览器页面的高度
Window.scrollX	返回浏览器页面水平滚动的距离
Window.scrollY	返回浏览器页面垂直滚动的距离

页面函数

表 4-8

PageName	返回当前页面的名称

鼠标函数

表 4-9

Cursor.x	鼠标指针在页面位置的 x 轴坐标
Cursor.y	鼠标指针在页面位置的 y 轴坐标
DragX	鼠标指针开始沿 x 轴拖动元件时的移动距离，向右数值为正，向左数值为负
DragY	鼠标指针开始沿 y 轴拖动元件时的移动距离，向下数值为正，向上数值为负
TotalDragX	鼠标指针沿 x 轴拖动元件时从开始到结束移动的距离，向右数值为正，向左数值为负
TotalDragY	鼠标指针沿 y 轴拖动元件时从开始到结束移动的距离，向下数值为正，向上数值为负
DragTime	鼠标指针拖动元件从开始到结束的时长（毫秒）

中继器 / 数据集函数

表 4-10

Item	数据集某一行的对象
TargetItem	目标数据集某一行的对象
Item. 列名	返回数据集中指定列的值
index	返回数据集某行的索引编号，编号起始为 1
isFirst	如果数据集某行是第一行，则返回“True”，否则返回“False”
isLast	如果数据集某行是最后一行，则返回“True”，否则返回“False”
isEven	如果数据集某行是偶数行，则返回“True”，否则返回“False”
isOdd	如果数据集某行是奇数行，则返回“True”，否则返回“False”
isMarked	如果数据集某行被标记，则返回“True”，否则返回“False”

表 4-10（续）

isVisible	如果数据集某行可见，则返回“True”，否则返回“False”
Repeater	中继器的对象
visibleItemCount	返回中继器当前页中可见“项”的数量
itemCount	返回中继器已加载“项”的总数量，如果有筛选，则返回筛选后的数量
dataCount	返回中继器数据集中行的总数量，是否添加筛选均不会变化
pageCount	返回中继器分页的总页数
pageIndex	返回中继器当前页的页码

布尔函数

表 4-11

<table>
<tr><td>==</td><td>等于</td></tr>
<tr><td>!=</td><td>不等于</td></tr>
<tr><td><</td><td>小于</td></tr>
<tr><td><=</td><td>小于等于</td></tr>
<tr><td>></td><td>大于</td></tr>
<tr><td>>=</td><td>大于等于</td></tr>
<tr><td>&&</td><td>逻辑与</td></tr>
<tr><td>||</td><td>逻辑或</td></tr>
</table>

4.1.7 案例：登录表单验证

案例描述

在登录页中输入用户名“李明”、密码“123456”，单击“登录”按钮跳转至欢迎页；若输入其他信息或不输入任何内容，则提示“用户名或密码错误”，并自动清空文本框中的数据，设置焦点至用户名文本框。

案例难度：★★★☆☆

案例技术

设置文本框提交按钮、鼠标单击时事件、条件用例。

制作步骤

（1）编辑页面列表，删除已有页面，新增两个同级页面，分别命名为“登录页”和“欢迎页”，如图 4-21 所示。

图 4-21

（2）制作登录页的基础布局，如图 4-22 所示。

①拖入两个“文本框”元件至设计区域，分别命名为 username 和 password，设置 password 的“文本框类型”为密码，设置二者的提示文字分别为“用户名”和“密码”，位置和尺寸可自行设置。

②拖入“主要按钮”元件至文本框下方，命名为 login，位置和尺寸可自行设置。

③设置两个文本框的提交按钮均为 login。

④拖入“文本标签”元件至文本框上方，命名为 error，修改文本为“用户名或密码错误”，修改文本颜色为 #FF0000，设置为隐藏，位置和尺寸可自行设置。

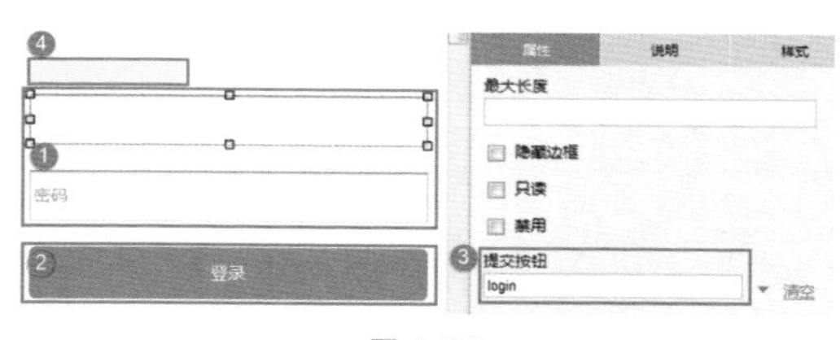

图 4-22

（3）判断用户名和密码，符合条件的跳转至欢迎页面，如图 4-23 所示。

①选中 login，双击属性面板中的“鼠标单击时”事件，打开用例编辑器。

②单击“添加条件”按钮，打开“条件设立”对话框。

③依次设置条件参数为元件文字、usernam、==、值和李明。

④单击“加号”新增条件。

⑤依次设置条件参数为元件文字、password、==、值和 123456，单击“确定”按钮。

⑥选择【添加动作 > 链接 > 打开链接】。

⑦在右侧的配置动作区域选择打开位置为“当前窗口”。

⑧选择“欢迎页”。

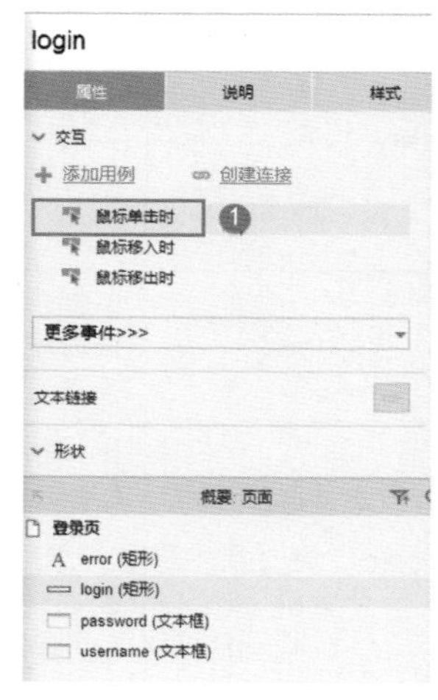

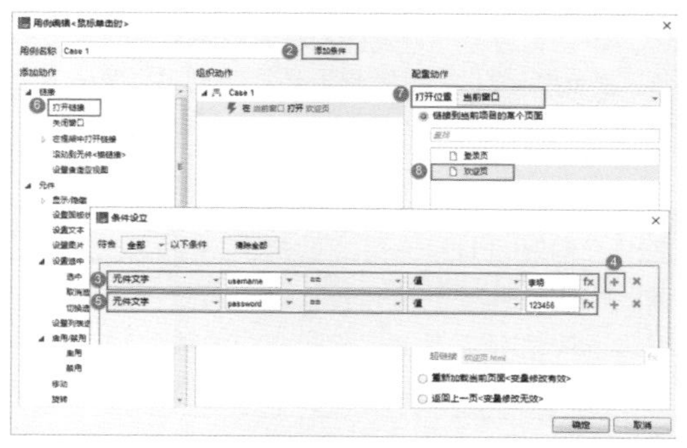

图 4-23

（4）判断用户名和密码，不符合条件的显示提示文字，如图 4-24 所示。

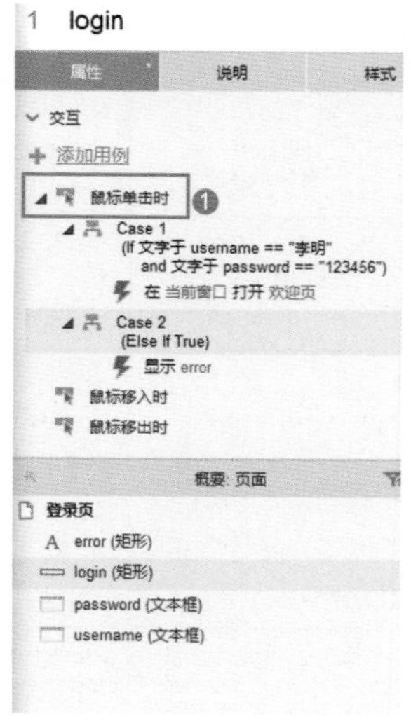

图 4-24

图 4-24（续）

①选中 login，双击属性面板中的“鼠标单击时”事件，打开用例编辑器。

②不再新增条件，直接选择【添加动作 > 元件 > 显示】。

③在右侧的配置动作区域勾选 error。

（5）当给出提示文字后，清空文本框，如图 4-25 所示。

①不要关闭用例编辑器，继续添加“设置文本”动作。

②在右侧的配置动作区域勾选 username 和 password，因为是清空数据，所以无须输入文本值。

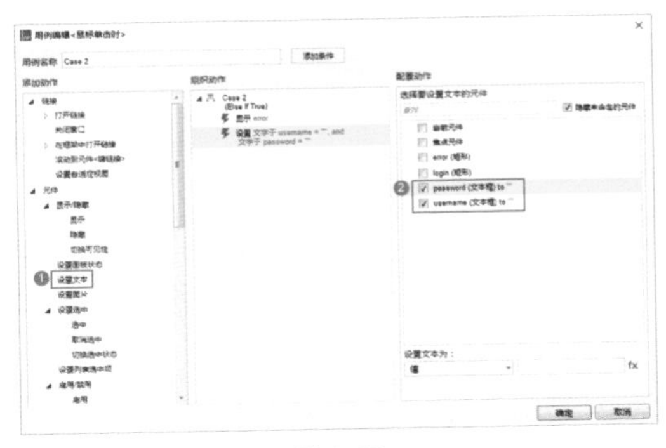

图 4-25

（6）清空文本框后，设置焦点至用户名输入框，如图 4-26 所示。

①不要关闭用例编辑器，继续添加“获取焦点”动作。

②在右侧的配置动作区域勾选 username。

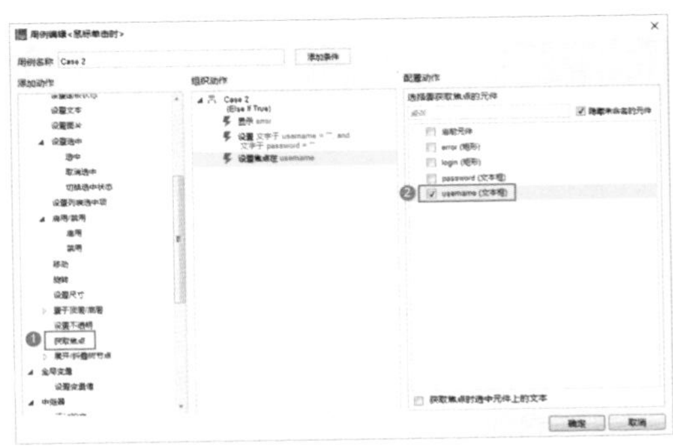

图 4-26

（7）最终的“鼠标单击时”事件的用例列表如图 4-27 所示。

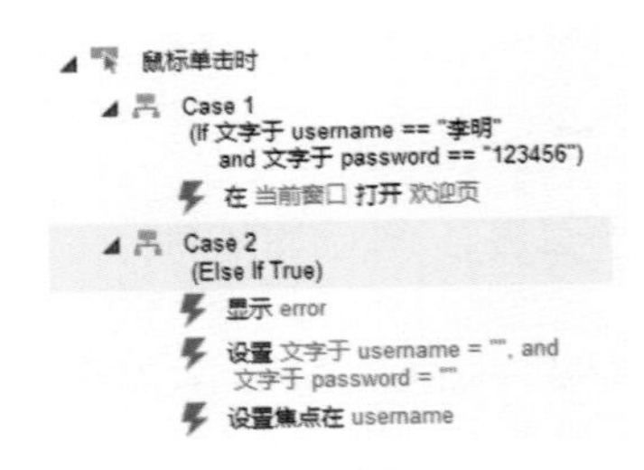

图 4-27

（8）设置完成后，按 F5 键在浏览器中预览效果，如图 4-28 所示。

图 4-28

提示

为了保证用户隐私和账号的安全，登录页中的错误信息一般不会分别提示“用户名错误”或“密码错误”。

关于用户隐私：很多产品都是使用手机号或邮箱作为账号的，当恶意用户只看到“密码错误”时，他就会知道刚刚使用的手机号或邮箱是这个产品的账号，而有的人可能不希望别人知道“我是否注册过这款产品”。

关于账号安全：只提示“用户名或密码错误”可以在一定程度上提高暴力破解的门槛。

4.1.8 案例：跨页面传递用户登录信息

案例描述

按照上一个案例的思路继续进行，当以“李明”的身份登录并跳转至欢迎页面后，欢迎页显示当前的用户信息；单击“退出”按钮后，返回登录页并清空用户信息。

案例难度： ★★★★☆

案例技术

全局变量、页面载入时事件、鼠标单击时事件。

制作步骤

在上一个案例的基础上进行制作。

（1）制作欢迎页的基础布局，如图4–29所示。

①拖入“矩形3”元件至设计区域，并命名为welcome，位置和尺寸可自行设置。

②拖入“文本标签”元件至welcome右上角，命名为logout，修改其文本为“退出”，位置和尺寸可自行设置。

图4–29

（2）新增全局变量用来存储用户信息，如图4–30所示。

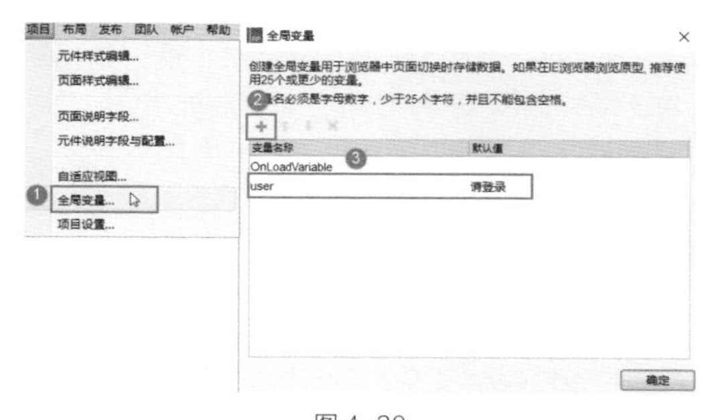

图4–30

①单击菜单中的【项目>全局变量】命令，打开“全局变量”对话框。

②单击“加号”，新增全局变量。

③把变量命名为user,设置默认值为“请登录”。

（3）验证符合登录条件后保存用户信息，如图4–31所示，图中包含了上个案例的交互动作。

①选中“登录”按钮，双击属性面板中“鼠标单击时”事件的Case 1，打开用例编辑器。

②选择【添加动作>全局变量>设置变量值】。

③在右侧的配置动作区域勾选user。

④选择“元件文字”和username。

⑤在组织动作区域拖曳动作，改变执行顺序。

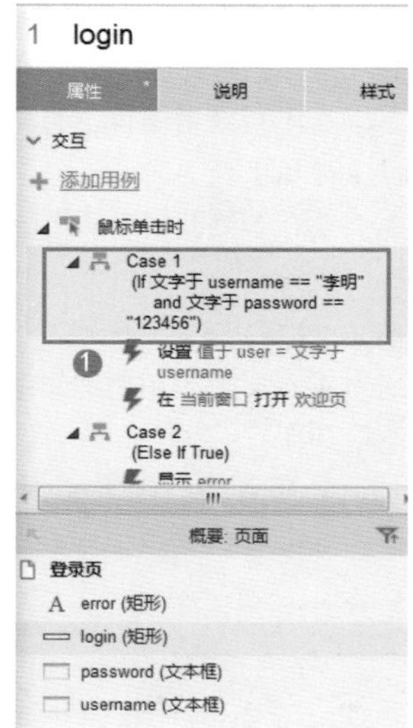

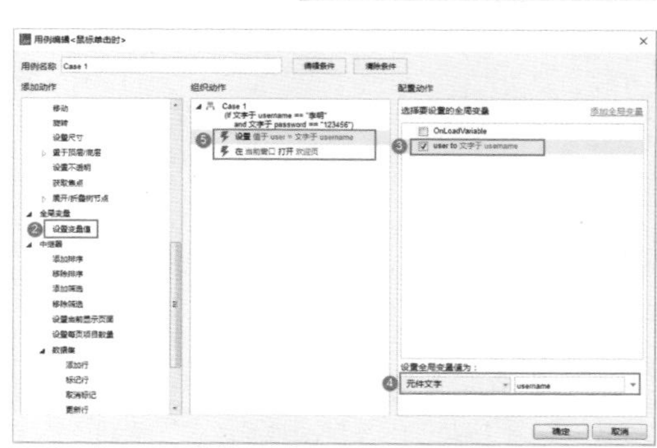

图4–31

（4）在欢迎页显示用户信息，如图4–32所示。

①先在欢迎页的空白区域单击（不要选中任何元件），然后双击属性面板中的“页面载入时”事件，打开用例编辑器。

②选择【添加动作 > 元件 > 设置文本】。

③在右侧的配置动作区域勾选 welcome。

④选择“值”，输入“欢迎您，[[user]]”，也可以单击 fx 按钮，打开“编辑文本”对话框。

⑤输入“欢迎您，”。

⑥单击“插入变量或函数”，选择 user，单击“确定”按钮。

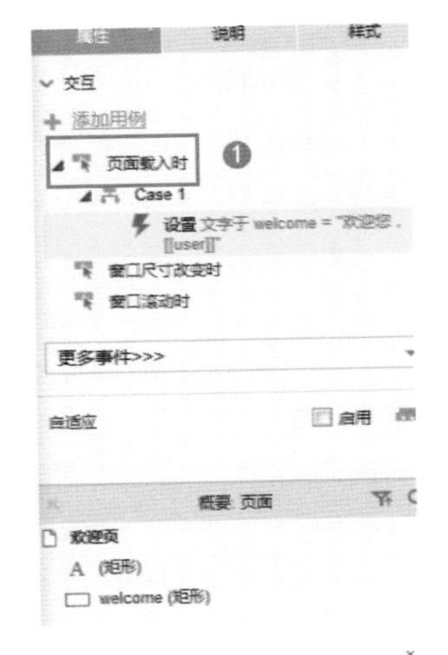

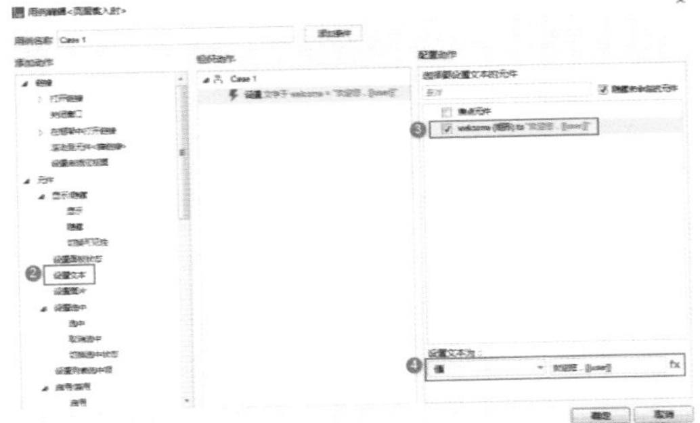

图 4-32

（5）单击“退出”按钮，清空用户信息，如图 4-33 所示。

①选中 logout 元件，双击属性面板中的“鼠标单击时”事件，打开用例编辑器。

②选择【添加动作 > 全局变量 > 设置变量值】。

③在右侧的配置动作区域勾选 user，因为是清空用户信息，所以无须输入变量值。

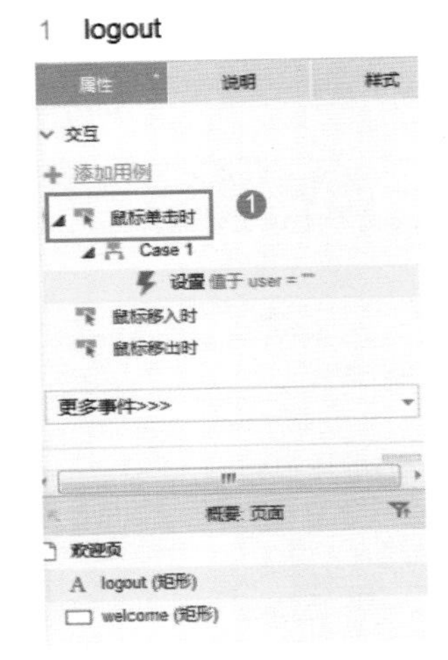

图 4-33

（6）清空信息后跳转至登录页，如图 4-34 所示。

①不要关闭用例编辑器，继续添加“打开链接”动作。

②在右侧的配置动作区域选择打开位置为“当前窗口”。

③选择登录页。

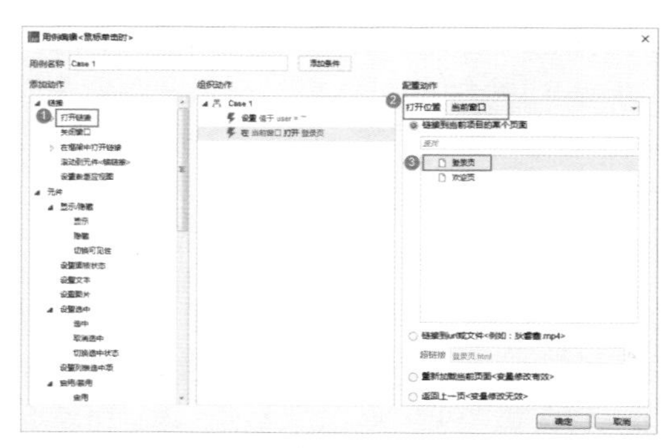

图 4-34

（7）设置完成后，回到登录页，按 F5 键在浏览器中预览效果，如图 4-35 所示。

图 4-35

> **提示**
>
> 对于大多数类型的产品，一般不会在用户刚刚打开应用、打开网页时就提示用户登录 / 注册，只有在进行诸如分享、收藏、购买等必须关联账号的操作时，才会打开登录 / 注册页面，否则很难留住用户，影响转化率。
>
> 所以本案例设置了全局变量 user 的默认值为“请登录”，当直接打开“欢迎页”时，页面上的文字显示为“欢迎您，请登录”，如图 4-36 所示。
>
> 
>
>
> 图 4-36

4.1.9 案例：生成四位验证码

案例描述

按照上一个案例的思路继续进行，页面加载时自动生成四位随机验证码（大小写英文字母、数字混排），单击可更换，验证码校验时不区分大小写。

案例难度： ★★★★★

案例技术

页面载入时事件、条件循环、substr(start,length)、Math.random()、Math.floor(x)、toUpperCase()。

案例思路

（1）使用一个全局变量保存 10 个数字（0 ~ 9）、26 个小写英文字母（a ~ z）和 26 个大写英文字母（A ~ Z），共 62 个字符。在其中随机抽取 4 个字符组成验证码，这一步可以通过条件循环来实现，共循环 4 次，每次随机抽取一个字符并和之前抽取的字符“拼接”起来，保存在另一个全局变量中。

（2）把四位验证码从全局变量显示到某个元件上。

（3）在做验证码校验时，因为不区分大小写，所以可以把输入的验证码和生成的验证码统一转

制作步骤

换为大写字母后，再进行比较。

在上一个案例的基础上进行制作。

（1）完善登录页的页面布局，如图 4-37 所示。

①拖入“文本框”元件至密码框下方，命名为 code，设置提示文字为“验证码”，位置和尺寸可自行设置。

②拖入按钮元件至验证码输入框右侧，命名为 showCode，清除文本内容，位置和尺寸可自行设置。

③为了让 Tab 键的顺序（切换焦点的顺序）与元件顺序一致，可以拖曳概要面板中的元件，3 个文本框的顺序从上至下为 code、password、username。

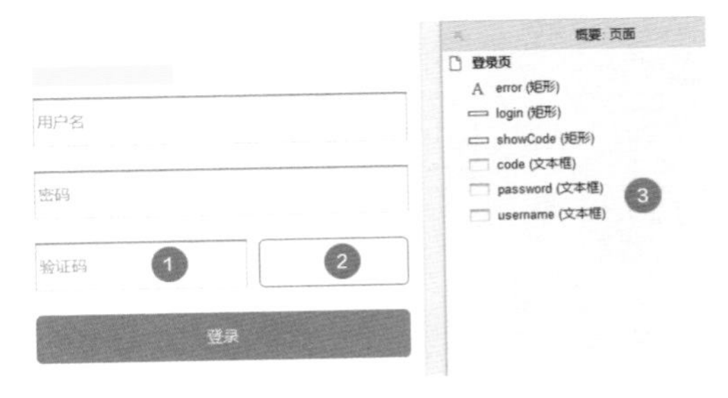

图 4-37

（2）新增两个全局变量，其中一个变量用来存储 62 个字符，另一个变量用来表示验证码，如图 4-38 所示。

①单击菜单中的【项目 > 全局变量】命令，打开“全局变量”对话框。

②单击“加号”，新增两个全局变量。

③把其中一个变量命名为 temp，默认值为“0123…9abc…xyzABC…XYZ”（62 个字符），另一个变量命名为 makeCode，无默认值。

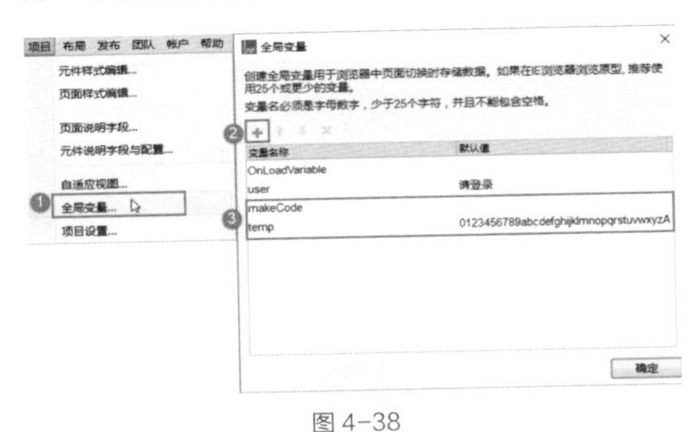

图 4-38

（3）页面载入时自动生成验证码，保存至 makeCode 变量中，如图 4-39 所示。

①先在欢迎页的空白区域单击（不要选中任何元件），然后双击属性面板中的“页面载入时”事件，打开用例编辑器。

②单击“添加条件”按钮，打开“条件设立”对话框。

③每执行一次用例生成 1 个字符，循环执行 4 次，所以依次设置条件参数为元件文字长度、showCode、<、值和 4。

④添加“设置变量值”动作。

⑤在右侧的配置动作区域勾选 makeCode。

⑥选择“值”，单击右侧的 fx 按钮，打开“编辑文本”对话框。

⑦输入 [[makeCode]][[temp.substr(Math.floor(Math.random()*62),1)]]，也可以单击“插入变量或函数”依次添加，单击“确定”按钮。

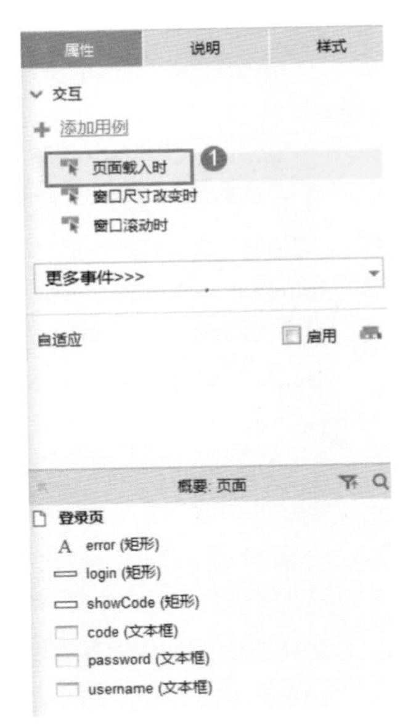

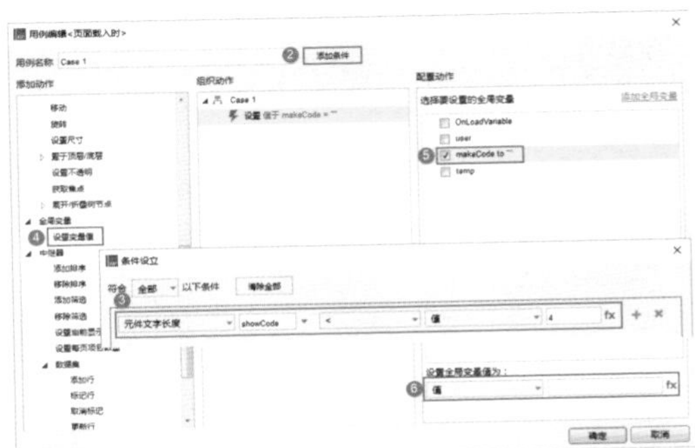

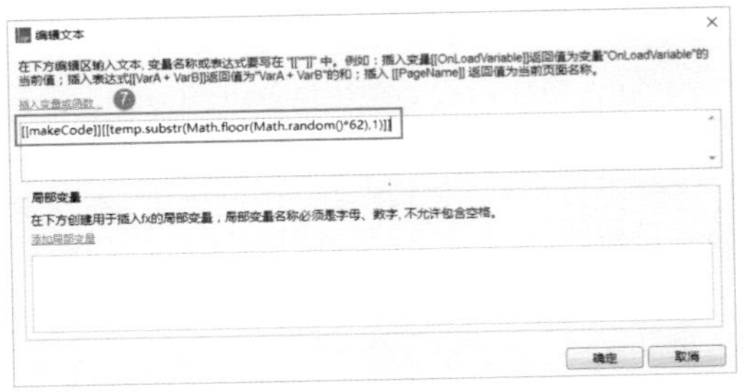

图 4-39

（4）分析上一步骤插入的函数。

①随机生成 0 ~ 1 之间的随机数（不含边界值）：Math.random()。

②生成 0 ~ 62 之间的随机数（不含边界值）：Math.random()*62。

③ Axure 中第 1 位对应的序号是 0，所以要把刚刚生成的随机数向下取整，取值范围就变成了 0 ~ 61（整数、含边界），同样是 62 个数，可以理解为 62 个位置中随意确定一个位置：Math.floor(Math.random()*62)。

④利用刚刚生成的随机数，在全局变量 temp 保存的 62 个字符中随机抽取 1 个字符：temp.substr(Math.floor(Math.random()*62),1)。

⑤把刚刚随机抽取的字符和之前的字符拼接起来：[[makeCode]][[temp.substr(Math.floor(Math.random()*62),1)]]。

（5）把生成的四位验证码显示出来，如图 4-40 所示。

①不要关闭用例编辑器，继续添加“设置文本”动作。

②在右侧的配置动作区域选择 showCode。

③选择“变量值”和 makeCode。

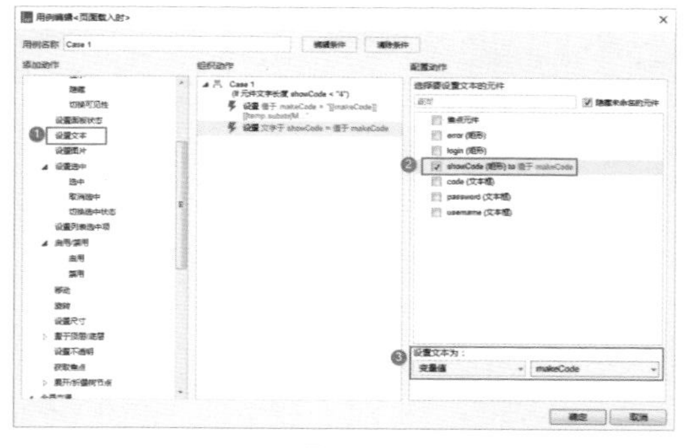

图 4-40

（6）循环执行上述用例，showCode 元件长度达到 4，如图 4-41 所示。

①不要关闭用例编辑器，继续添加“触发事件”动作。

②在右侧的配置动作区域选择“页面”。

③选择“页面载入时”。

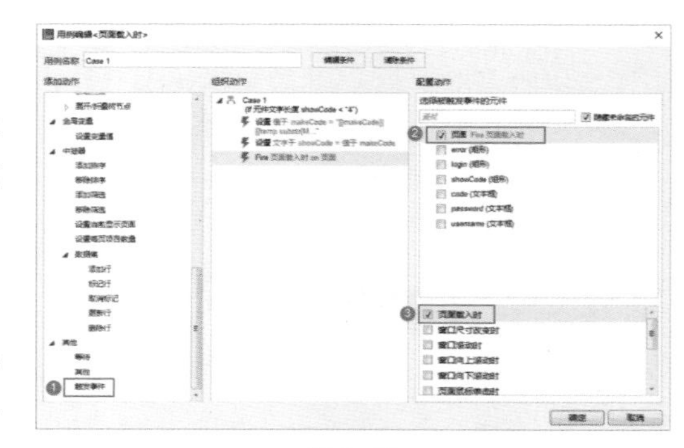

图 4-41

（7）当单击验证码显示区域时，更换新验证码。鼠标单击更换验证码和页面载入时自动生成验证码的动作是完全相同的，可以直接调用，如图 4-42 所示。

①选中 showCode，双击属性面板中的“鼠标单击时”事件，打开用例编辑器。

②分别添加“设置变量值”和“设置文本”动作，设置变量值 makeCode、文本 showCode 为空。

③添加“触发事件”动作。

④在右侧的配置动作区域选择“页面”。

⑤选择“页面载入时”。

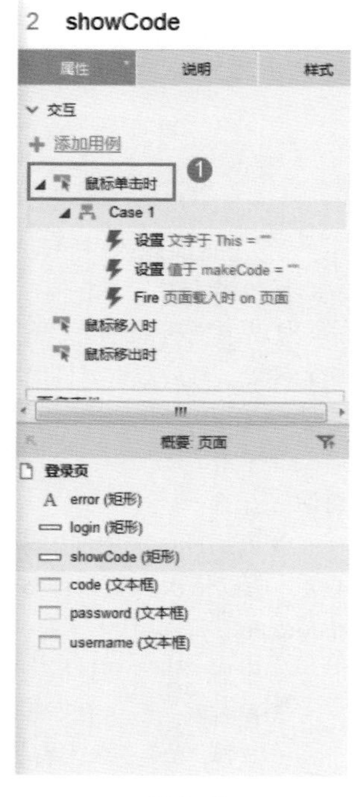

图 4-42

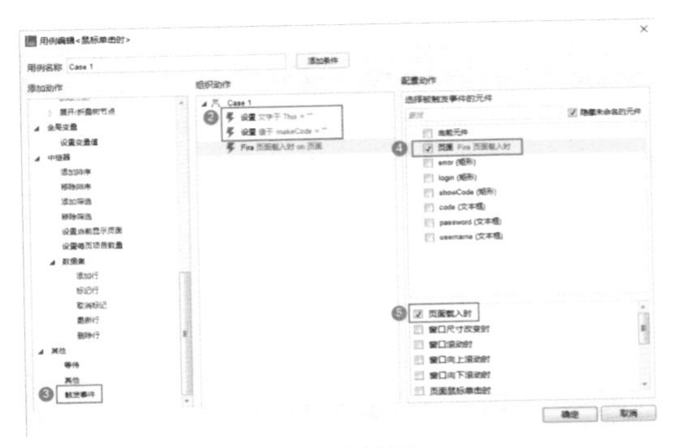

图 4-42（续）

（8）新增登录校验条件，当同时输入正确的用户名、密码和验证码时，方可跳转页面，如图 4-43 所示，图中包含了上个案例的交互动作。

①在登录页，选中 login，双击属性面板中“鼠标单击时”事件的 Case 1，打开用例编辑器。

②单击“编辑条件”按钮，打开“条件设立”对话框。

③单击“加号”新增条件，设置条件的思路是把验证码输入框的文本（code）和生成的验证码（showCode）均转换为大写英文字母和数字，再判断二者是否相等。

④单击 fx 按钮，打开“编辑文本”对话框，添加局部变量 LVAR1、元件文字、code。

⑤把验证码输入框的文本（code）中的所有英文字母均转换为大写字母，输入 [[LVAR1.toUpperCase()]]，也可以单击“插入变量或函数”，再用同样的方法转换生成的验证码（showCode）。

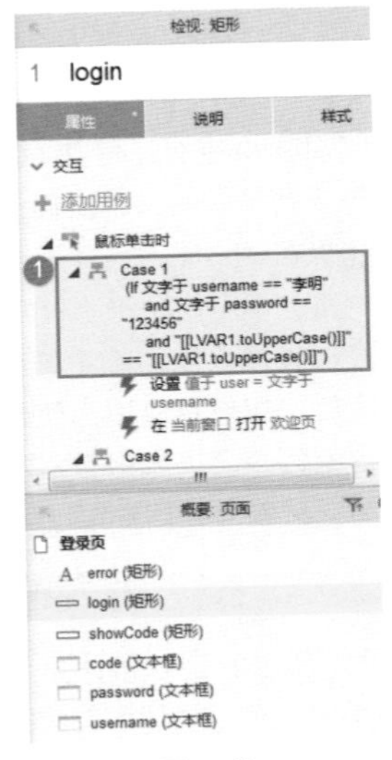

图 4-43

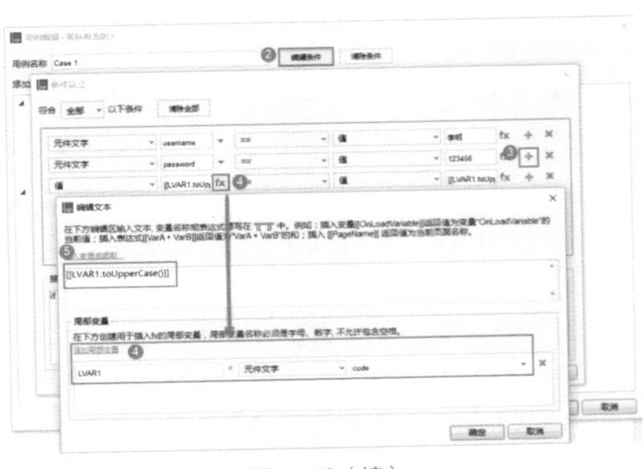

图 4-43（续）

（9）设置完成后，按 F5 键在浏览器中预览效果，如图 4-44 所示。

图 4-44

提示

在增加验证码之后，当只输入错误验证码时，是否应该有单独的错误提示？在验证码输入错误后，是不是也应该把验证码输入框清空并自动切换下一个验证码？利用本节知识，大家可以自己尝试做出这些交互效果。

4.1.10 设计原则：用户登录 / 注册功能

前 3 个小节的案例一直在围绕着“登录”功能进行介绍，在真实的产品设计中，注册和登录是最简单、最基础的功能，但往往就是这些简单的功能最容易被忽视，导致在设计前期就给自己挖下一个又一个坑，本小节就来介绍一下用户注册和登录功能的一些设计原则。

1. 什么产品需要注册 / 登录

要求用户注册账号的目的：记录用户的使用行为，提供个性化服务，让用户进行个性化的操作。

一些工具类应用，比如计算器、手电筒等完全不需要用户账号就可以完成其功能，对于这类应用，无须设计用户注册和登录功能。

对于电商类、论坛类、社交类产品，必须能够体现用户在应用中的私人行为。例如，电商类 App 必须能够区分是谁在应用中购买了商品；社交类 App 必须能够体现是哪些人在互相交流等。这些类型的产品必须要有自己的用户账号体系，注册和登录功能必不可少；在移动互联网时代，很多应用都开始朝着“云”化的方向发展，如视频类、音乐类、新闻类等产品，跨设备之间的内容同步、记录同步、用户偏好同步等功能的需求越来越多，这就同样需要用户账号体系。

2. 何时注册 / 登录

不同类型产品的注册/登录时机是不一样的，这一点同样需要注意，如果设计不当，会流失用户、影响转化率。

如果用户不登录，就无法使用产品的话，那么在打开应用时就需要让用户登录账号，如社交类产品（QQ 和微信）、金融类产品（支付宝）和网络游戏等。

对于大多数类型的产品，要让新用户能够第一时间体验到产品的基本功能，不要在刚刚打开应用时就提醒用户注册 / 登录，否则会提高用户体验产品的门槛，用户可能看到登录界面就不再继续操作了，会流失很多潜在的用户。以电商类产品为例，即使不登录，也不妨碍用户浏览商品，当用户看中了某些商品准备下单购买时，购买欲望很强烈，此时再提醒用户需要登录账号，会显著提升转化率。

当用户成功注册账号后，不要立刻让其继续完善用户信息（如绑定手机号、绑定邮箱和设置昵称等）。试想，当用户注册完账号满心欢喜地准备继续完成中断的操作时，又跳出来一堆表单需要填写，心情会多么崩溃。

那么什么时候完善用户信息呢？笔者列举了如下 5 种常见的场景。

（1）必须获取用户的其他基本信息才能让操作流程继续时，完善个人信息，如购买商品时必须填写收货地址和手机号。

（2）发放优惠、领取福利时，填写部分个人信息，如手机号。

（3）可以设置新手任务之一为完善用户信息，完成后可获取积分等奖励。

（4）设置产品部分功能的使用权限，如用户访问论坛的某些特定模块时，提醒用户完善个人信息。这一点需要慎用，除非产品的功能十分吸引用户，否则可能会适得其反。

（5）当用户使用一段时间的产品后，提醒用户完善个人信息。

3. 关于手机号和邮箱注册

大多数产品都是使用手机号或邮箱作为产品的登录账号，这两者各有什么优缺点呢？

几乎每个成年人都有一个或多个手机号，用手机号作为登录账号是非常方便好记的，被广泛应用于移动 App 的注册。用户使用手机号注册后，App 直接就获取了手机号，并且可以与通讯录关联，让用户了解自己的通讯录中还有哪些人使用了这款产品。但当用户更换手机号之后，解绑账号可能会变得比较麻烦，甚至无法使用以前的账号，缺乏稳定性。手机号作为用户的敏感信息，会有隐私泄露的可能性。

使用邮箱注册的优点是，邮箱相对稳定、长久，一般情况下用户没有更换或注销邮箱的必要，并且相对手机号来说，邮箱可以保护用户隐私。使用邮箱注册一般在 PC 端进行，因为在注册后需要登录邮箱，单击确认邮件以验证用户身份，如果在 App 上，无论是打开邮箱客户端还是跳转网页，都会使注册流程变得复杂，用户体验很差。

很多人使用邮箱的频率相对较低，甚至没有邮箱，用户不会因为使用某产品而专门去注册一个邮箱，所以大多数产品会把手机号和邮箱都作为登录账号，用户可以根据需要自行选择。

4. 关于第三方登录

除了自建账号体系外，不要忘记还可以使用 QQ、微信、微博等第三方账号进行登录，好处是省去了注册流程，可以让用户快速体验产品。如果产品比较注重自己的账号体系，可以把第三方登录放在较弱的位置作为补充；如果产品强调安全性、隐私性，可以不提供第三方登录；如果产品是内容型应用、网络游戏等，可以把第三方登录放到比较明显的位置。

4.2 动态面板进阶

动态面板有一些特有的事件：状态改变时、拖动时、拖动结束时、向左拖动结束时、向右拖动结束时、向上拖动结束时、向下拖动结束时、滚动时、向上滚动时、向下滚动时和尺寸改变时。很多逼真的交互效果都是使用动态面板元件来实现的，如 App 中的滑动、拖曳效果。如果在实战中遇到了一些棘手的难题，想想动态面板和这些特有的事件，也许会得到惊喜。本节通过案例的讲解来体验其中的某些事件。

4.2.1 案例：滑动解锁

案例描述

模拟移动 App 滑动解锁的过程，拖动滑块至最右侧，跳转至新页面；在中途松开滑块，滑块回到原点。

案例难度：★★★☆☆

案例技术

拖动时事件、拖动结束时事件、条件用例、right 函数。

制作步骤

首先编辑页面列表，删除已有页面，新增两个同级页面，分别命名为“滑动解锁”和“欢迎页”，如图 4-45 所示。

图 4-45

然后布局滑动解锁页面，如图 4-46 所示。

（1）制作滑动的边界。拖入“矩形 2”元件至设计区域，命名为 boundary，设置圆角半径为 25，尺寸为 300 像素 ×40 像素，位置为（40,100）。

（2）制作滑块。拖入“矩形 3”元件至设计区域，设置圆角半径为 30，尺寸为 40 像素 ×40 像素，位置为（40,100），然后执行右键菜单命令【转换为动态面板】，命名为 slider。

图 4-46

接着制作交互效果。

（1）制作滑动效果，如图 4-47 所示。

①选中 slider，双击属性面板中的“拖动时”事件，打开用例编辑器。

②选择【添加动作 > 元件 > 移动】。

③在右侧的配置动作区域勾选“当前元件”或 slider。

④选择“水平拖动”。

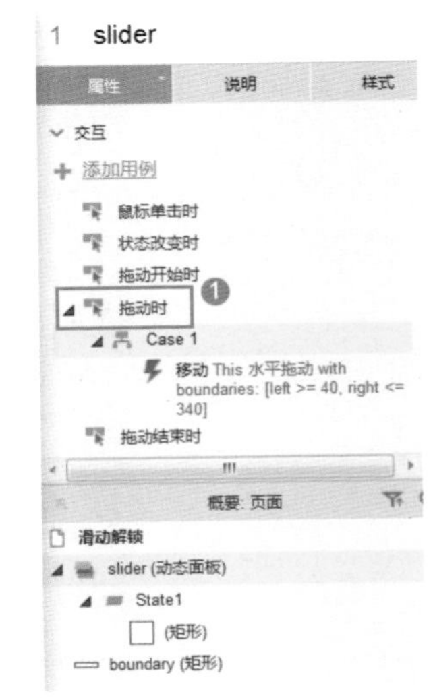

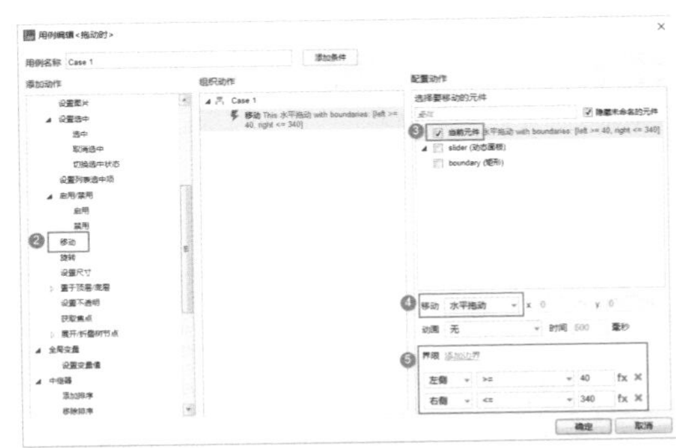

图 4-47

⑤单击两次添加边界：左侧 >=40、右侧 <=340（说明：左侧边界为 slider 的 x 坐标，右侧的边界为 boundary 的 x 坐标 + boundary 的宽度）。

（2）拖动结束时，若滑块到达边界最右侧，打开新页面，如图 4–48 所示。

①选中 slider，双击属性面板中的“拖动结束时”事件，打开用例编辑器。

②单击“添加条件”按钮，打开“条件设立”对话框。

③设置条件的思路是：判断 slider 的右侧是否与边界最右侧相等，需要用到元件函数 This.right，可以单击 fx 按钮选择，也可以直接输入。依次设置条件参数：值、[[This.right]]、==、值、340，然后单击“确定”按钮。

④选择【添加动作 > 链接 > 打开链接】。

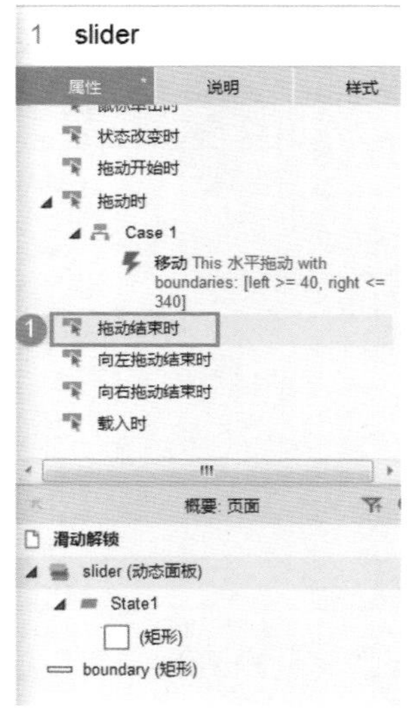

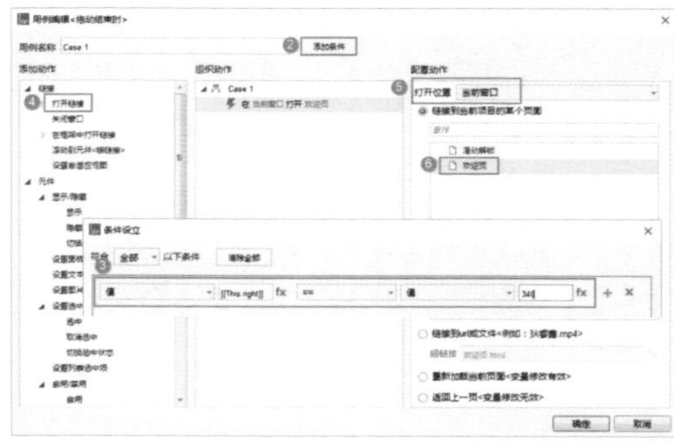

图 4–48

⑤在右侧的配置动作区域选择“打开位置”为“当前窗口”。

⑥选择“欢迎页”。

（3）拖动时，若在中途松开滑块，滑块回到原点，如图 4–49 所示。

①选中 slider，双击属性面板中的“拖动结束时”事件，打开用例编辑器。

②不再添加条件，直接添加“移动”动作。

③在右侧的配置动作区域勾选“当前元件”或 slider。

④选择“回到拖动前位置”。

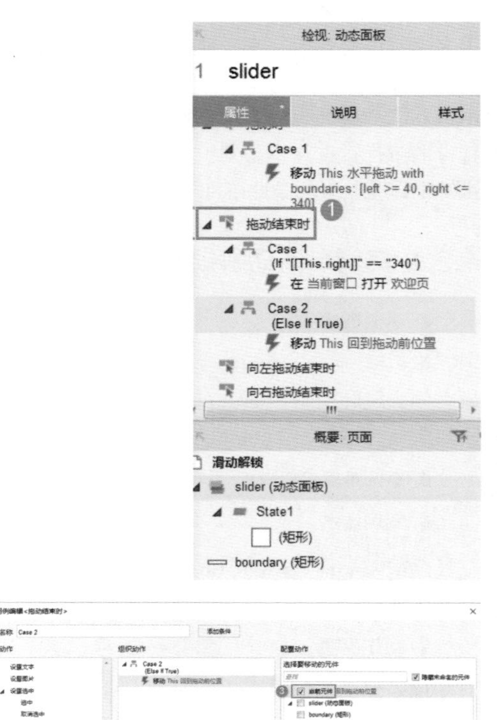

图 4–49

（4）设置完成后，按 F5 键在浏览器中预览效果，如图 4–50 所示。

图 4-50

4.2.2 案例: App 中带指示器的轮播图

案例描述

模拟移动 App 的轮播图，共 4 张不同的图片，每隔 3 秒自动向后轮播，左右滑动可以切换图片，轮播图下方带有状态指示器。

案例难度：★★★★☆

案例技术

页面载入时事件、向左拖动结束时事件、向右拖动结束时事件、切换动态面板状态。

制作步骤

（1）在设计区域中拖入一个图片元件，调整至合适的位置和尺寸，双击导入图片。

（2）执行右键菜单命令【转换为动态面板】，并命名为 images，此时动态面板已有了一个状态 State1，该状态含一张图片，如图 4-51 所示。

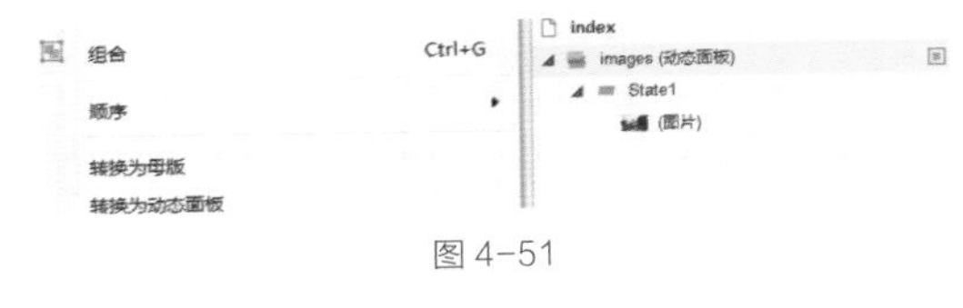

图 4-51

（3）4 张图片就需要 4 个状态，为 images 动态面板增加剩余的 3 个状态，并添加图片，如图 4-52 所示。

图 4-52

①双击 images 动态面板，打开动态面板状态管理器，选中 State1，单击“复制”按钮，复制 3 次，此时动态面板就有了 4 个状态，并且每个状态里都有一张图片。

②进入剩余的各个状态里，双击图片，导入新图片即可，这种操作方法比较便捷。

（4）状态指示器也是一个动态面板，命名为 pointer，位置放在轮播图右下角，用上述同样的方法制作 4 个不同状态，如图 4-53 所示。

图 4-53

（5）页面加载时每隔 3 秒钟自动向后轮播，如图 4-54 所示。

①先在页面的空白区域单击（不要选中任何元件），然后双击属性面板中的“页面载入时”事件，打开用例编辑器。

②选择【添加动作 > 元件 > 设置面板状态】。

③在右侧的配置动作区域勾选 images（动态面板）。

④选择状态为 Next，勾选“向后循环”，设置并勾选“循环间隔为 3000 毫秒”，勾选“首个状态延时 3000 毫秒后切换”。

⑤设置进入动画为“向左滑动”，同时 Axure 会自动设置退出动画为“向左滑动”，时间都默认为 500 毫秒。

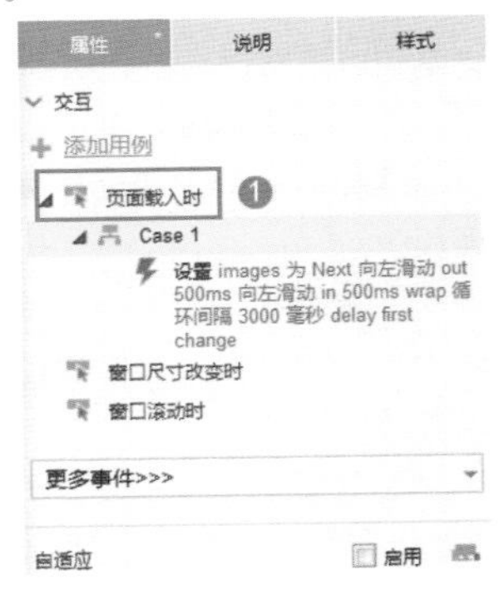

图 4-54

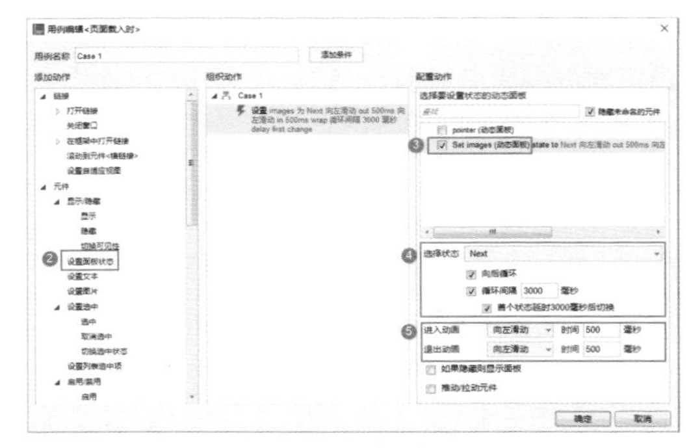

图 4-54（续）

（6）图片向后轮播的同时，改变指示器的状态，如图 4-55 所示。

①不要关闭用例编辑器，继续在“设置面板状态”的配置动作区域勾选 pointer。

②选择状态为 Next，勾选“向后循环”，设置并勾选“循环间隔为 3000 毫秒”，勾选“首个状态延时 3000 毫秒后切换”，无须设置动画。

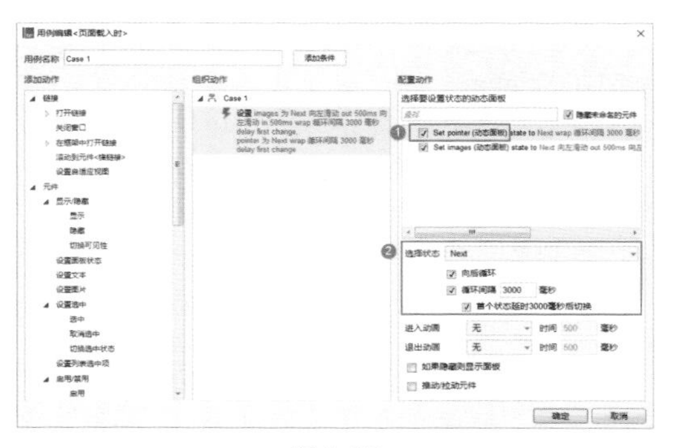

图 4-55

（7）向左滑动时，切换下一张图片，如图 4-56 所示。

①选中 images，双击属性面板中的“向左拖动结束时”事件，打开用例编辑器。

②选择【添加动作 > 元件 > 设置面板状态】。

③在右侧的配置动作区域勾选 images（动态面板）。

④选择状态为 Next，并勾选“向后循环”。因为每单击一次只需要切换一张图片，所以不要设置循环间隔。

⑤设置进入动画为“向左滑动”，同时 Axure 会自动设置退出动画为“向左滑动”，时间都默认为 500 毫秒。

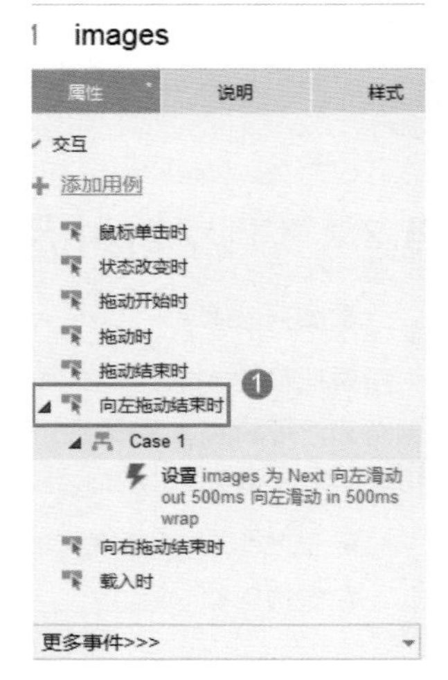

图 4-56

（8）切换下一张图片的同时，改变指示器的状态，如图 4-57 所示。

①不要关闭用例编辑器，继续在“设置面板状态”的配置动作区域勾选 pointer。

②选择状态为 Next，并勾选“向后循环”，无须设置动画。

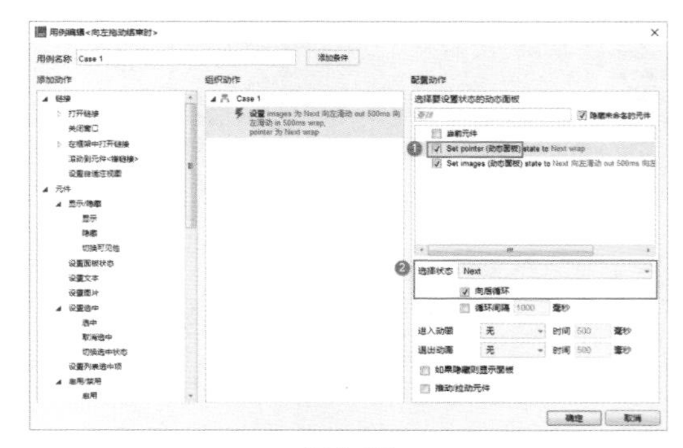

图 4-57

（9）切换图片后，再次自动向后轮播。因为图片切换有 500 毫秒的动画时长，而状态指示器没有，为了保证二者的状态同步，不能立刻向后自动轮播，需要等待 500 毫秒，如图 4–58 所示。

①不要关闭用例编辑器，继续添加“等待”动作。

②在右侧的配置动作区域输入等待时间为 500 毫秒。

③此时可以继续向后自动轮播，动作与“页面载入时”事件相同，可以直接添加“触发事件”动作。

④在右侧的配置动作区域勾选“页面”。

⑤选择“页面载入时”。

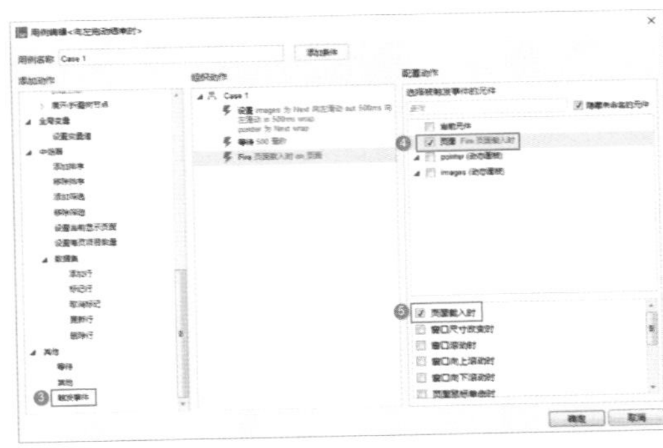

图 4–58

（10）向右滑动时，切换上一张图片，同时改变指示器状态，切换图片后继续向后轮播的交互效果与上述制作步骤原理相同，大家可以自行尝试，此处不再赘述。

（11）设置完成后，按 F5 键在浏览器中预览效果，如图 4–59 所示。

图 4–59

4.2.3 案例：倒计时获取动态验证码

案例描述

单击“获取验证码”按钮后，该按钮被禁用，显示倒计时；计时结束后启用按钮，并恢复文本内容为“获取验证码”。

案例难度：★★★★☆

案例技术

鼠标单击时事件、动态面板状态改变时事件、全局变量。

案例说明

在用手机号进行账号注册或登录时，为了确保账号安全，一般会发送动态验证码，再次发送的倒计时一般为 60 秒，本案例中为了节约预览效果的时间，只制作倒计时 5 秒。

案例思路

利用动态面板可以定时循环切换面板状态的属性，可以把它当成一个计时器，设置成每秒钟改变一次面板状态，在改变状态时，切换显示的倒计时。

制作步骤

本例中不涉及交互效果的元件就不再赘述了，大家可以自行设计布局。

（1）拖入一个“主要按钮”至设计区域，命名为 getCode，修改文本为“获取验证码”，如图 4–60 所示。

获取验证码

图 4–60

（2）设置“获取验证码”按钮在禁用时的交互样式，如图 4-61 所示。

①选中 getCode，单击属性面板中的“禁用”按钮，打开“交互样式设置”对话框。

②勾选“字体颜色”，设置颜色为 #FFFFFF。

③勾选“填充颜色”，设置颜色为 #CCCCCC。

图 4-61

（3）拖入“动态面板”至设计区域，命名为 temp，再添加一个状态。因为动态面板起到计时作用，所以两个状态里均不需要添加任何内容，如图 4-62 所示。

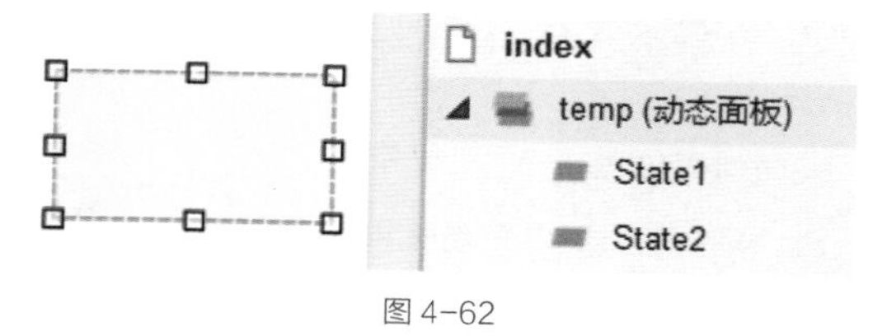

图 4-62

（4）新增全局变量用来保存时间，如图 4-63 所示。

①单击菜单中的【项目 > 全局变量】命令，打开“全局变量”对话框。

②单击“加号”，新增全局变量。

③把变量命名为 seconds。

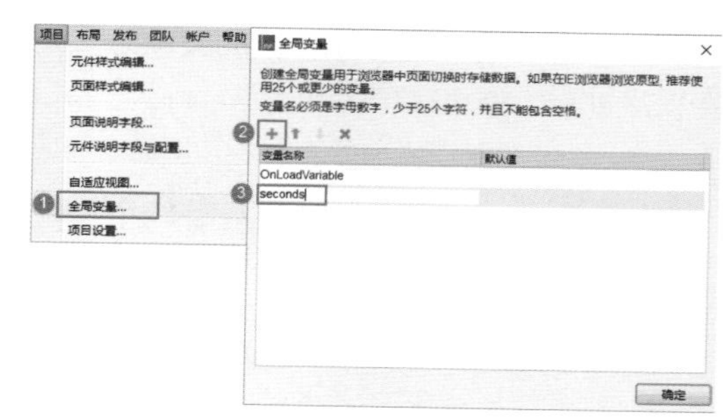

图 4-63

（5）单击“获取验证码”按钮，把时间初始化为 5s，如图 4-64 所示。

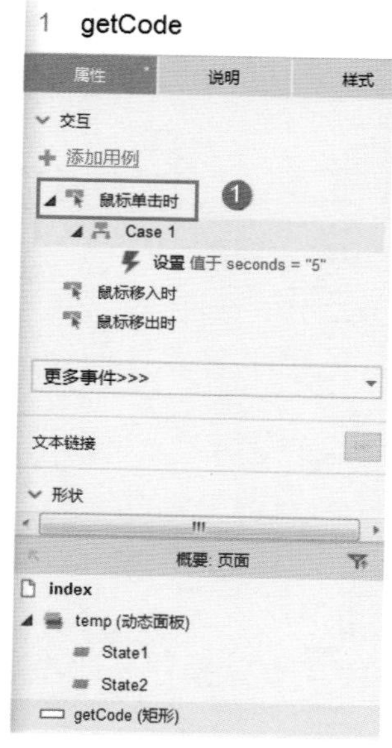

图 4-64

①选中 getCode，双击属性面板中的“鼠标单击时”事件，打开用例编辑器。

②添加“设置变量值”动作。

③在右侧的配置动作区域勾选 seconds。

④设置变量值为 5。

（6）启动计时器，如图 4-65 所示。

①不要关闭用例编辑器，继续添加 “设置面板状态” 动作。

②在右侧的配置动作区域勾选 temp。

③选择状态为 Next，勾选“向后循环”，设置并勾选“循环间隔为 1000 毫秒”，每秒钟切换一次面板状态，相当于计时器。

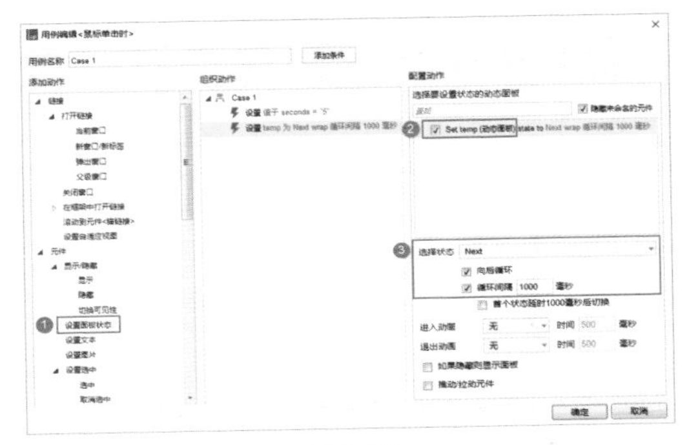

图 4-65

（7）禁用“获取验证码”按钮，如图 4-66 所示。

①不要关闭用例编辑器，继续添加 “禁用” 动作。

②在右侧的配置动作区域勾选“当前元件”。

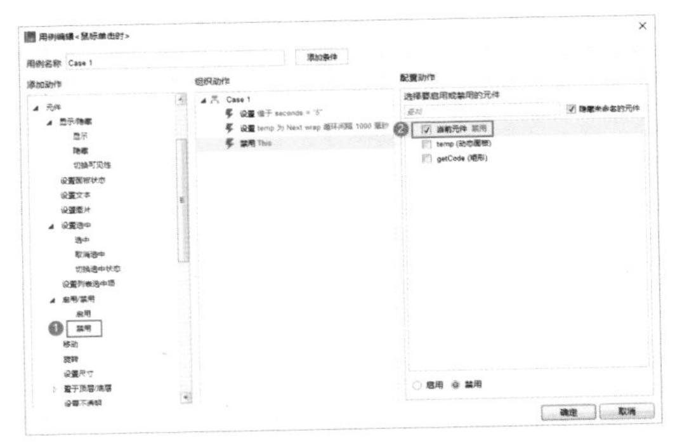

图 4-66

（8）计时器启动后开始倒计时，如图 4-67 所示。

①选中 temp，双击属性面板中的“状态改变时”事件，打开用例编辑器。

②单击“添加条件”按钮，打开“条件设立”对话框。

③依次设置条件参数：变量值、seconds、>、值、0，然后单击“确定”按钮。

④选择【添加动作 > 元件 > 设置文本】。

⑤在右侧的配置动作区域勾选 getCode。

⑥设置文本值为 [[seconds]]s。

⑦接下来要把时间减 1，继续添加动作“设置变量值”，把 seconds 的值设置为 [[seconds-1]]。

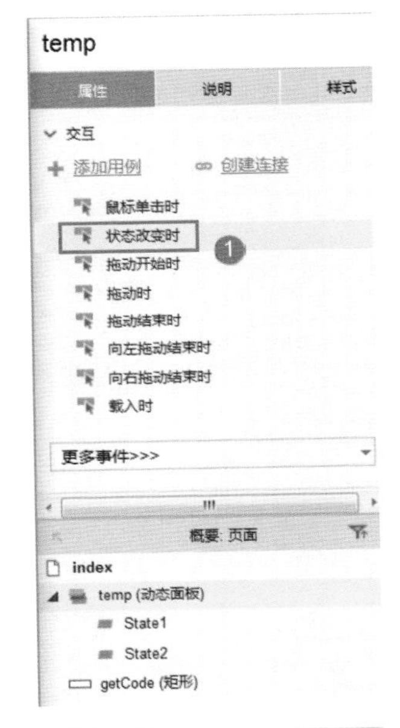

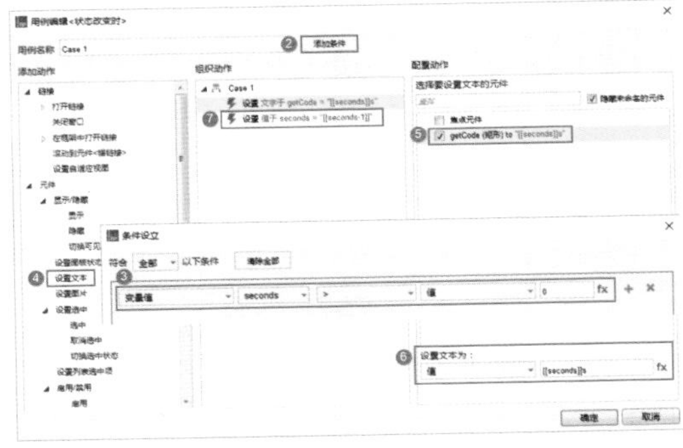

图 4-67

（9）倒计时结束后，恢复按钮文字为“获取验证码”并启用，如图 4-68 所示。

①选中 temp，双击属性面板中的“状态改变时”事件，打开用例编辑器。

②不再添加条件，直接添加“设置文本”动作。

③在右侧的配置动作区域勾选 getCode。

④设置文本值为“获取验证码”。

⑤继续添加“启用”动作，启用 getCode。

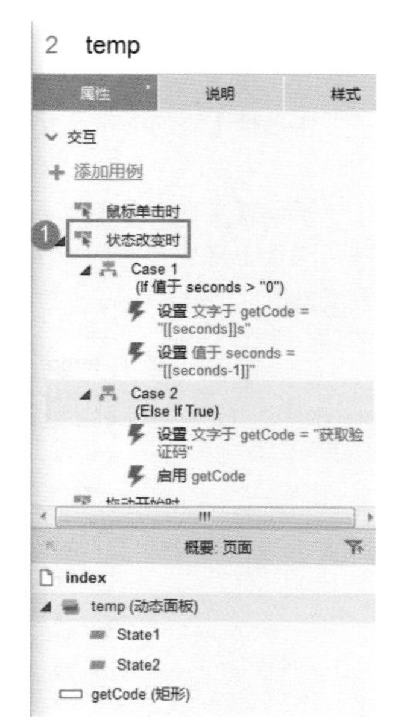

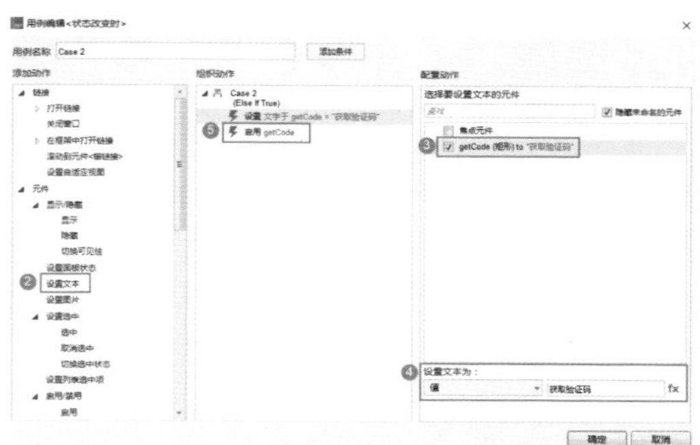

图 4-68

（10）设置完成后，按 F5 键在浏览器中预览效果，如图 4-69 所示。

图 4-69

> **提示**
>
> 本案例中，在显示时间时用到了“表达式”。可以这样理解：中括号里面可以直接进行数学运算；中括号外面的内容直接和中括号里面的内容“拼接”。例如，假设当前 seconds 的值为 5，那么 [[seconds−1]] 显示的内容为 4，[[seconds−1]]s 显示的内容为 4s。

4.3 中继器进阶

本节介绍利用中继器实现数据列表的增、删、改、排序和筛选等交互效果，提高原型的保真程度。

图 4–70 是使用中继器和矩形元件制作的人员信息统计表，以这张统计表为基础依次介绍中继器的排序、筛选和分页功能。

请选择性别 ▾　请选择年龄范围 ▾　清除排序

姓名	性别	年龄	出生日期	操作
邹璇媛	男	35	1982-09-21	删除
许梓墨	女	29	1988-10-08	删除
杨文香	女	41	1976-04-15	删除
孔绿蓝	男	35	1982-09-11	删除
水雅兰	女	39	1978-03-25	删除

上一页　1　2　下一页

图 4–70

“性别”下拉列表的选项为男、女；“年龄”下拉列表的选项为小于 30、30 ~ 40、大于 40；页码有上一页、下一页、1 和 2；中继器命名为 user，数据集的字段分别为 name、sex、age、birthday，分别代表姓名、性别、年龄和出生日期；示意图中有 5 条数据，而数据集中有 9 行数据，如图 4–71 所示。在学习之前可以先按照示意图和说明布局好页面元件，并把数据集的内容绑定至中继器的项（暂时无须制作分页效果），本节不再赘述这些步骤。

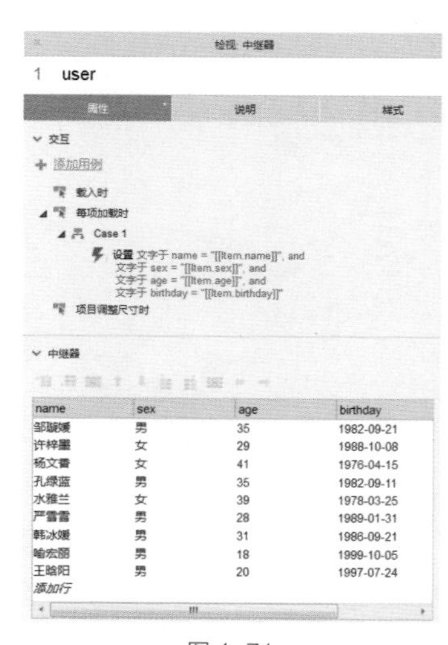

name	sex	age	birthday
邹璇媛	男	35	1982-09-21
许梓墨	女	29	1988-10-08
杨文香	女	41	1976-04-15
孔绿蓝	男	35	1982-09-11
水雅兰	女	39	1978-03-25
严雪雪	男	28	1989-01-31
韩冰媛	男	31	1986-09-21
喻宏朋	男	18	1999-10-05
王晗阳	男	20	1997-07-24

图 4–71

4.3.1 排序

中继器可以按照数字、文本和时间 3 种类型对数据进行升序和降序排列，在传统的统计表格中，排序按钮一般安排在表头里，给不同的“列”排序。在商品列表页，排序按钮一般会放到列表上方，根据不同的属性排序。由此可以看出，Axure 中继器的排序功能一般都会配合其他元件使用。

1. 添加排序

（1）单击表头中的“性别”，按性别排序，排序类型为 Text，如图 4-72 所示。

①选中“表头 >性别”，双击属性面板中的“鼠标单击时”事件，打开用例编辑器。

②选择【添加动作 > 中继器 > 添加排序】。

③在右侧的配置动作区域勾选 user。

④输入排序“名称”为按性别排序（名称可自定义）、选择“属性”为 sex、“排序类型”为 Text、“顺序”为切换、“默认”为升序。

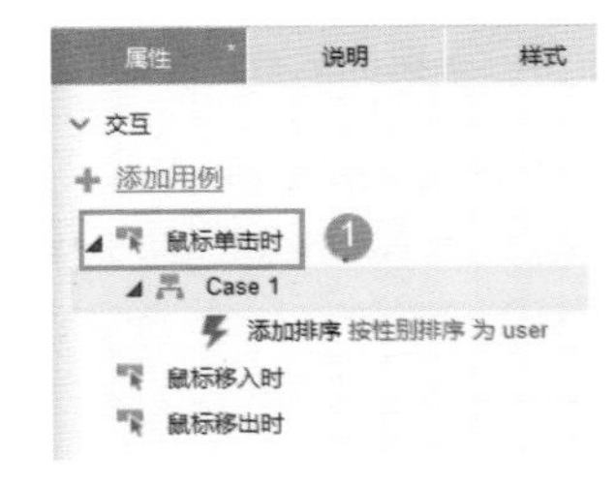

图 4-72

（2）单击表头中的“年龄”，按年龄排序，排序类型为 Number，如图 4-73 所示。

①选中“表头 > 年龄”，双击属性面板中的“鼠标单击时”事件，打开用例编辑器。

②选择【添加动作 > 中继器 > 添加排序】。

③在右侧的配置动作区域勾选 user。

④输入排序“名称”为按年龄排序（名称可自定义）、选择“属性”为 age、“排序类型”为 Number、“顺序”为切换、“默认”为升序。

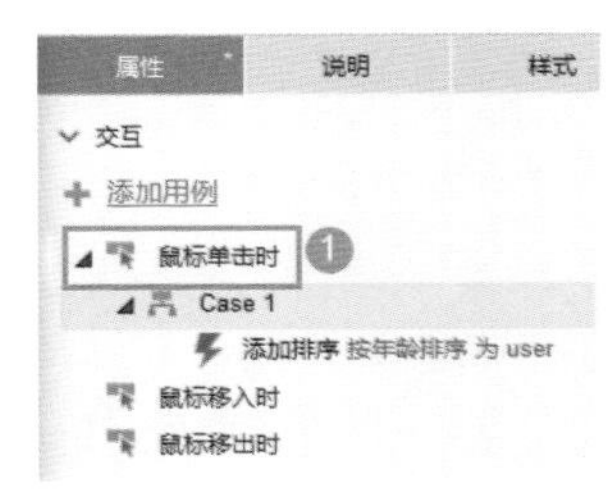

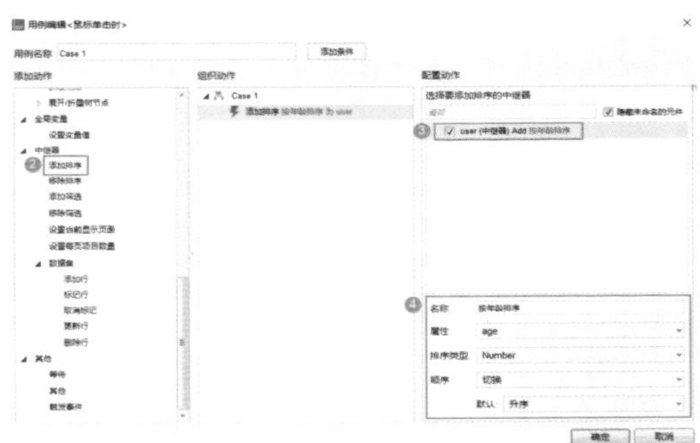

图 4-73

（3）单击表头中的“出生日期”，按出生日期排序，排序类型为日期，如图 4-74 所示。

①选中“表头 > 出生日期”，双击属性面板中的“鼠标单击时”事件，打开用例编辑器。

②选择【添加动作 > 中继器 > 添加排序】。

③在右侧的配置动作区域勾选 user。

④输入排序“名称”为按出生日期排序（名称可自定义）、选择“属性”为 birthday、“排序类型”为 Date-YYYY-MM-DD、“顺序”为切换、“默认”为升序。

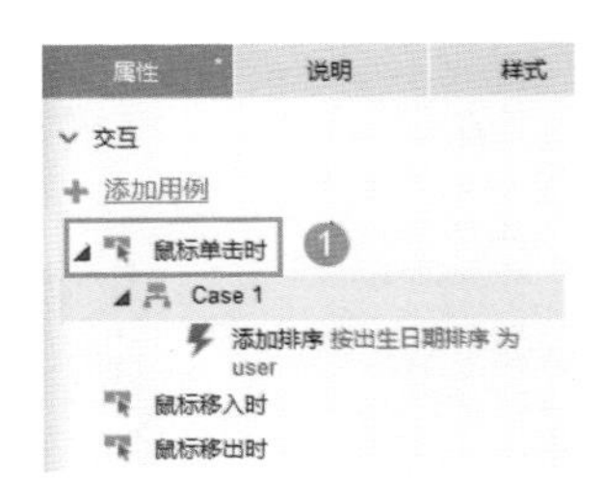

图 4-74

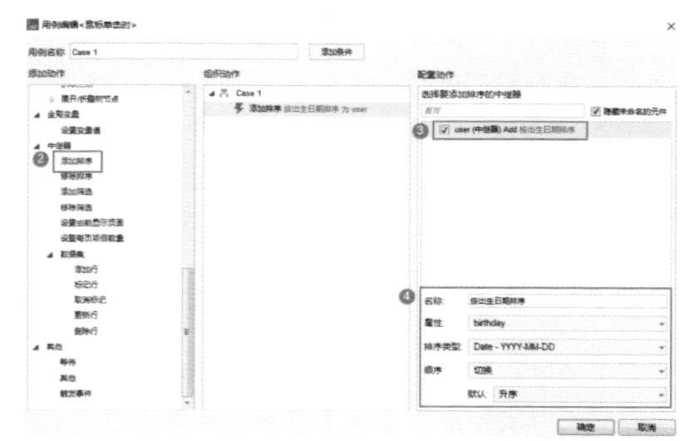

图 4-74（续）

（4）设置完成后，按 F5 键在浏览器中预览效果，如图 4-75 所示。

姓名	性别	年龄	出生日期	操作
许梓蕾	女	29	1988-10-08	删除
杨文香	女	41	1976-04-15	删除
水雅兰	女	39	1978-03-25	删除
邹璇媛	男	35	1982-09-21	删除
孔绿蓝	男	35	1982-09-11	删除

图 4-75

提示

按文本类型（Text 类型）排序时，选择 Text（Case Sensitive）时，代表排序区分大小写。按日期排序时，数据集中的日期必须符合 YYYY-MM-DD 或 DD/MM/YYYY 的格式。

2. 移除排序

（1）单击“清除排序”按钮，统计表中的数据排列恢复原始方式，如图 4-76 所示。

①选中“清除排序”按钮，双击属性面板中的“鼠标单击时”事件，打开用例编辑器。

②选择【添加动作 > 中继器 > 移除排序】。

③在右侧的配置动作区域勾选 user。

④勾选“移除全部排序”。

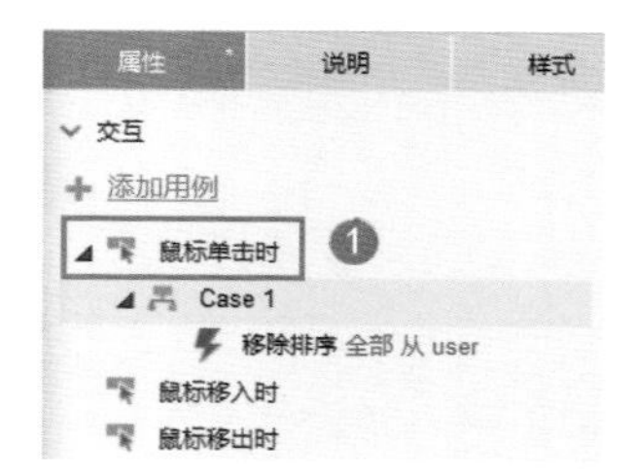

图 4-76

图 4-76（续）

（2）设置完成后，按 F5 键在浏览器中预览效果，如图 4-77 所示。

请选择性别 ▾　请选择年龄范围 ▾　清除排序

姓名	性别	年龄	出生日期	操作
邹璇媛	男	35	1982-09-21	删除
许梓蕾	女	29	1988-10-08	删除
杨文香	女	41	1976-04-15	删除
孔绿蓝	男	35	1982-09-11	删除
水雅兰	女	39	1978-03-25	删除

上一页　1　2　下一页

图 4-77

提示

如果要移除某一个排序方式，只需要在配置动作区域输入被移除的排序名称即可。

4.3.2 筛选

中继器可以按照规定的条件筛选列表中的数据，一般会配合下拉列表框、单选按钮或复选框等表单选择元件使用。

1. 添加筛选

（1）选中性别为“男”，筛选所有男性的数据，如图 4-78 所示。

①选中“性别”下拉列表框，双击属性面板中的“选项改变时”事件，打开用例编辑器。

②单击“添加条件”按钮，打开“条件设立”对话框。

③依次设置条件参数：被选项、This、==、选项、男，然后单击“确定”按钮。

④选择【添加动作 > 中继器 > 添加筛选】。

⑤在右侧的配置动作区域勾选 user。

⑥勾选“移除其他筛选”。

⑦输入名称为男（名称可自定义），输入条件为 [[Item.sex == '男']]（注意用英文的单引号），也可以单击 fx 按钮进行编辑。

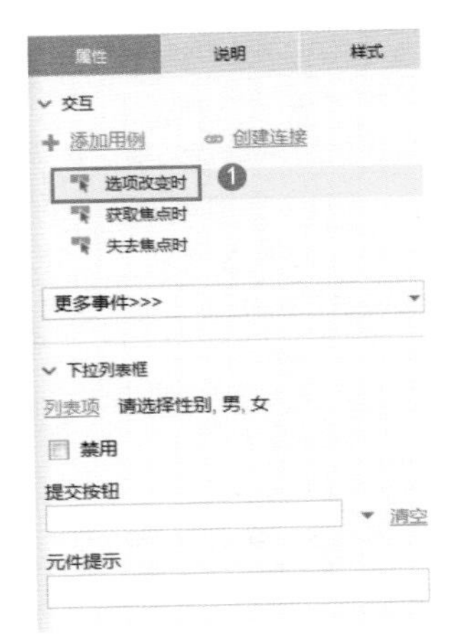

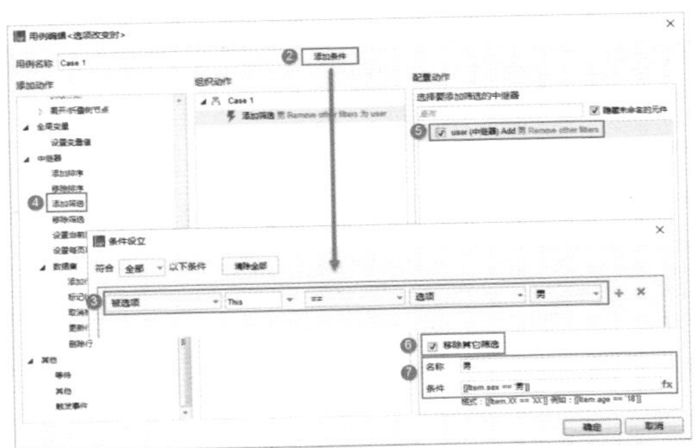

图 4-78

（2）用同样的方法筛选列表中所有女性的数据。

（3）选中年龄段为“30 ~ 40”，筛选所有 30 ~ 40 岁的数据，如图 4-79 所示。

①选中“年龄”下拉列表框，双击属性面板中的“选项改变时”事件，打开用例编辑器。

②单击“添加条件”按钮，打开“条件设立”对话框。

③依次设置条件参数：被选项、This、==、选项、30 ~ 40，然后单击“确定”按钮。

④选择【添加动作 > 中继器 > 添加筛选】。

⑤在右侧的配置动作区域勾选 user。

⑥勾选“移除其他筛选”。

⑦输入名称为 30 ~ 40（名称可自定义），条件为 [[Item.age > 30 && Item.age <= 40]]，也可以单击 fx 按钮进行编辑。

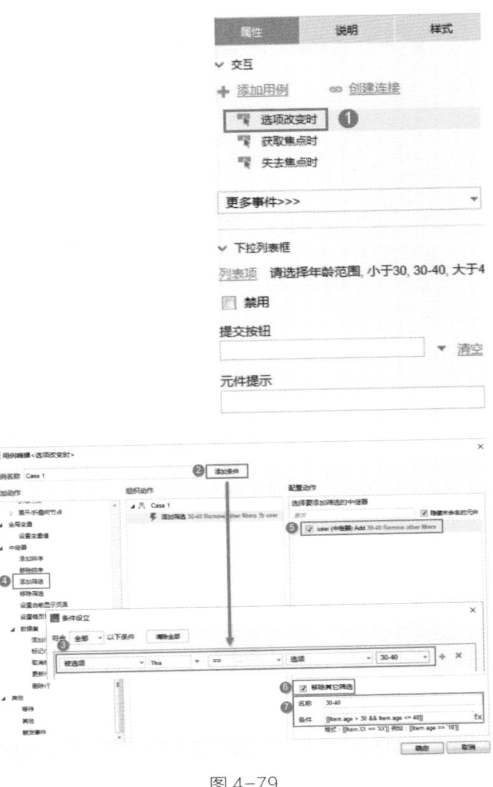

图 4-79

（4）用同样的方法筛选列表中年龄段为“小于 30”和“大于 40”的数据。

（5）设置完成后，按 F5 键在浏览器中预览效果，如图 4-80 所示。

男 | 请选择年龄范围 | 清除排序

请选择性别 / 男 / 女

姓名	性别		出生日期	操作
邹骏媛	男	35	1982-09-21	删除
孔绿蓝	男	35	1982-09-11	删除
严雪雷	男	28	1989-01-31	删除
韩冰媛	男	31	1986-09-21	删除
喻宏丽	男	18	1999-10-05	删除

图 4-80

2. 移除筛选

（1）选中“请选择性别”，显示全部数据，如图 4-81 所示。

①选中“请选择性别”下拉列表框，双击属性面板中的“选项改变时”事件，打开用例编辑器。

②无须添加条件，直接添加“移除筛选”动作。

③在右侧的配置动作区域勾选 user。

④勾选“移除全部筛选”。

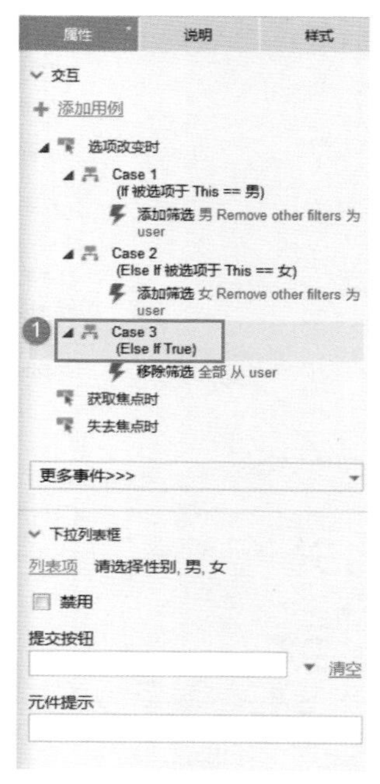

图 4-81

（2）设置完成后，按 F5 键在浏览器中预览效果，如图 4-82 所示。

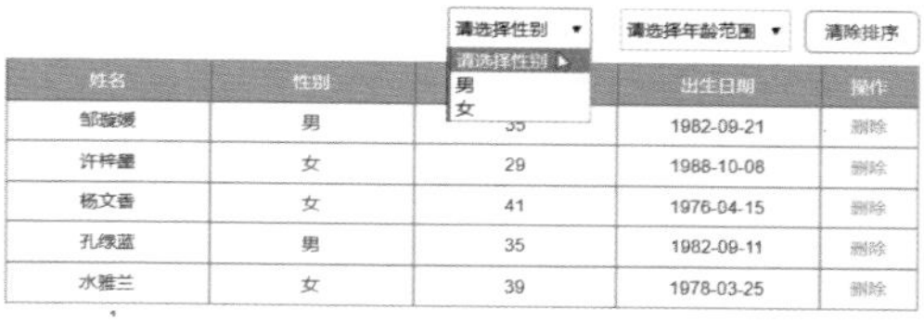

请选择性别 ▾ | 请选择年龄范围 ▾ | 清除排序

请选择性别 / 男 / 女

姓名	性别		出生日期	操作
邹馥娜	男	35	1982-09-21	删除
许梓墨	女	29	1988-10-08	删除
杨文香	女	41	1976-04-15	删除
孔傑蓝	男	35	1982-09-11	删除
水雅兰	女	39	1978-03-25	删除

图 4-82

> **提示**
>
> 如果要移除某一个筛选方式，只需要在配置动作区域输入被移除的筛选名称即可。

4.3.3 分页

当中继器里面的数据较多时，可以配合页码采用分页显示的设计，它支持上一页 / 下一页切换，也可以跳转到指定页码。

（1）选中 user，在样式面板中，勾选“多页显示”，输入每页项目数为 5，起始页为 1，如图 4-83 所示。

图 4-83

（2）单击“下一页”按钮，切换至下一页的数据，如图 4-84 所示。

①选中“下一页”按钮，双击属性面板中的“鼠标单击时”事件，打开用例编辑器。

②选择【添加动作 > 中继器 > 设置当前显示页面】。

③在右侧的配置动作区域勾选 user。

④选择页面为 Next。

图 4-84

（3）单击“上一页”按钮，切换至上一页的数据，与步骤 2 同理。

①选中“上一页”按钮，双击属性面板中的“鼠标单击时”事件，打开用例编辑器。

②选择【添加动作 > 中继器 > 设置当前显示

页面】。

③在右侧的配置动作区域勾选 user。

④选择页面为 Previous。

（4）单击页码 1，跳转至第一页的数据，如图 4-85 所示。

①选中页码 1 按钮，双击属性面板中的“鼠标单击时”事件，打开用例编辑器。

②选择【添加动作 > 中继器 > 设置当前显示页面】。

③在右侧的配置动作区域勾选 user。

④选择页面为 Value，单击 fx 按钮，打开“编辑文本”对话框。

⑤添加局部变量：LVAR1、元件文字、This。

⑥单击“插入变量或函数”，选择 [[LVAR1]]。

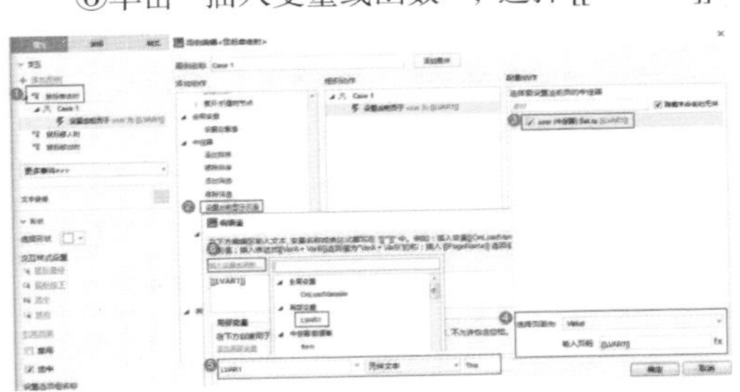

图 4-85

（5）单击页码 2，跳转至第 2 页的数据。因为步骤（4）并没有直接输入跳转页面为具体的数字，而是动态获取了当前元件的文字，所以可以直接把页码 1 的“鼠标单击时”事件的 Case1 复制并粘贴过来。

（6）设置完成后，按 F5 键在浏览器中预览效果，如图 4-86 所示。

第1页内容　　请选择性别 ▾　请选择年龄范围 ▾　清除排序

姓名	性别	年龄	出生日期	操作
邹璇媛	男	35	1982-09-21	删除
许梓菡	女	29	1988-10-08	删除
杨文香	女	41	1976-04-15	删除
孔缪蓝	男	35	1982-09-11	删除
水雅兰	女	39	1978-03-25	删除

上一页　1　2　下一页

第2页内容　　请选择性别 ▾　请选择年龄范围 ▾　清除排序

姓名	性别	年龄	出生日期	操作
严雪露	男	28	1989-01-31	删除
韩冰媛	男	31	1986-09-21	删除
喻宏丽	男	18	1999-10-05	删除
王皓阳	男	20	1997-07-24	删除

上一页　1　2　下一页

图 4-86

提示

在制作交互效果时，如果需要使用具体数据（不仅局限于数字，也包括文本），应该考虑是否可以通过使用变量的形式动态获取，这样可以大大提高工作效率。

4.3.4 编辑中继器数据集

制作一个班级信息列表，如图 4-87 所示，列表中包括复选框、班级、班主任和操作 4 列。以这张班级信息列表为基础，本节依次介绍和数据集相关的添加行、标记行、取消标记、删除行和更新行功能。

批量删除　请输入班级　请输入班主任　新增

☐	班级	班主任	操作
☐	2017级1班	李老师	编辑　删除
☐	2017级2班	王老师	编辑　删除
☐	2017级3班	张老师	编辑　删除

图 4-87

中继器命名为 classTable；中继器的项里面的复选框命名为 check；数据集两个字段分别命名为 class 和 teacher，对应班级和班主任，如图 4-88 所示；操作列的“编辑”和“删除”按钮可以直接在中继器的项里使用文本标签元件制作，无须绑定数据集。在学习之前，可以先按照示意图和说明布局好页面元件，并把数据集的内容绑定至中继器的项，本节不再赘述这些步骤。

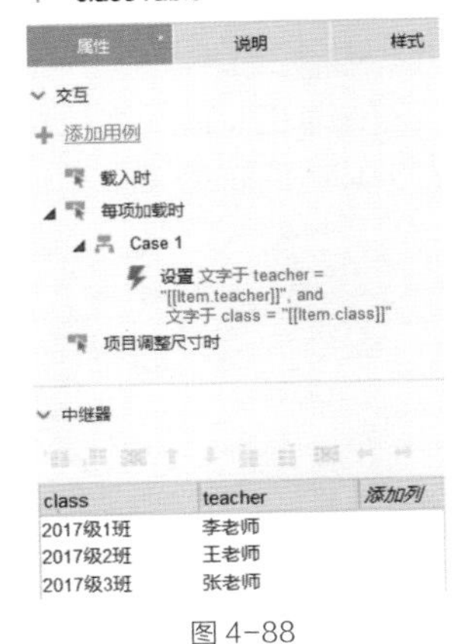

图 4-88

1. 添加行

（1）拖入两个文本框至表格上方，分别命名为 classInput 和 teacherInput，用来输入班级和班主任，提示文字分别为“请输入班级”和“请输入班主任”，位置和尺寸可自行设置。

（2）拖入“按钮”元件至文本框右侧，修改文本为“新增”，位置和尺寸可自行设置，如图 4-89 所示。

请输入班级 | 请输入班主任 | 新增

☐	班级	班主任	操作
☐	2017级1班	李老师	编辑　删除
☐	2017级2班	王老师	编辑　删除
☐	2017级3班	张老师	编辑　删除

图 4-89

（3）单击“新增”按钮，把班级文本框和班主任文本框的内容添加至班级信息列表，如图 4-90 所示。

①选中“新增”按钮，双击属性面板中的“鼠标单击时”事件，打开用例编辑器。

②选择【添加动作 > 数据集 > 添加行】。

③在右侧的配置动作区域勾选 classTable。

④单击“添加行”，打开“添加行到中继器”对话框。

⑤单击 class 列的 fx 按钮，打开“编辑值”对话框。

⑥添加局部变量：className、元件文字、classInput。

⑦单击“插入变量或函数”，选择 className。

⑧单击 teacher 列的 fx 按钮，用同样的方法把 teacherInput 的文字添加到 teacher 列。

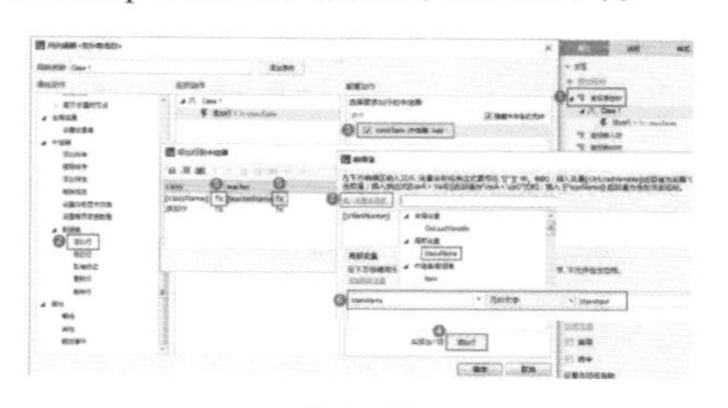

图 4-90

（4）设置完成后，按 F5 键在浏览器中预览效果，如图 4-91 所示。

2017级4班 | 吴老师 | 新增

☐	班级	班主任	操作
☐	2017级1班	李老师	编辑　删除
☐	2017级2班	王老师	编辑　删除
☐	2017级3班	张老师	编辑　删除
☐	2017级4班	吴老师	编辑　删除

图 4-91

2. 标记行、取消标记

（1）勾选每一行前面的复选框，该行被选中。双击中继器进入中继器的项，如图 4-92 所示。

①选中“项”里面的复选框 check，双击属性面板中的“选中时”事件，打开用例编辑器。

②选择【添加动作 > 数据集 > 标记行】。

③在右侧的配置动作区域勾选 classTable。

④选择 This。

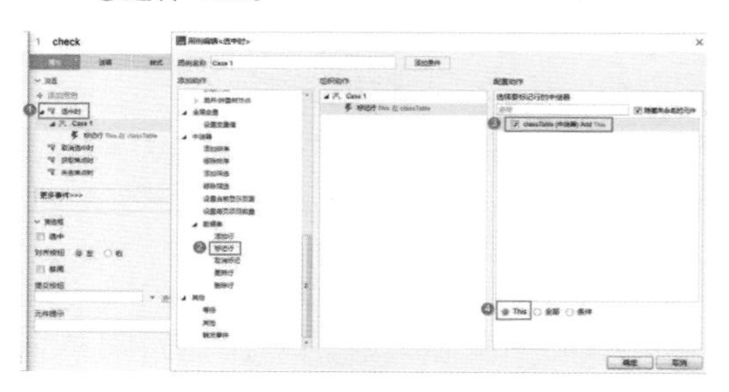

图 4-92

（2）取消勾选每一行前面的复选框，该行被取消选中，如图 4-93 所示。

①选中“项”里面的复选框 check，双击属性面板中的“取消选中时”事件，打开用例编辑器。

②选择【添加动作 > 数据集 > 取消标记】。

③在右侧的配置动作区域勾选 classTable。

④选择 This。

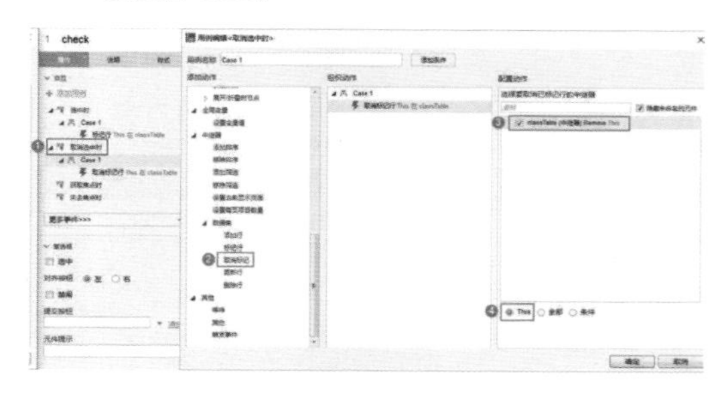

图 4-93

（3）设置完成后，在浏览器中预览时，单纯的标记 / 取消标记行是没有效果的，需要与接下来要讲的删除行配合。

除了标记 / 取消标记当前行（This）外，也可以全部标记 / 取消标记行或按照条件标记 / 取消标记行，如图 4–94 所示。

图 4–94

3. 删除行

（1）拖入按钮至表格左上方，修改文本为“批量删除”，位置和尺寸可自行设置，如图 4–95 所示。

批量删除　请输入班级　请输入班主任　新增

☐	班级	班主任	操作
☐	2017级1班	李老师	编辑　删除
☐	2017级2班	王老师	编辑　删除
☐	2017级3班	张老师	编辑　删除

图 4–95

（2）单击某一行的“删除”按钮，该行被删除。双击中继器进入中继器的项，如图 4–96 所示。

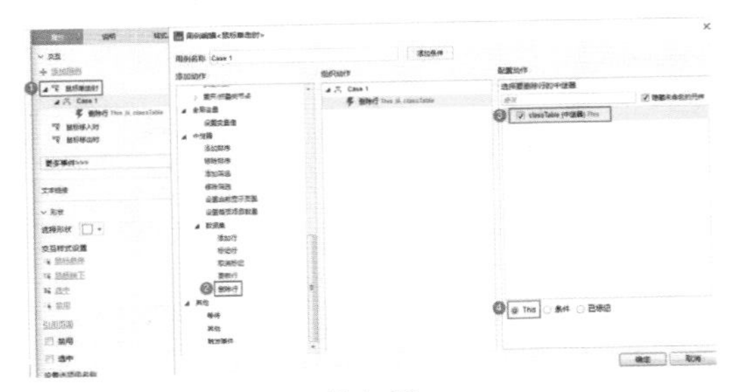

图 4–96

①选中“项”里面的“删除”按钮，双击属性面板中的“鼠标单击时”事件，打开用例编辑器。

②选择【添加动作 > 数据集 > 删除行】。

③在右侧的配置动作区域勾选 classTable。

④选择 This。

（3）单击表头的复选框，表格被全部选中，如图 4–97 所示。

①选中表头的复选框 chooseAll，双击属性面板中的“选中时”事件，打开用例编辑器。

②选择【添加动作 > 元件 > 设置选中 > 选中】。

③在右侧的配置动作区域勾选 check。

④设置选中状态为“值”、true。

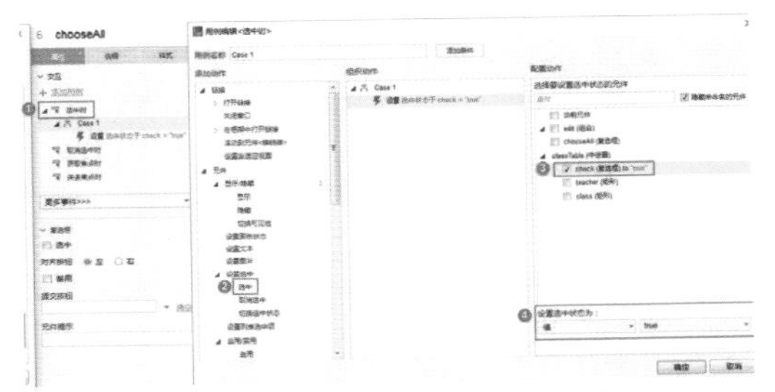

图 4–97

（4）再次单击表头的复选框，表格被取消全选，如图 4–98 所示。

①选中表头的复选框 chooseAll，双击属性面板中的“取消选中时”事件，打开用例编辑器。

②选择【添加动作 > 元件 > 设置选中 > 取消选中】。

③在右侧的配置动作区域勾选 check。

④设置选中状态为“值”、false。

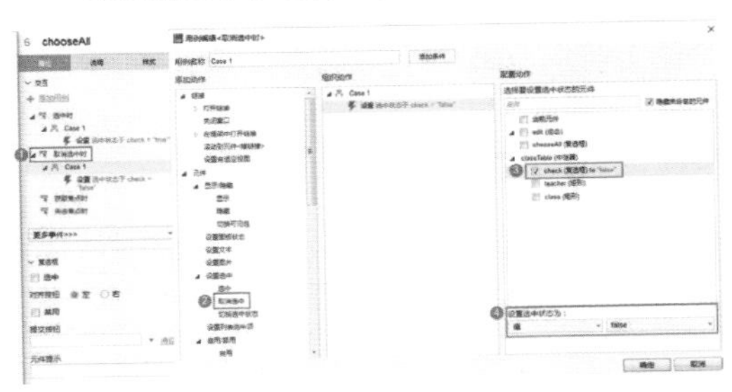

图 4–98

（5）单击“批量删除”按钮，所选数据被删除。如图 4–99 所示，此效果需要先进行“标记行”和“取消标记”操作。

①选中“批量删除”按钮，双击属性面板中的“鼠标单击时”事件，打开用例编辑器。

②选择【添加动作 > 数据集 > 删除行】。

③在右侧的配置动作区域勾选 classTable。

④选择“已标记”。

⑤继续添加“取消选中”动作，取消选中 chooseAll 复选框。

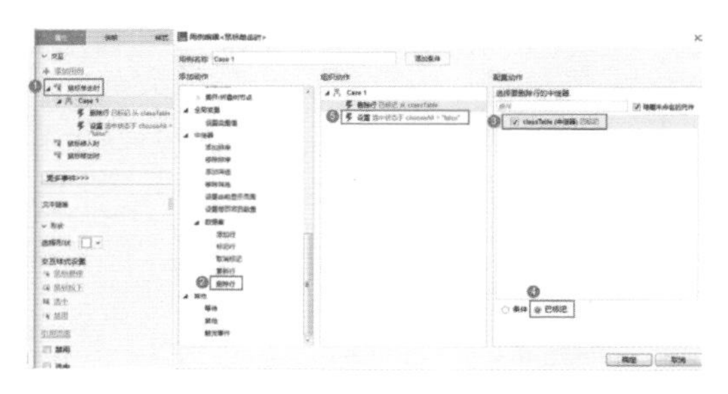

图 4-99

（6）设置完成后，按 F5 键在浏览器中预览效果，如图 4-100 所示。

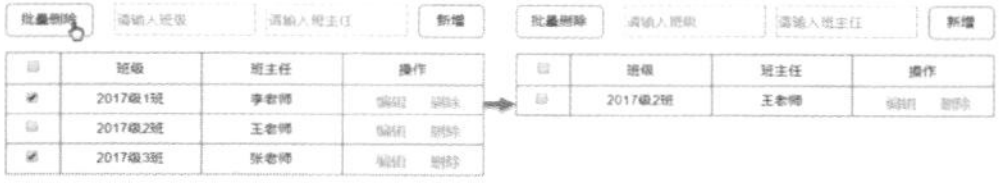

图 4-100

4. 更新行

制作编辑弹框

（1）拖入两个“文本框”至页面空白处，分别命名为 editClass、editTeacher，用来修改班级和班主任，位置和尺寸可自行设置。

（2）拖入两个“按钮”至文本框下方，分别修改文本为“保存”和“取消”，位置和尺寸可自行设置。然后拖入“矩形 3”充当弹框底色，调整弹框内部各元件的层级关系，如图 4-101 所示。

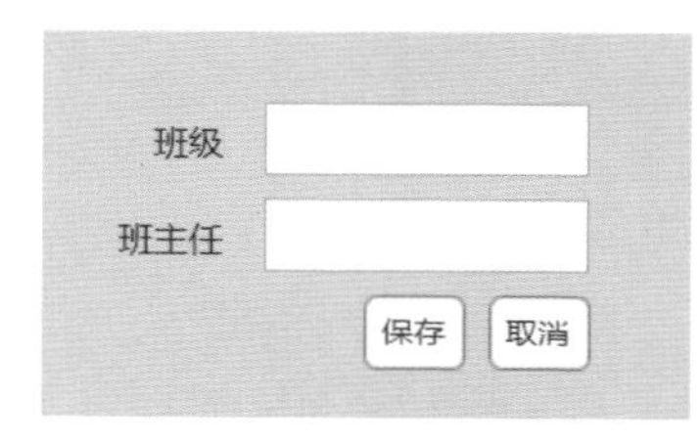

图 4-101

（3）组合上述元件，命名为 edit，将其移动至表格上方，置于顶层并隐藏，如图 4-102 所示。注意是隐藏整个组合，不要分别隐藏各个元件。

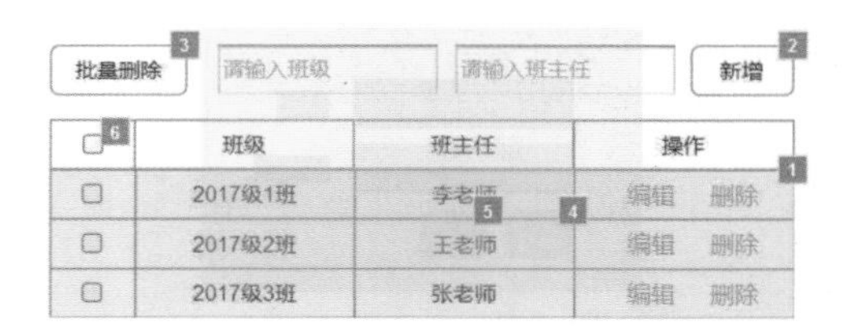

图 4-102

编辑某一行的数据

（1）单击某一行的“编辑”按钮，显示编辑区域，如图 4-103 所示。

①双击 classTable 中继器进入中继器的项，选中“项”里面的“编辑”按钮，双击属性面板中的“鼠标单击时”事件，打开用例编辑器。

②选择【添加动作 > 元件 > 显示 / 隐藏 > 显示】。

③在右侧的配置动作区域勾选 edit。

④选择可见性为“显示”。

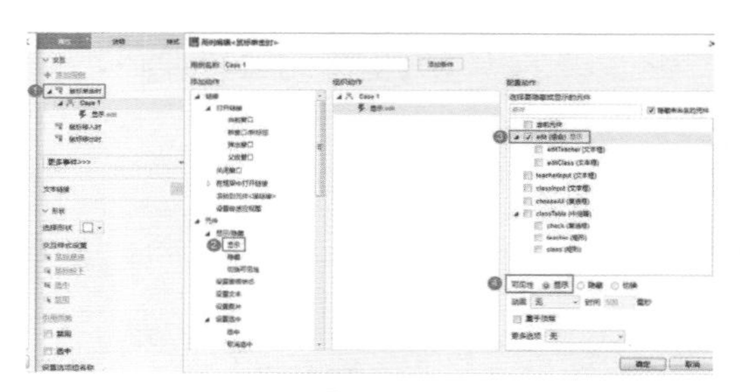

图 4-103

（2）显示编辑区域的同时，选中该行，如图 4-104 所示。

①不要关闭用例编辑器，继续添加“标记行”动作。

②在右侧的配置动作区域勾选 classTable。

③选择 This。

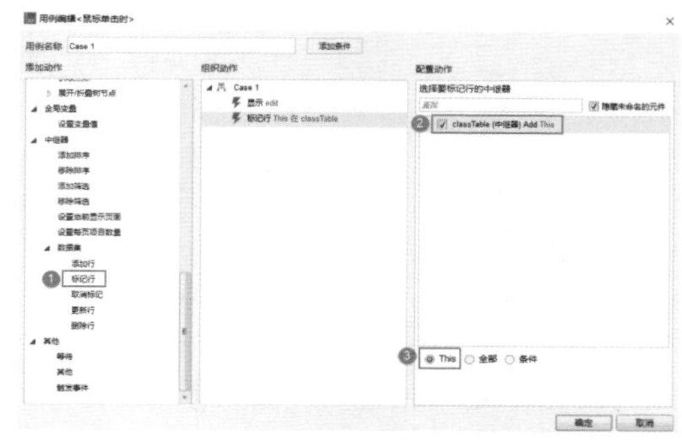

图 4-104

（3）单击编辑区域中的“保存”按钮，把文本框中的内容更新至选中行，如图 4-105 所示。

①在“保存”按钮上慢速连续单击两次，可选中它，双击属性面板中的“鼠标单击时”事件，打开用例编辑器。

②选择【添加动作 > 数据集 > 更新行】。

③在右侧的配置动作区域勾选 classTable。

④选择“已标记”。

⑤选择列 class，单击 fx 按钮，打开“编辑值”对话框。

⑥添加局部变量：className、元件文字、editClass。

⑦单击“插入变量或函数”，选择 className。

⑧继续选择列 teacher，单击 fx 按钮，用同样的方法把 editTeacher 的文字更新到 teacher 列。

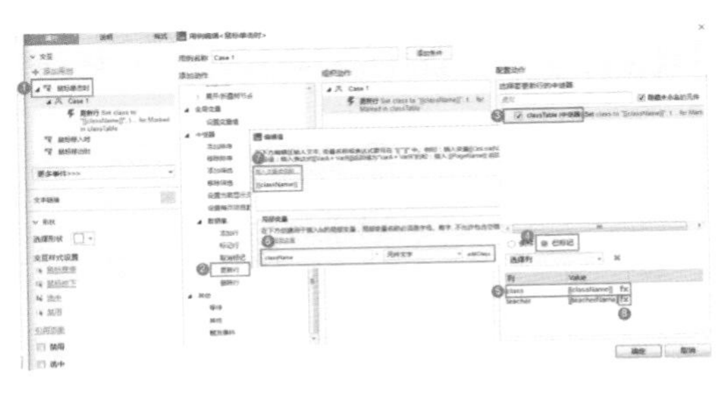

图 4-105

（4）隐藏编辑弹框，如图 4-106 所示。

①不要关闭用例编辑器，继续添加“隐藏”动作。

②在右侧的配置动作区域勾选 edit。

③选择可见性为“隐藏”。

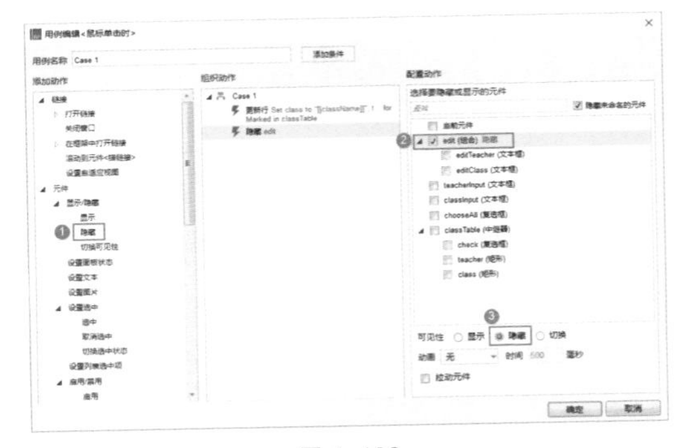

图 4-106

（5）单击编辑区域中的“取消”按钮，直接隐藏编辑区域，操作与步骤（4）相同。

（6）设置完成后，按 F5 键在浏览器中预览效果，如图 4-107 所示。

图 4-107

4.3.5 案例：跨页面添加列表数据

案例描述

本案例全新制作一个班级列表，包括序号、班级、班主任和操作 4 列。单击“新增班级”按钮，在新页面中输入班级信息，保存后返回班级列表页面，更新刚刚输入的数据且序号自增 1。在“年级”下拉列表框中可以筛选年级，如图 4-108 所示。

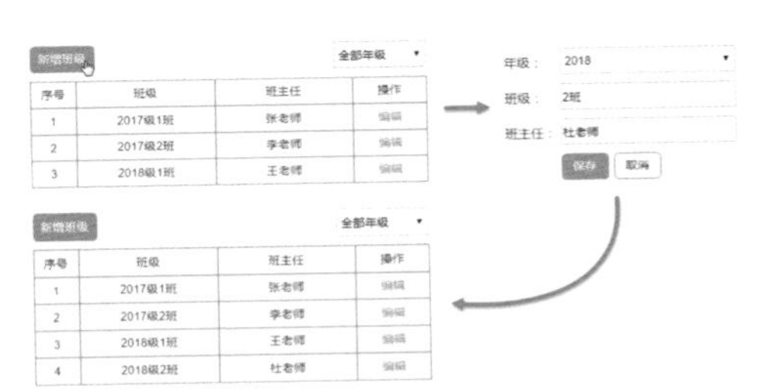

图 4-108

案例难度：★★★★★

案例技术

中继器添加行、中继器添加 / 移除筛选、index 函数、每项加载时事件、鼠标单击时事件、页面载入时事件、全局变量。

案例说明

本案例和上一小节内容的不同之处除了跨页面给中继器添加行以外，为了实现年级筛选的功能，也会在数据集和“项”上做一些处理，希望大家要仔细学习每个步骤的操作。

制作步骤

（1）编辑页面列表，删除已有页面，新增页面并命名为“班级列表”，新增其子页面并命名为“新增班级”，如图 4-109 所示。

图 4-109

（2）在班级列表页面中制作表头。列表中分为序号、班级、班主任和操作 4 列，位置和尺寸可自行设置。

（3）拖入“中继器”元件至设计区域，位置与表头的下边界对齐，命名为 classTable，如图 4-110 所示。

序号	班级	班主任	操作
1			
2			
3			

图 4-110

（4）编辑中继器数据集，如图 4-111 所示。

① 设置 4 个字段名称：number、grade、class、teacher（此处把年级和班级名称分别设置成 grade 和 class 两个字段，与上一小节有所不同），分别代表序号、年级、班级和班主任。

②添加数据集中的数据，注意 number 这一列无须添加。

number	grade	class	teacher
	2017	1班	张老师
	2017	2班	李老师
	2018	1班	王老师

图 4-111

（5）双击中继器，设计“项”的内容。把表头的 4 个矩形复制进来，位置为（0,0），前 3 个矩形分别命名为 number、classFullName 和 teacher，其中 number 用来显示序号，classFullName 用来显示年级和班级，teacher 用来显示班主任，修改第 4 个矩形的文本为“编辑”，无须命名。

（6）把数据集中的数据绑定到“项”上显示出来，如图 4-112 所示。

①双击属性面板中的“每项加载时”事件，打开用例编辑器。

②选择【添加动作 > 元件 > 设置文本】。

③在右侧的配置动作区域勾选 number。

④选择设置文本类型为“值”，输入 [[Item.index]]，也可以单击 fx 按钮，打开“编辑文本”对话框。从函数表中可以查询到 index 函数，自动生成行编号。

⑤在右侧的配置动作区域勾选 classFullName。

⑥选择设置文本类型为“值”，输入 [[Item.grade]] 级 [[Item.class]]，把 grade 和 class 两列“拼接”在一起。

⑦在右侧的配置动作区域勾选 teacher，设置其文本为“值”[[Item.teacher]]。

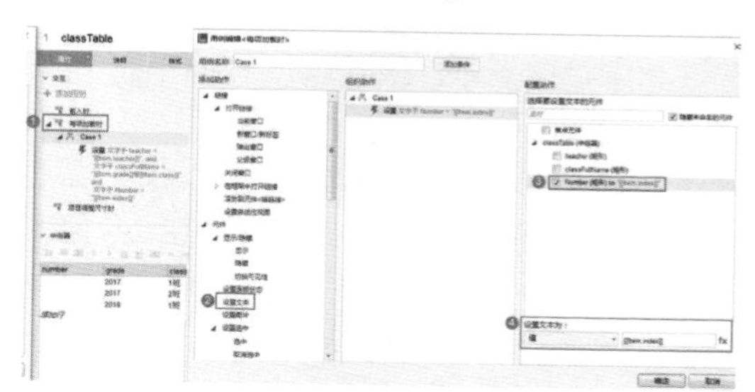

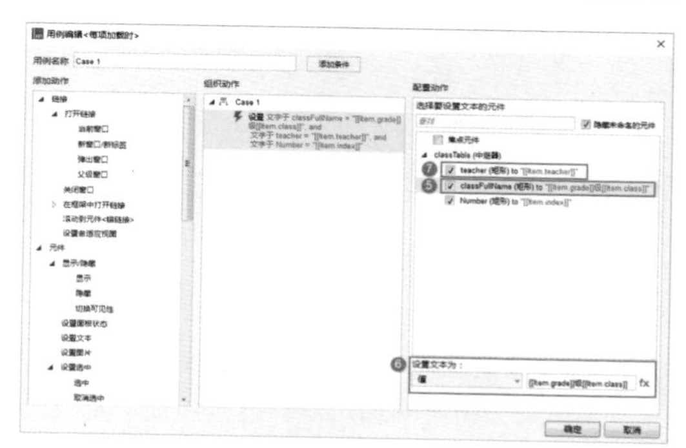

图 4-112

（7）拖入“主要按钮”至班级列表上方，修改文本为“新增班级”，位置和尺寸可自行设置，并为其“鼠标单击时”事件添加用例，添加“在当前窗口打开新增班级页面”动作，如图 4-113 所示。

图 4-113

（8）打开新增班级页面，设置其基础布局，如图 4-114 所示。

①拖入“下拉列表框”元件至设计区域，命名为 gradeList，双击编辑列表项为 2017、2018 和 2019，并在前方设置“年级：”标签，位置和尺寸可自行设置。

②拖入两个“文本框”元件至设计区域，分别命名为classInput、teacherInput，并在前方分别设置“班级：”和“班主任：”标签，位置和尺寸可自行设置。

③拖入两个“按钮”至设计区域，修改文本分别为“保存”和“取消”。

图 4-114

（9）单击菜单中的【项目 > 全局变量】命令，打开“全局变量”对话框，新增全局变量，分别保存年级、班级和班主任信息，如图 4-115 所示。

①单击“加号”，新增 3 个全局变量。

②把变量分别命名为gradeInformation、classInformation和teacherInformation。

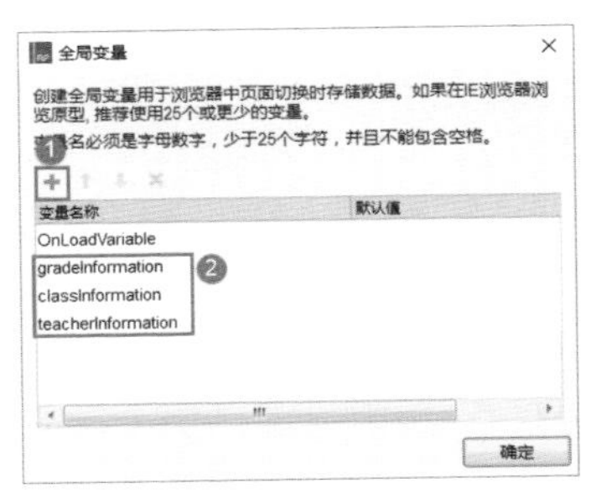

图 4-115

（10）单击“保存”按钮，保存年级、班级和班主任信息，并跳转至班级列表页面，如图 4-116 所示。

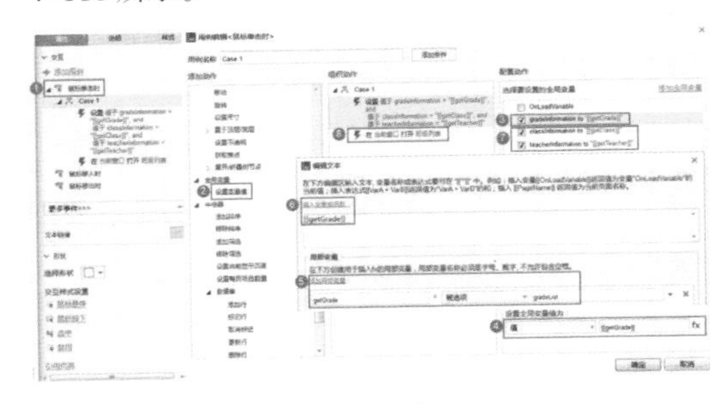

图 4-116

①选中“保存”按钮，双击属性面板中的“鼠标单击时”事件，打开用例编辑器。

②选择【添加动作 > 全局变量 > 设置变量值】。

③在右侧的配置动作区域勾选gradeInformation。

④选择“值”，单击fx按钮，打开“编辑文本”对话框。

⑤添加局部变量：getGrade、被选项和gradeList。

⑥单击“插入变量或函数”，选择getGrade。

⑦用同样的方法设置classInformation和teacherInformation的值，注意添加局部变量时要选择“元件文字”。

⑧添加“打开链接”动作，在当前窗口打开“班级列表”页面。

（11）在班级列表新增刚刚添加的信息，如图 4-117 所示。

①先在班级列表页的空白区域单击（不要选中任何元件），然后双击属性面板中的“页面载入时”事件，打开用例编辑器。

②单击“添加条件”按钮，打开“条件设立”对话框。

③当 3 个全局变量均不为空时，代表有新增信息，所以依次设置 3 个条件参数为：

变量值、gradeInformation、!=、值、空白；

变量值、classInformation、!=、值、空白；

变量值、teacherInformation、!=、值、空白。

④选择【添加动作 > 数据集 > 添加行】。

⑤在右侧的配置动作区域勾选classTable。

⑥单击“添加行”，打开“添加行到中继器”对话框。

⑦在grade、class和teacher列中分别输入[[gradeInformation]]、[[classInformation]]和[[teacherInformation]]。number列因为已经绑定[[Item.index]]函数用来自动填充序号，所以不需要输入内容，直接单击“确定”按钮。

⑧添加“设置变量值”动作，清空 3 个全局变量classInformation、gradeInformation、teacherInformation。

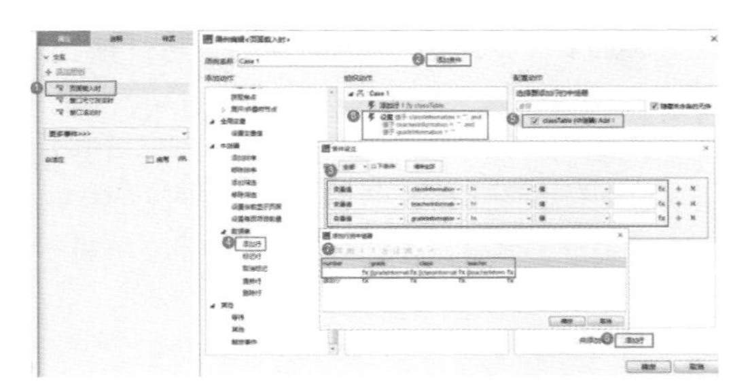

图 4-117

（12）拖入下拉列表元件至列表上方，双击编辑列表项为“全部年级”“2017 级”“2018 级”和“2019 级”，位置和尺寸可自行设置，如图 4-118 所示。

新增班级 2　　全部年级

序号	班级	班主任	操作
1	2017级1班	张老师	编辑
2	2017级2班	李老师	编辑
3	2018级1班	王老师	编辑

图 4-118

（13）添加年级筛选交互效果，如图 4-119 所示。

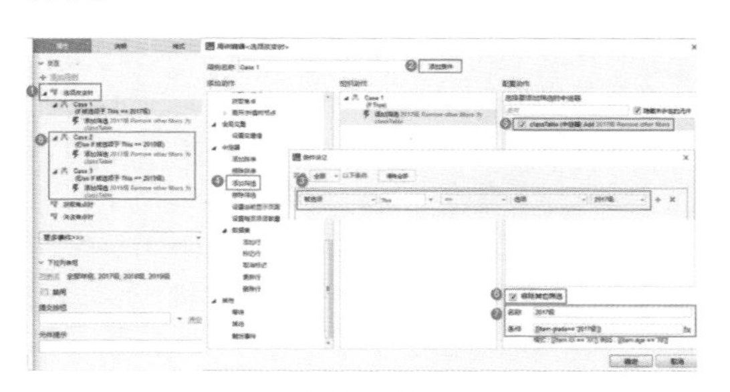

图 4-119

①选中“年级”下拉列表框，双击属性面板中的“选项改变时”事件，打开用例编辑器。

②单击“添加条件”按钮，打开“条件设立”对话框。

③依次设置条件参数：被选项、This、==、选项、2017 级。

④选择【添加动作 > 中继器 > 添加筛选】。

⑤在右侧的配置动作区域勾选 classTable。

⑥勾选“移除其他筛选”。

⑦输入名称为“2017 级”（名称可自定义），输入条件为 [[Item.grade == '2017']]（注意用英文的单引号），也可以单击 fx 按钮进行编辑。

⑧用同样的方法筛选 2018 级和 2019 级的数据。

（14）选择全部年级，显示列表中的全部数据，如图 4-120 所示。

①选中“年级”下拉列表框，双击属性面板中的“选项改变时”事件，打开用例编辑器。

②无须添加条件，直接选择【添加动作 > 中继器 > 移除筛选】。

③在右侧的配置动作区域勾选 classTable。

④勾选“移除全部筛选”。

图 4-120

（15）设置完成后，按 F5 键在浏览器中预览效果，如图 4-121 所示。

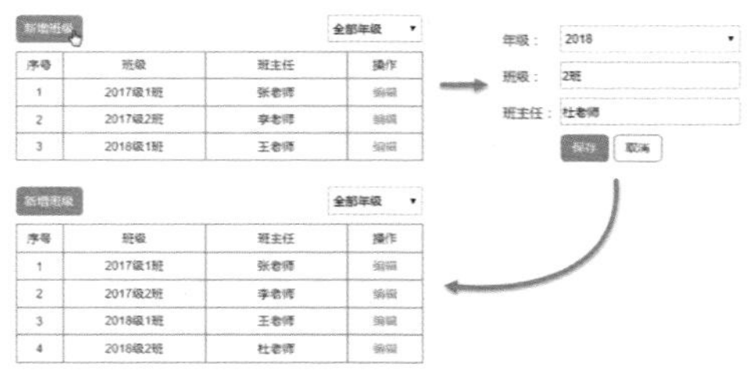

图 4-121

提示

中继器数据集里多个字段的数据可以显示到同一个元件上，那么延伸一下，一个字段的数据也可以显示到多个元件上。

元件显示的文字可以由不同字段数据或数据与纯文本“拼接”而成，大家可以尝试把 class 字段的数据省略文本“班”，只写成“1”和“2”，然后把“[[grade]]级 [[class]] 班”绑定到 classFullName 元件上。

单击每一行最后一列的“编辑”按钮，可以修改该行数据。大家可以添加一个“编辑班级”页面，使用“更新行”的知识自行制作修改班级信息的效果。

4.3.6 案例：高亮显示列表中的数据

案例描述

在上一个案例的基础上，把班级列表中没有设置班主任的单元格填充文字为“未设置”，并高亮显示，如图 4-122 所示。假定的场景是在新增班级时，可以不输入班主任。

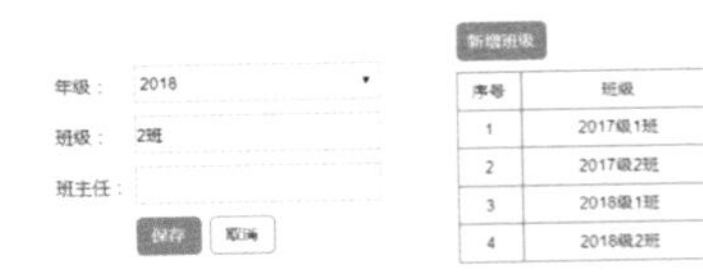

序号	班级	班主任	操作
1	2017级1班	张老师	编辑
2	2017级2班	李老师	编辑
3	2018级1班	王老师	编辑
4	2018级2班	未设置	编辑

图 4-122

案例难度：★★★☆☆

案例技术

条件用例、选中时交互样式、中继器每项加载时事件。

案例说明

数据列表中有很多特定的文字需要强调，在大量数据下，每个文字都单独设置其样式显然是不现实的，也不方便后期修改维护，利用中继器可以很方便地实现效果。

制作步骤

在上一个案例的 rp 文件中继续制作。

（1）双击 classTable 进入中继器的“项”，设置 teacher 矩形的选中时交互样式，如图 4-123 所示。

①选中 teacher 矩形，单击属性面板中的“选中”按钮，打开“交互样式设置”对话框。

②设置字体颜色为 #FF0000。

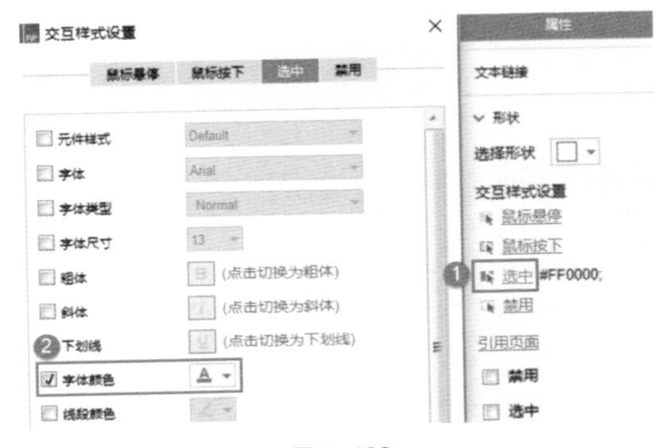

图 4-123

（2）当中继器数据集中 teacher 列的数据为空时，填充文字为“未设置”并高亮显示，如图 4-124 所示。

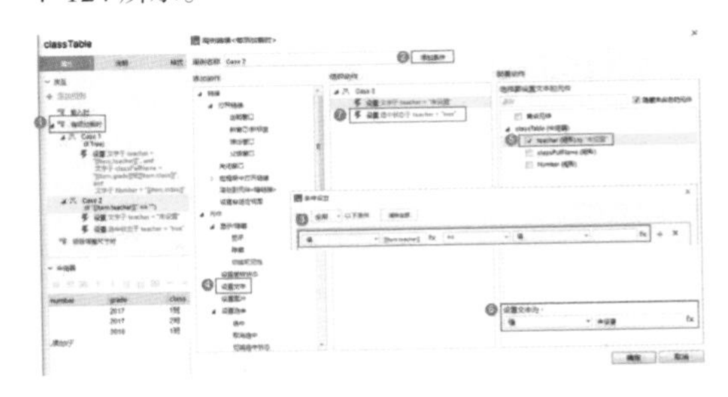

图 4-124

①关闭中继器的“项”，选中 classTable，双击属性面板中的“每项加载时”事件，打开用例编辑器，添加 Case2。

②单击“添加条件”按钮，打开“条件设立”对话框。

③依次设置条件参数为：值、[[Item.teacher]]、==、值，最后一个参数为空。

④选择【添加动作 > 元件 > 设置文本】。

⑤在右侧的配置动作区域勾选 teacher。

⑥设置文本为“值”和“未设置”。

⑦添加“选中”动作，设置 teacher 为选中状态（true）。

（3）把“每项加载时”事件 Case2 的 Else If 条件修改为 If 条件，如图 4-125 所示。

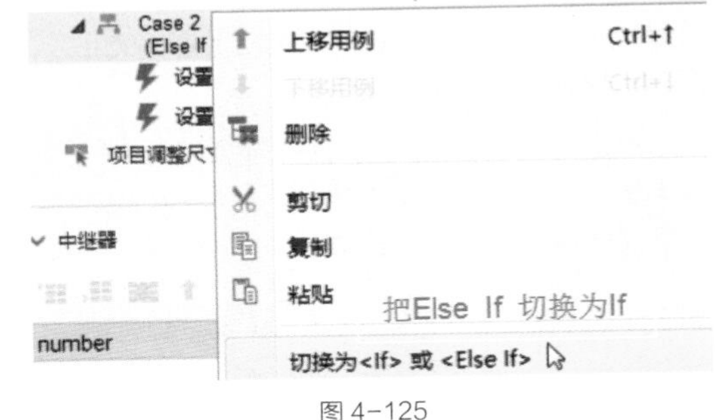

图 4-125

（4）因为假设的场景是在新增班级时允许班主任为空，所以要修改“页面载入时”事件的条件，如图 4-126 所示。

①打开班级列表页面，双击属性面板中的“页面载入时”事件，打开用例编辑器。

②单击“编辑条件”按钮，打开“条件设立”对话框。

③单击 teacherInformatica 右侧的“删除”按钮，删除对班主任文本框的限制。

图 4-126

（5）设置完成后，按 F5 键在浏览器中预览效果，如图 4-127 所示。

图 4-127

4.4 母版自定义事件

4.4.1 什么是母版自定义事件

自定义事件是在母版内部创建的，可以为不同的页面中的母版添加不同的交互效果。当母版内部的元件和外部的元件（或页面）发生交互时，需要用到母版自定义事件。

以上的文字叙述可能有些难以理解，举个例子来感受一下。制作一个弹框，转换为母版后拖入设计区域，如图 4-128 所示。

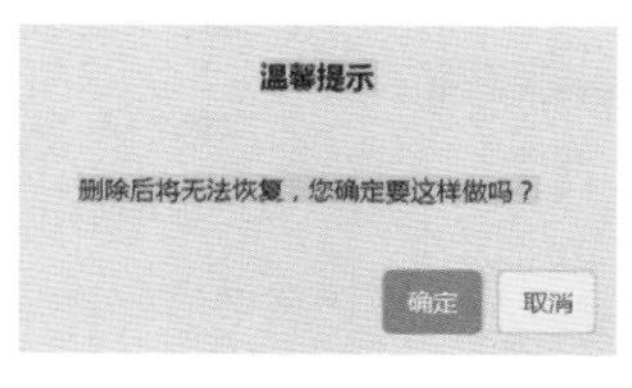

图 4-128

假定的使用场景是：在不同的页面中都使用了这个母版，要实现的效果是单击“确定”按钮跳转至不同的页面，单击“取消”按钮隐藏弹框。

如果按照之前学过的知识来制作交互效果，会发现在母版的属性面板中，是没有任何事件可以供自己使用的，如图 4-129 所示。双击进入母版，选中“确定”按钮，双击“鼠标单击时”事件，在用例编辑器中添加“打开链接”动作，此时问题来了，不同页面中的母版跳转的链接是不一样的，在配置动作区域没有办法选择，如图 4-130 所示。这个案例的交互效果如果使用母版自定义事件就很容易实现了。

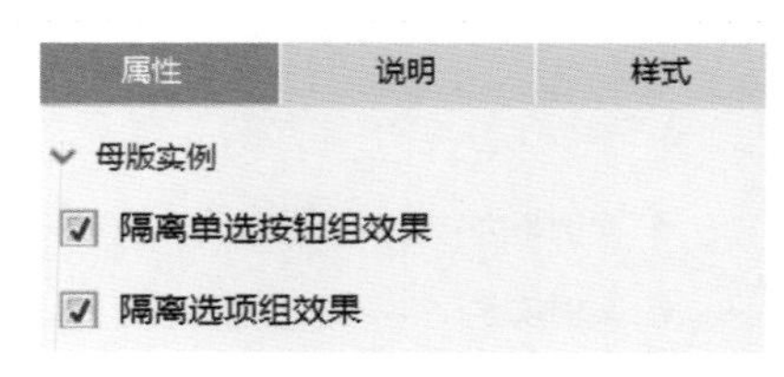

图 4-129

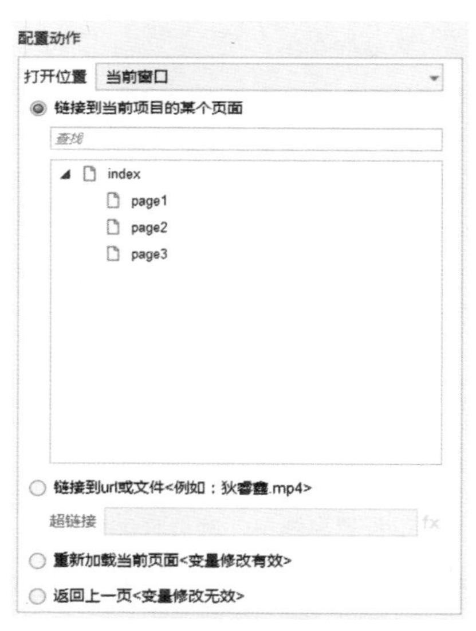

图 4-130

4.4.2 创建并使用母版自定义事件

添加自定义事件是给母版中的元件添加，而不是母版本身，这一点需要先搞清楚。本小节通过使用母版自定义事件来实现上面的案例。

（1）在 index 页面中自行设计弹框，把弹框中的所有元件组合命名为 tipGroup，并转换为母版，命名为 tip，如图 4-131 所示。

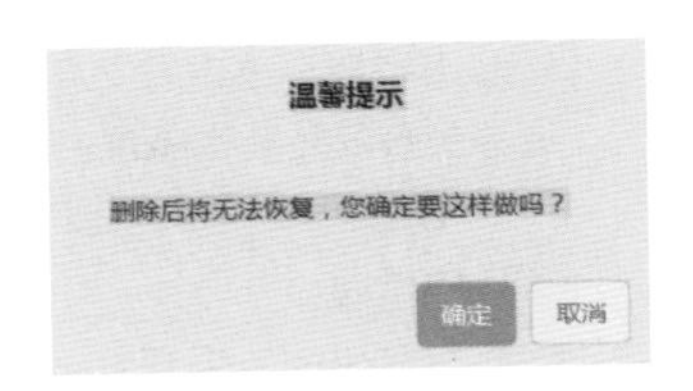

图 4-131

（2）双击 tip 进入母版，创建“确定”按钮的自定义事件，如图 4-132 所示。

①在“确定”按钮上慢速连续单击两次，可选中它，双击属性面板中的“鼠标单击时”事件，打开用例编辑器。

②选择【添加动作 > 其他 > 自定义事件】。

③单击右侧配置动作区域的“加号”，创建自定义事件。

④命名为 OkBtnClick，并勾选。

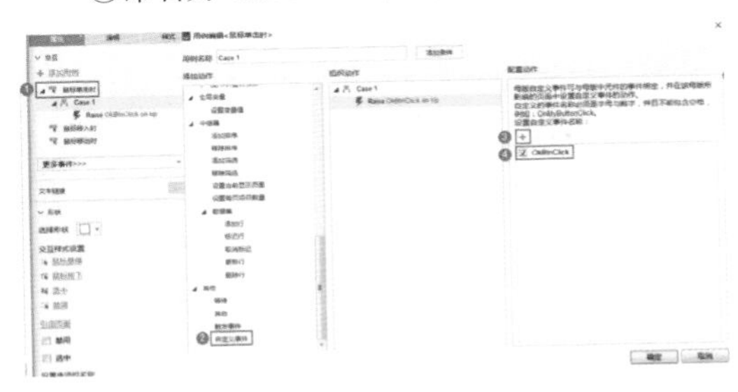

图 4-132

（3）用同样的方法创建“取消”按钮的自定义事件，命名为 CancelBtnClick，并勾选，如图 4-133 所示。

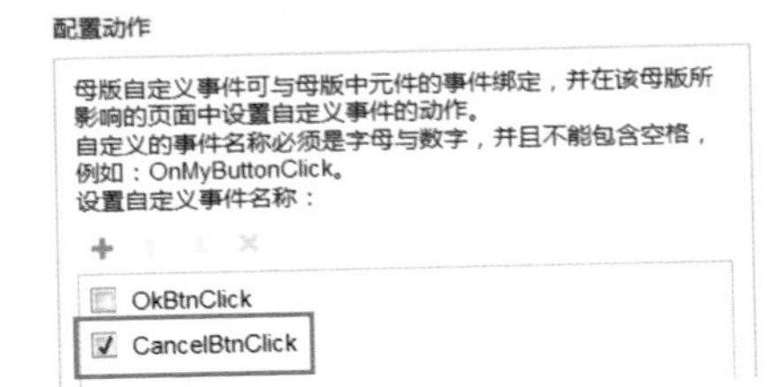

图 4-133

（4）在 index 页面中选中 tip 母版，此时可以看到在属性面板中已经有了刚刚创建的 OkBtnClick 和 CancelBtnClick 事件，如图 4-134 所示。

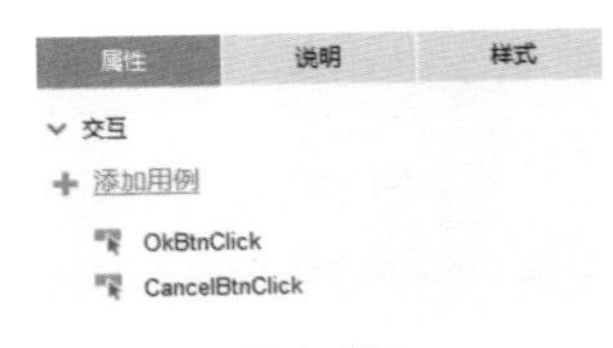

图 4-134

（5）制作单击“确定”按钮，跳转页面效果，如图 4-135 所示。

①选中 tip 母版，双击属性面板中的“OkBtnClick”事件，打开用例编辑器。

②选择【添加动作 > 链接 > 打开链接】。

③在右侧的配置动作区域选择打开位置为“当前窗口”。

④选择 page1。

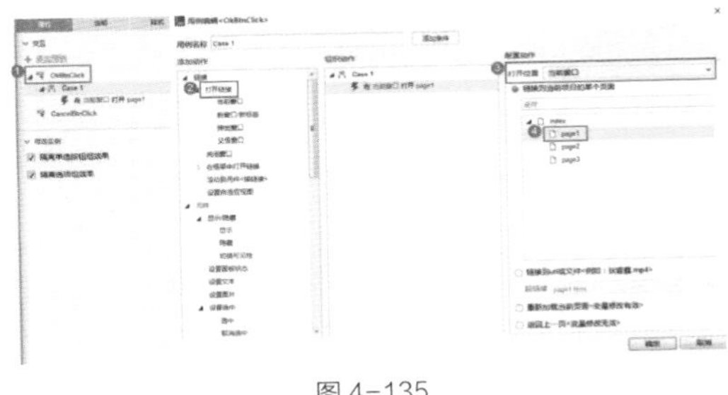

图 4-135

（6）制作单击“取消”按钮，隐藏弹框效果，如图 4-136 所示。

①选中 tip 母版，双击属性面板中的“CancelBtnClick”事件，打开用例编辑器。

②选择【添加动作 > 元件 > 显示 / 隐藏 > 隐藏】。

③在右侧的配置动作区域勾选 tipGroup。

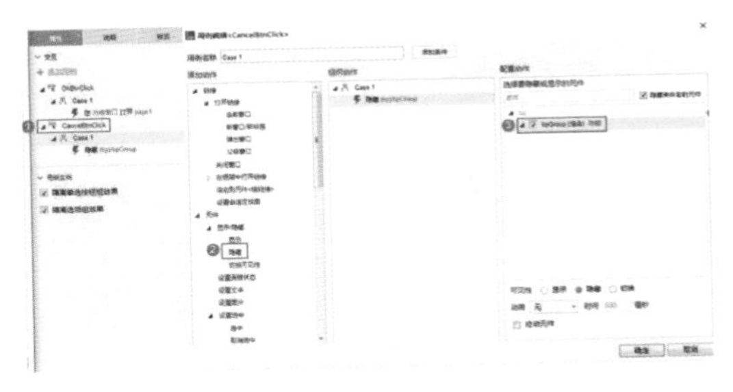

图 4-136

（7）可以自行在其他页面中应用 tip 母版，并为 OkBtnClick 和 CancelBtnClick 事件添加不同的用例，以达到为不同页面的同一母版添加不同交互效果的目的。

4.4.3 图解自定义事件

本节制作实现上述案例交互效果的示意图，通过示意图再次加深对自定义事件的理解。先来看不使用母版时的制作思路，如图 4-137 所示。

①选择元件“确定”按钮或“取消”按钮。

②双击“鼠标单击时”事件。

③添加“打开链接”或“隐藏弹框”动作。

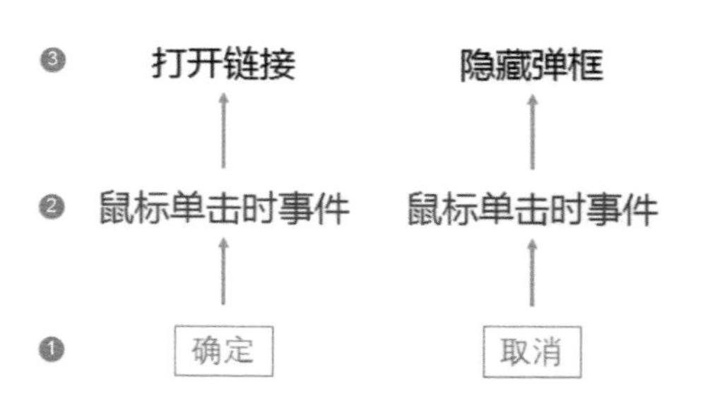

图 4-137

使用母版时，母版的内部元件和外部元件（或页面）很难灵活地设置交互，所以引入了自定义事件，其作用可以理解为“中间人”，如图 4-138 所示。

（1）设置好母版内部的交互。

①选择母版内的元件“确定”按钮或“取消”按钮。

②双击“鼠标单击时”事件。

③添加自定义事件 OkBtnClick 或 CancelBtnClick。

（2）设置母版和其他元件（或页面）的交互。

④选中母版。

⑤双击 OkBtnClick 或 CancelBtnClick 事件。

⑥添加“打开链接”或“隐藏弹框”动作。

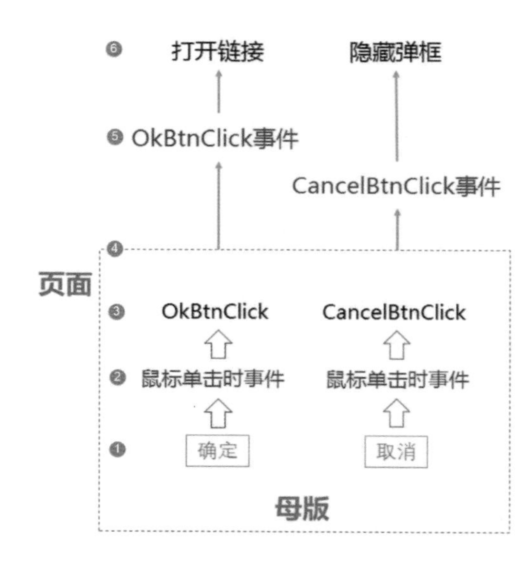

图 4-138

第5章

自定义元件库

在设计原型时，页面上有些元素经常需要重复使用，这些元素可能由一个或多个元件组成，为了提高工作效率，可以把这些需要重复使用的元素制作成元件库。

本章学习要点

» 自定义元件库的使用场景
» 自定义元件库与母版的区别
» 创建、载入自定义元件库的方法

5.1 认识自定义元件库

自定义元件库可以用来制作需要重复使用的页面元素，这些重复元素可能由一个或多个元件组成，如图标、搜索区域和弹框提示等。它是一个扩展名为 .rplib 的文件，可以非常方便地进行复制和共享，也可以从网上下载合适的元件库。

与使用 Axure 的默认元件一样，把自定义元件库中的元件拖入设计区域即可使用。

5.1.1 使用场景

场景 1

当项目规模较大，需要多人协作共同设计原型时，每个人的习惯、想法都不同，例如弹框提示中的按钮，有人习惯用“确定”，而有的人习惯用“确认”。为了保持这些细节的一致性，可以把弹框制作成元件库，并且弹框也可以进行分类，如普通提醒弹框、警告弹框和确认弹框等。

场景 2

当 Axure 自带的元件库无法满足使用需求时，例如移动 App 上经常用到的“开关”元件，虽然 Icon 元件库中有“打开”和“关闭”状态的开关，但不能动态切换，此时可以自己制作元件库。

5.1.2 自定义元件库与母版的区别

自定义元件库与母版都是由 Axure 默认提供的元件经二次制作后形成的，它们都可以重复利用、提升工作效率，那二者有什么区别呢？

自定义元件库是一个单独的文件，可以方便地共享给团队成员并应用到不同的项目里，而母版只针对当前项目有效。

使用自定义元件库中的元件时，同一个元件可以单独修改文本、样式、添加交互，而母版的内容一旦被修改，所有应用的区域均会自动更新。

5.2 创建并使用自定义元件库

5.2.1 创建自定义元件库

本节制作一个“确认弹框”元件，以此演示创建自定义元件库的方法。

（1）单击元件库面板中的【选项 > 创建元件库】，如图 5-1 所示，然后选择保存的位置，命名为 management system。

（2）Axure 会新建一个元件库项目，重命名新元件 1 为“确认弹框”并打开，如图 5-2 所示。

（3）使用基本图形元件制作弹框内容，如图 5-3 所示。

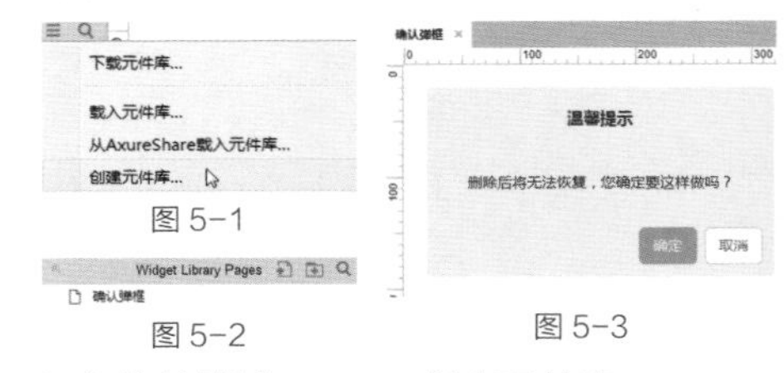

图 5-1

图 5-2

图 5-3

（4）按快捷键 Ctrl+S，保存元件库。

5.2.2 载入自定义元件库

1. 方法 1

新建一个 Axure 项目文件，单击元件库面板中的【选项 > 载入元件库】，如图 5-4 所示，选择刚刚制作的 management system.rplib 元件库。

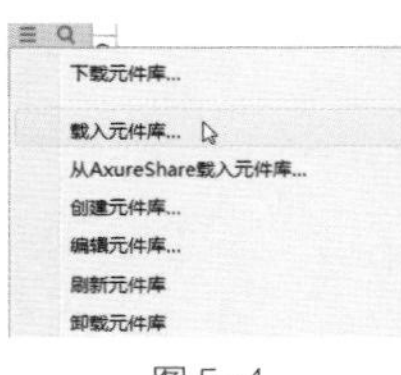

图 5-4

2. 方法 2

关闭 Axure RP 软件，把制作好的元件库放到 Axure 安装目录的 \DefaultSettings\Libraries 文件夹下，再次打开 Axure 即可看到刚刚制作的元件库。

如果找不到 Axure 的安装目录，可以在 Axure RP 的桌面快捷方式上执行右键菜单命令【属性】，单击“打开文件所在的位置”按钮，如图 5-5 所示，依次打开 DefaultSettings\Libraries 文件夹即可。

图 5-5

5.2.3 卸载自定义元件库

（1）在元件库面板中切换至要卸载的元件库，如图 5-6 所示。

（2）单击【选项 > 卸载元件库】，如图 5-7 所示，即可完成卸载。

图 5-6　图 5-7

第6章

自适应视图

随着各种移动设备的普及，响应式布局成为主流的前端技术。从 Axure RP7 开始，新增了自适应视图功能，帮助产品经理和交互设计师制作“响应式原型”，来适应从桌面到移动设备的不同屏幕尺寸和屏幕分辨率。

本章学习要点

» 什么是自适应视图
» 创建自适应视图
» 编辑自适应视图

6.1 认识自适应视图

随着移动设备的普及和移动互联网技术的不断发展，页面应该做到根据不同设备环境自动响应及调整。这就需要根据不同的屏幕分辨率去缩放图片、修改页面元素的位置，在移动端甚至需要隐藏部分内容，也可能需要分别兼容移动设备的横屏和竖屏效果。从 Axure RP7 开始新增的自适应视图功能可以帮助产品经理和交互设计师制作“响应式原型”。

6.2 使用自适应视图

（1）要使用自适应视图，首先在页面的属性面板的“自适应”选项中，勾选“启用”复选框，如图 6-1 所示，此时设计区域会出现基本视图。

（2）单击菜单中的【项目 > 自适应视图】命令，如图 6-2 所示，打开“自适应视图”对话框。

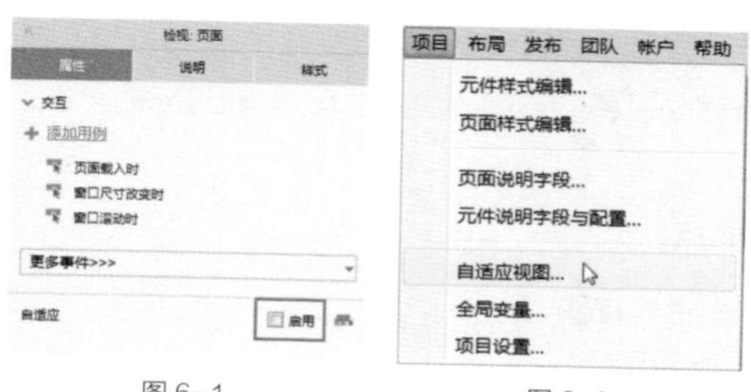

图 6-1　　图 6-2

（3）在基本视图右侧输入名称、宽和高，也可以选择预设参数，确定基本视图的大小。在真实项目中，一般都是根据页面宽度的不同来显示不同的内容，高度是没有限制的。笔者为了方便配图，把基本视图的名称设置为“较小”，宽度设置为 300 像素，高度不限，如图 6-3 所示。

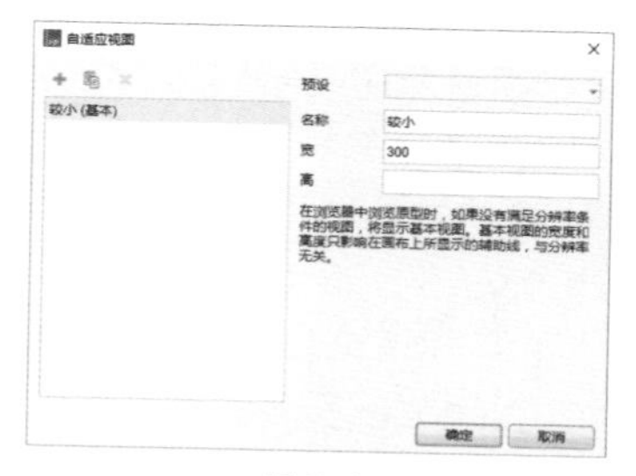

图 6-3

（4）单击“加号”，添加视图，设置“名称”为“较大”，选择“条件”为“>=”，宽度设置为 500 像素，高度不限，选择继承于“较小(基本)”，如图 6-4 所示。继承的含义是将视图内元件的属性和格式从所选视图中继承。

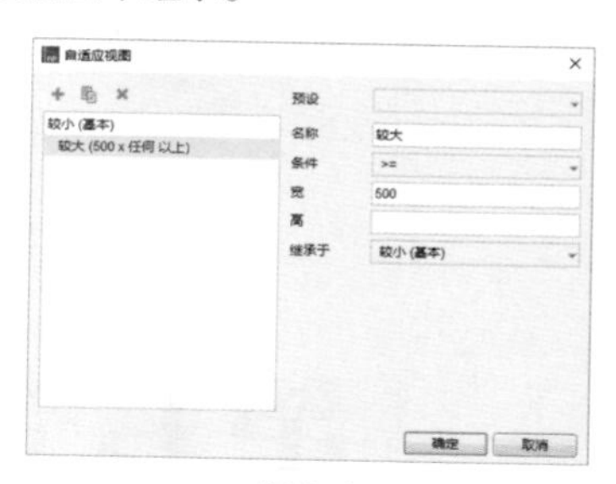

图 6-4

（5）此时在设计区域中，可以看到两个视图，左侧的第一个视图为基本视图，后面的视图以宽度命名。勾选“影响所有视图”复选框，则修改的元件位置、尺寸、样式和属性会影响所有视图；取消勾选“影响所有视图”复选框，则修改的元件位置、尺寸、样式和属性只会影响当前视图和继承它的视图，如图 6-5 所示。

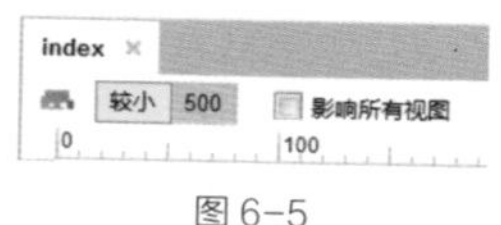

图 6-5

（6）切换至不同的视图，在每个视图的指定宽度位置都设置了参考线。分别在两个视图中拖入图片元件，设置不同的大小，如图 6-6 所示。

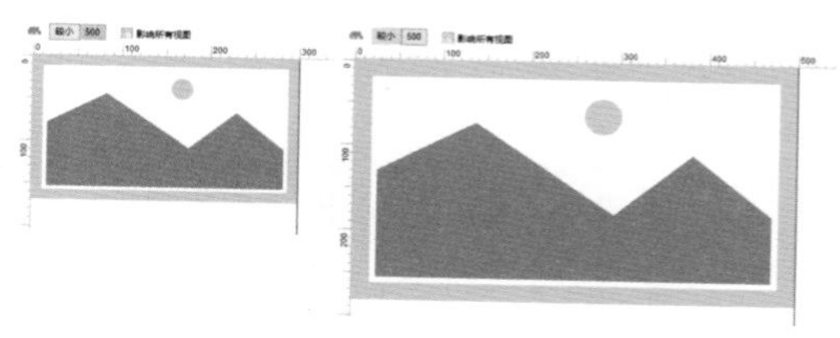

图 6-6

（7）按 F5 键在浏览器中预览效果。通过改变浏览器的尺寸来模拟不同的屏幕分辨率，在不同的浏览器尺寸下，图片的大小会发生变化。

第 7 章

案例：自定义 UI 元素

在 Axure RP 中，各种表单元件的样式是很匮乏的，很多参数都不支持自定义设置，如文本框、下拉列表等元件的边框样式。在制作高保真原型时，如何对表单元件做修饰呢？本章的 3 个案例会进行详细的说明。

本章学习要点

» 自定义文本框样式
» 自定义下拉列表样式
» 自定义单选按钮样式

7.1 自定义文本框样式

案例描述

自定义默认文本框样式和焦点文本框样式，如图 7–1 所示。

图 7–1

案例思路

Axure 自带的文本框元件是不能设置边框颜色、圆角等样式的，用户可以利用文本框的隐藏边框属性，并使用矩形元件充当边框来自定义文本框样式。

设置边框选中时的交互样式，在获取焦点时设置其为选中状态，实现获取焦点时文本框高亮显示。

案例技术

文本框隐藏边框属性、选中时交互样式、获取焦点时事件、失去焦点时事件。

制作步骤

首先制作文本框的默认样式。

（1）拖入两个“文本框”至设计区域，分别命名为 username 和 password，提示文字分别为“用户名”和“密码”，位置和尺寸可自行设置。

（2）拖入两个“矩形 1”元件至设计区域，分别命名为 usernameBorder 和 passwordBorder，边框颜色为 #CCCCCC，宽和高的尺寸要大于文本框，把文本框包住即可，调整元件之间的层次，文本框要在矩形的上方，如图 7–2 所示。

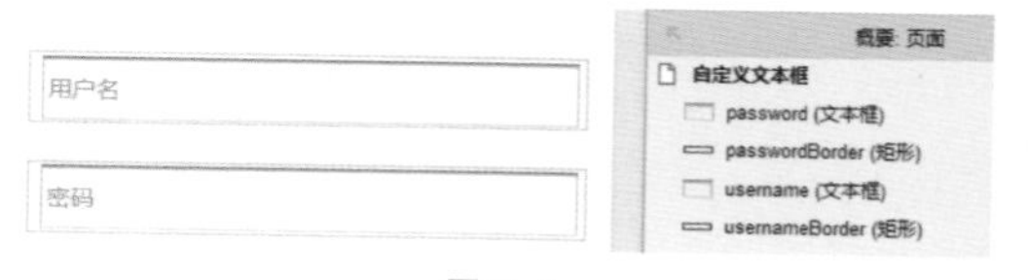

图 7–2

（3）隐藏两个文本框的边框，这样文本框的默认样式就制作好了，如图 7–3 所示。

图 7–3

然后制作当文本框获取焦点时，边框颜色发生变化（高亮显示）的效果。

（1）设置边框选中时的交互样式，如图 7–4 所示。

①同时选中 usernameBorder 和 passwordBorder，单击属性面板中的“选中”按钮，打开“交互样式设置”对话框。

②勾选“线段颜色”，设置颜色为 #FF8621。

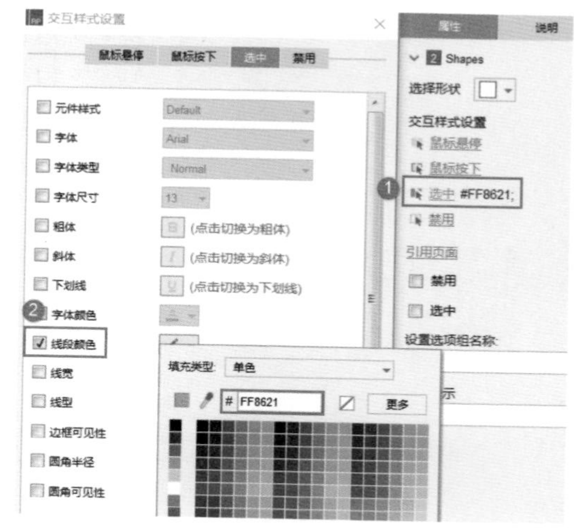

图 7–4

（2）当“用户名”文本框获取焦点时，改变边框颜色，如图 7–5 所示。

①选中 username，双击属性面板中的“获取焦点时”事件，打开用例编辑器。

②选择【添加动作 > 元件 > 设置选中 > 选中】。

③在右侧的配置动作区域勾选 usernameBorder。

④设置选中状态为值、true。

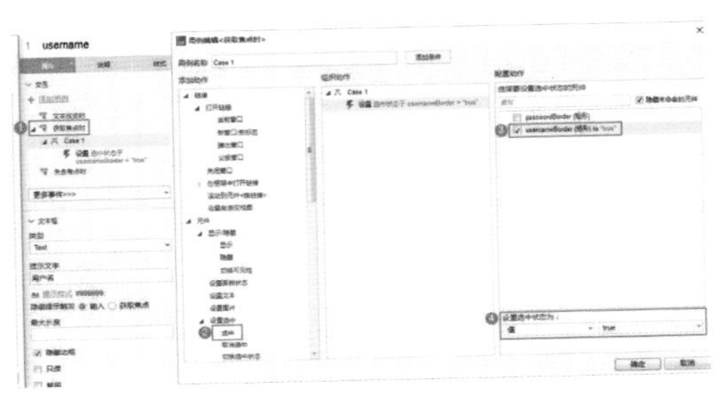

图 7–5

（3）用同样的方法设置当“密码”文本框（password）获取焦点时，改变边框颜色。

（4）当“用户名”文本框失去焦点时，恢复边框颜色，如图 7–6 所示。

①选中 username，双击属性面板中的“失去焦点时”事件，打开用例编辑器。

②选择【添加动作 > 元件 > 设置选中 > 取消选中】。

③在右侧的配置动作区域勾选 usernameBorder。

④设置选中状态为值、false。

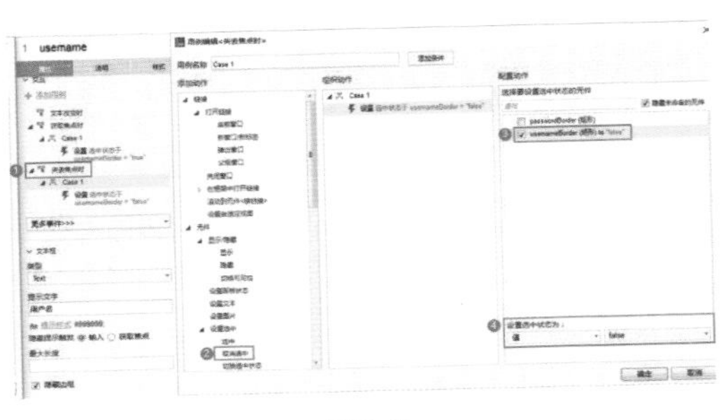

图 7–6

（5）用同样的方法设置当“密码”文本框失去焦点时，恢复边框颜色。

（6）同时选中 usernameBorder 和 passwordBorder，设置选项组名称为 Border，意味着同一时间只能有一个边框处于选中状态，如图 7–7 所示。

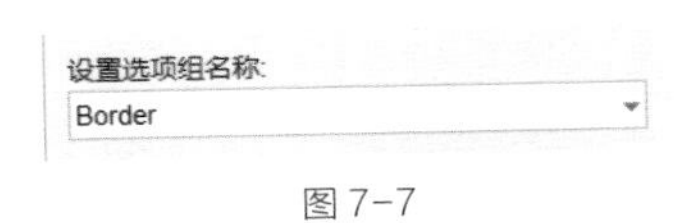

图 7–7

（7）自定义文本框样式及焦点文本框的交互样式制作完成，按 F5 键在浏览器中预览效果，如图 7–8 所示。

图 7–8

（8）继续完善本案例。在页面打开时，一般都会自动让第一个文本框获取焦点，如图 7–9 所示。

①先在页面的空白区域单击（不要选中任何元件），然后双击属性面板中的“页面载入时”事件，打开用例编辑器。

②选择【添加动作 > 元件 > 获取焦点】。

③在右侧的配置动作区域勾选 username。

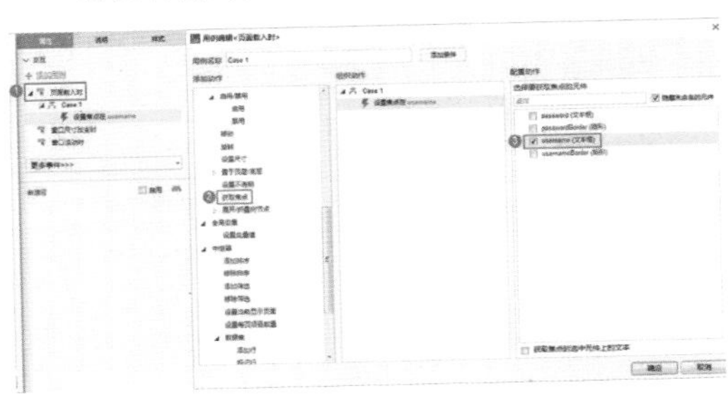

图 7–9

（9）为了让本案例看起来更加完整，可以在“用户名”和“密码”文本框下方增加“登录”按钮，设置其填充颜为 #FF8621。

（10）全部制作完成，按 F5 键在浏览器中预览效果，如图 7–10 所示。

图 7-10

> 提示
>
> 步骤（8）中让文本框自动获取焦点的动作在 Chrome 浏览器中可能没有效果，可以在 IE 浏览器或搜狗浏览器、360 安全浏览器等 IE 内核的浏览器中预览。如果默认使用的是 Chrome 浏览器，只需把地址栏中的地址复制到上述其他浏览器中即可。

7.2 自定义下拉列表样式

案例描述

自定义下拉列表样式，如图 7-11 所示。

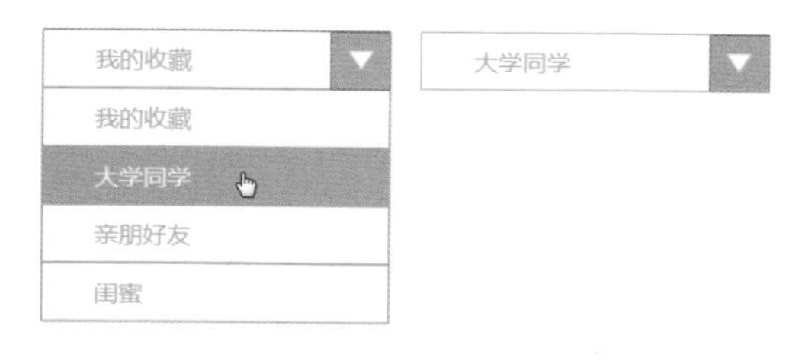

图 7-11

案例思路

下拉列表在收起和展开时，页面上的内容是不同的，符合动态面板“在一个区域显示不同内容”的特性，所以整体的方向是把收起和展开作为动态面板的两个状态。

单击某个选项后，下拉列表收起，此时需要把选项的文字存储到全局变量中并显示到收起状态的元件中。

案例技术

动态面板、状态改变时事件、鼠标单击时事件、全局变量、鼠标悬浮交互样式。

制作步骤

布局自定义下拉列表需要的元件。

（1）拖入一个“矩形 1”、一个“矩形 2”和一个“倒三角形”元件至设计区域，制作下拉列表的原始状态。矩形 1 作为下拉列表的文本显示区域，设置文本为“我的收藏”。矩形 1 的边框、文本颜色和矩形 2 的填充颜色均为 #FE8820，位置和尺寸可自行设置，如图 7-12 所示。

图 7-12

（2）选中以上元件，执行右键菜单命令【转换为动态面板】，如图 7-13 所示，并命名为 select。

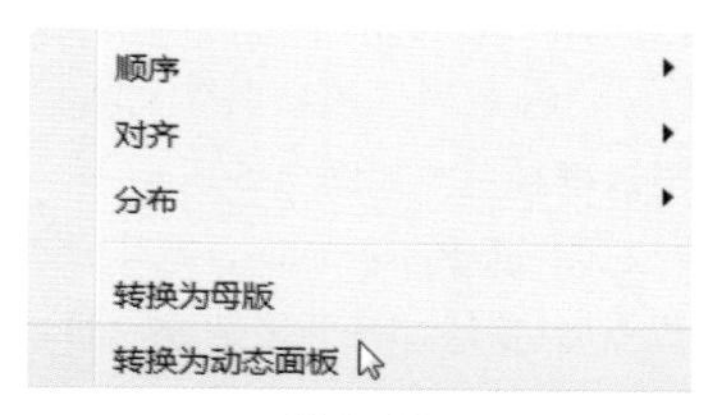

图 7-13

（3）复制动态面板 select 的 State1，此时动态面板有 State1 和 State2 两个状态。

（4）进入动态面板 select 的 State1，将文本为“我的收藏”的矩形命名为 show1。

（5）进入动态面板 select 的 State2，将文本为“我的收藏”的矩形命名为 show2，拖入 4 个“矩形 1”至 show2 的下方，设置每个矩形的文本分别为“我的收藏”“大学同学”“亲朋好友”和“闺蜜”，边框和文本颜色均为 #FE8820。将这 4 个矩形组合，命名为 list，如图 7-14 所示。

图 7-14

（6）单击菜单中的【项目 > 全局变量】命令，打开“全局变量”对话框，新增变量并命名为 choose，设置默认值为“我的收藏”，如图 7-15 所示。

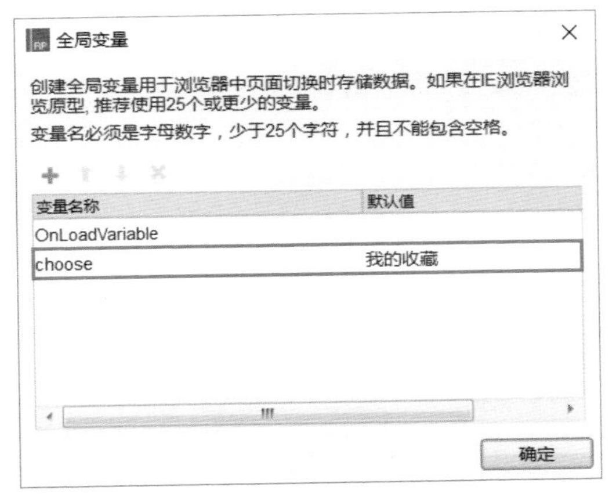

图 7-15

展开与收起下拉列表。

（1）当下拉列表处于原始状态时，单击展示下拉选项，如图 7-16 所示。

①选中 select，双击属性面板中的“鼠标单击时”事件，打开用例编辑器。

②选择【添加动作 > 元件 > 设置面板状态】。

③在右侧的配置动作区域勾选“当前元件”。

④选择状态为 Next，勾选“向后循环”。

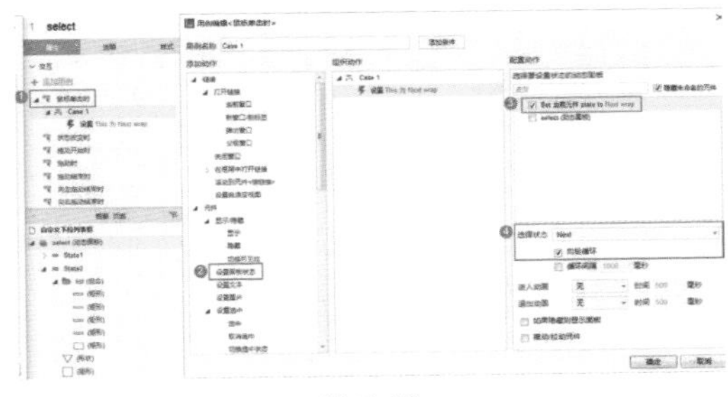
图 7-16

（2）单击页面空白处，收起下拉选项，如图 7-17 所示。

①先在页面的空白区域单击（不要选中任何元件），然后单击属性面板中的“更多事件”，选择“页面鼠标单击时”事件，打开用例编辑器。

②选择【添加动作 > 元件 > 设置面板状态】。

③在右侧的配置动作区域勾选 select。

④选择状态为 State1。

图 7-17

（3）鼠标悬浮至下拉列表中的某个选项上时，该选项高亮显示，如图 7-18 所示。

①双击 select 动态面板的 State2，选中 list 组合中的所有矩形（注意不是选中 list 组合，而是组合中的矩形，慢速单击 list 组合中的第 1 个矩形，然后按住 Ctrl 键的同时选中其他矩形即可），单击属性面板中的“鼠标悬停”按钮，打开“交互样式设置”对话框。

②勾选“字体颜色”，设置颜色为 #FFFFFF。

③勾选“填充颜色”，设置颜色为 #FE8820。

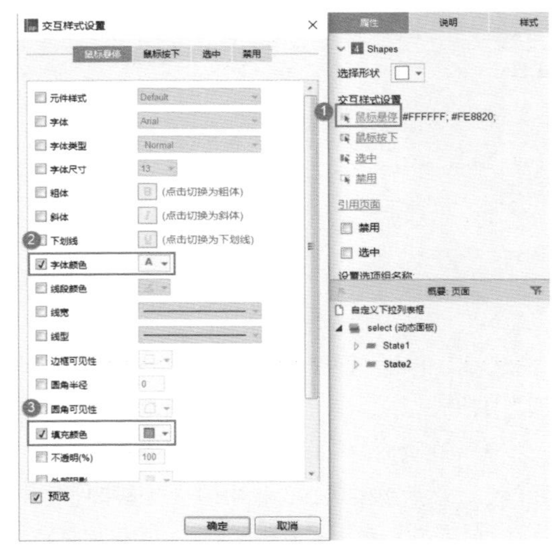

图 7-18

（4）单击第 1 个选项，将该选项的文本存储至全局变量中，并收起下拉列表，如图 7-19 所示。

①双击 select 动态面板的 State2，选中 list 组合中的第 1 个矩形，双击属性面板中的“鼠标单击时”事件，打开用例编辑器。

②选择【添加动作 > 全局变量 > 设置变量值】。

③在右侧的配置动作区域勾选 choose。

④设置全局变量值为元件文字、This。

⑤添加“设置面板状态”动作，把 select 的状态设置为 State1。

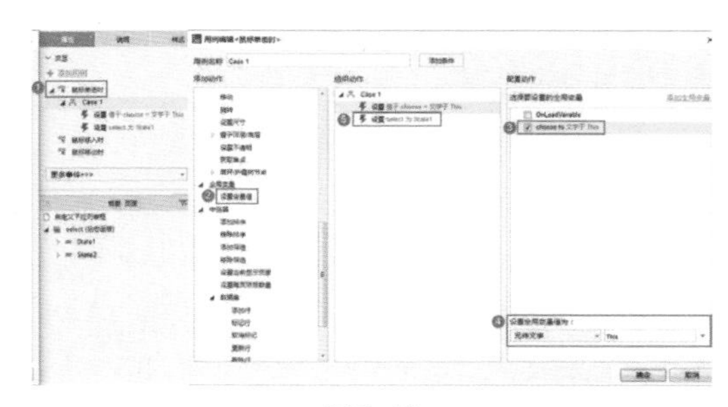

图 7-19

（5）收起下拉列表的同时，把选中的选项文字更新至文本显示区域中，如图 7-20 所示。

①不要关闭用例编辑器，继续添加“设置文本”动作。

②在右侧的配置动作区域勾选 show1 和 show2。

③设置文本为变量值、choose。

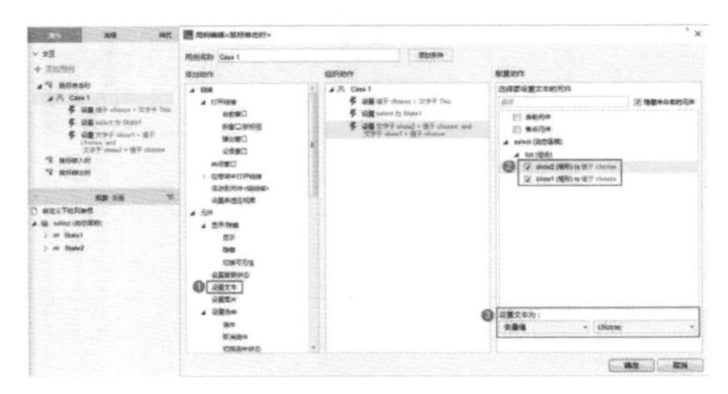

图 7-20

（6）用同样的方法设置 list 组合中剩余 3 个矩形的交互动作。

（7）设置完成后，按 F5 键在浏览器中预览效果，如图 7-21 所示。

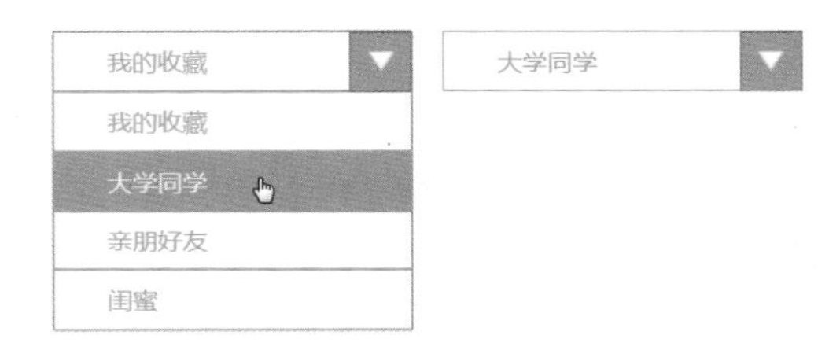

图 7-21

7.3 自定义单选按钮样式

案例描述

自定义单选按钮的默认样式和选中样式，如图 7-22 所示。

图 7-22

案例思路

使用图片来充当单选按钮，通过设置其默认状态和选中状态显示的图片，实现自定义单选按钮的默认样式和选中样式。

案例技术

鼠标单击时事件、选中时事件、取消选中时事件、页面载入时事件、设置不同状态下的图片。

制作步骤

单选按钮使用图片来制作，请读者提前下载所需要的素材。

（1）拖入两个“图片”元件至设计区域，均导入默认状态的单选按钮图片，分别命名为 man 和 woman，并配合文本标签“男”和“女”，位置和尺寸可自行设置，如图 7–23 所示。

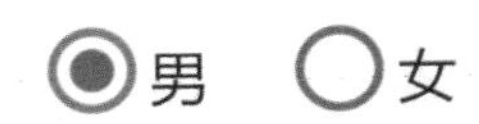

图 7–23

（2）同时选中 man 和 woman，设置选项组名称为 sex，意味着在同一时间两个图片（单选按钮）只能有一个处于选中状态，如图 7–24 所示。

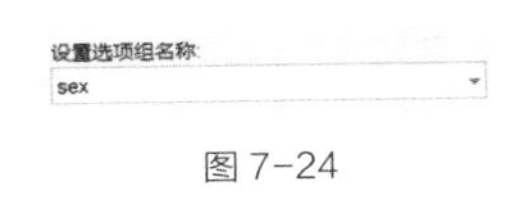

图 7–24

（3）当单击选项“男”的单选按钮时，该选项被选中，如图 7–25 所示。

①选中 man，双击属性面板中的“鼠标单击时”事件，打开用例编辑器。

②选择【添加动作 > 元件 > 设置选中 > 选中】。

③在右侧的配置动作区域勾选“当前元件”。

④设置选中状态为值、true。

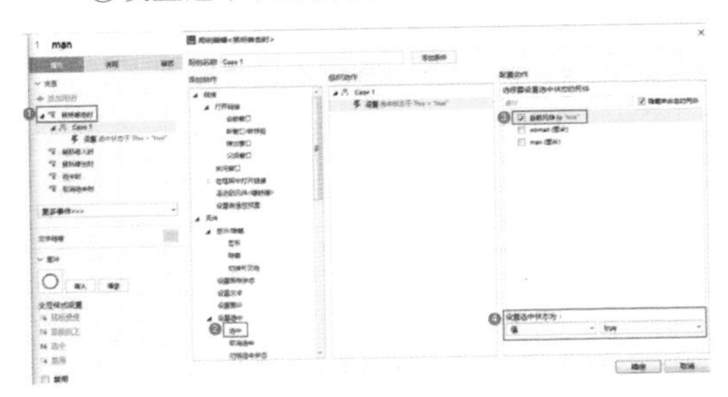

图 7–25

（4）当选项“男”被选中时，单选按钮更改为选中状态的图片，如图 7–26 所示。

①选中 man，双击属性面板中的“选中时”事件，打开用例编辑器。

②选择【添加动作 > 元件 > 设置图片】。

③在右侧的配置动作区域勾选“Set 当前元件”。

④导入选中状态下的图片。

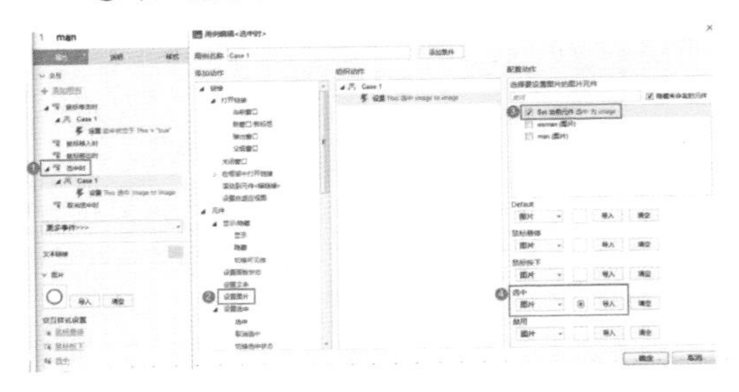

图 7–26

（5）当选项“男”被取消选中时，单选按钮更改为默认状态的图片，如图 7–27 所示。

①选中 man，双击属性面板中的“取消选中时”事件，打开用例编辑器。

②选择【添加动作 > 元件 > 设置图片】。

③在右侧的配置动作区域勾选“Set 当前元件”。

④导入 Default 状态下的图片。

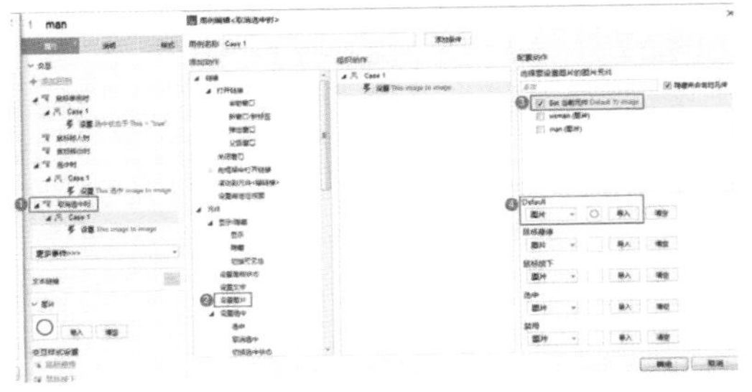

图 7–27

（6）选项“女”交互动作的制作步骤与选项“男”相同，在单击 woman 时设置当前元件为选中状态，然后分别设置选中时和取消选中时的图片。参考步骤（3）、步骤（4）和步骤（5），此处不再赘述。

（7）当页面载入时，默认选中选项“男”，如图 7–28 所示。

①先在页面的空白区域单击（不要选中任何元件），然后双击属性面板中的“页面载入时”事件，打开用例编辑器。

②选择【添加动作 > 元件 > 设置选中 > 选中】。

③在右侧的配置动作区域勾选 man。

④设置选中状态为值、true。

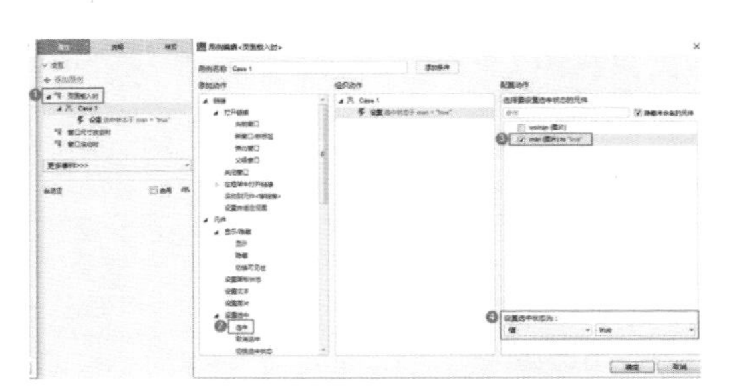

图 7-28

（8）设置完成后，按F5键在浏览器中预览效果，如图 7-29 所示。

图 7-29

> **提示**
>
> 读者可以根据已学的知识，自定义复选框的样式。复选框由于没有选项组的限制，可以直接使用动态面板制作“选中”和“取消选中”两个状态。

第8章

综合案例：电商类产品

本章制作电商类产品——购物 App 中部分典型页面的高保真原型，同样以 iPhone 6S 的尺寸为例，请读者提前下载案例所需要的图片素材。

本章学习要点

» 使用母版制作标签栏
» 固定导航栏并动态改变其透明度
» 分栏显示商品列表
» 筛选菜单
» 商品详情页滚动动效
» 切换标签页动效
» 收藏动效
» 购物车商品增减
» 制作手机外壳

在真正制作移动App的高保真原型之前，再来补充一些关于移动端的设计规范，如图8-1所示。

状态栏的高度为40px，iPhone 6S原型中的高度为20px。

导航栏的高度为88px，iPhone 6S原型中的高度为44px。

标签栏的高度为98px，iPhone 6S原型中的高度为49px。

制作原型时可以省略状态栏，因为在手机上预览时，手机已经自带状态栏，无须制作；在电脑上预览时，可以把状态栏直接制作在手机外壳中，所以每个原型页面就不需要状态栏了。

本案例中的购物App需要首页、商品列表、商品详情页、消息、购物车、我的购物和手机外壳7个页面，先按照图8-2所示的页面结构提前创建好页面备用。

图8-1

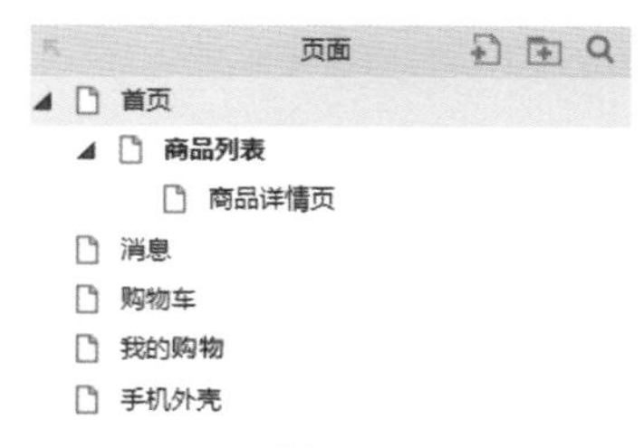

图8-2

8.1 购物App首页

购物App首页主要制作底部标签栏和顶部导航栏两部分的交互效果。为了简化制作流程，避免不必要的干扰，页面的部分主体内容直接使用了真实App中的截图；顶部导航栏由于是对其整体添加交互效果，不涉及孤立的元件，所以也直接使用截图；底部标签栏中的交互效果涉及具体的元件，所以需要单独布局，如图8-3所示。读者可以根据自己的实际情况提前制作好页面内容。

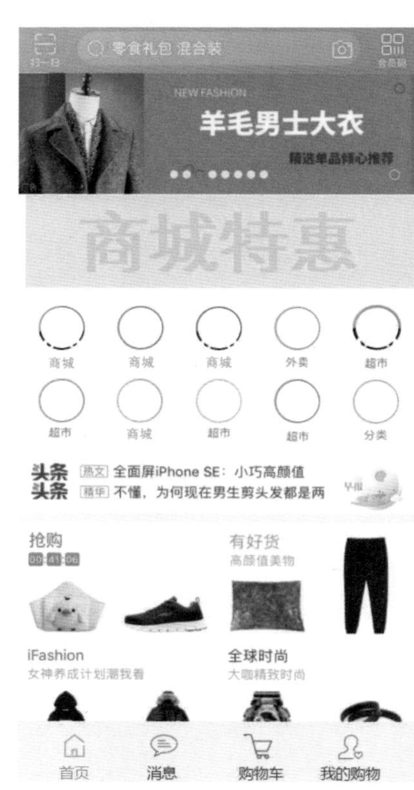

图8-3

8.1.1 底部标签栏

案例描述

标签栏固定在底部，不随页面的滚动而移动，单击标签跳转至对应的页面，且当前页的图标和文字标签高亮显示。

案例思路

大部分页面中都有底部标签栏，所以一定要使用母版。

先单击每个标签，再跳转页面；单击标签时，把单击的标签记录下来；跳转页面后，当标签栏加载时，把记录的标签高亮显示。

使用动态面板的“固定到浏览器”属性来实现标签栏固定在页面底部的效果。

案例技术

鼠标单击时事件、载入时事件、设置全局变量值、条件用例、选中时交互样式、动态面板固定到浏览器。

制作步骤

首先布局标签栏的元件。

（1）拖入“矩形 2”元件至设计区域，填充颜色 #F9F3F3，尺寸为 375 像素 ×49 像素，位置为(0,598)，让标签栏的底部和 y 轴坐标 647 重合。

（2）制作默认图标和文字，从左至右依次为首页、消息、购物车和我的购物 4 个标签，文字分别命名为 home、message、shoppingcar 和 mine，对应的图标分别命名为 homeIcon、messageIcon、shoppingCarIcon 和 mineIcon，保持每个图标的宽高比例，高度为 24 像素，文本标签字号为 14，如图 8-4 所示。

图 8-4

（3）精确排版 4 组标签的位置，如图 8-5 所示。

①给每个图标和对应的文本标签编组，形成 4 个组合。

②设置“首页”和“我的购物”这两个标签的位置后，选中这 4 个组合，单击菜单中的【分布 > 水平分布】命令，即可完成排版。

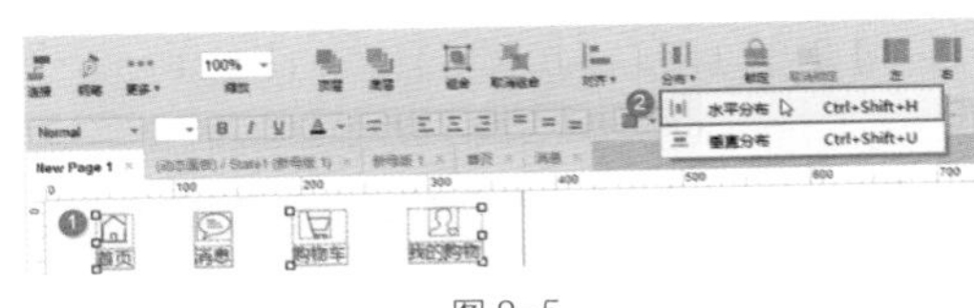

图 8-5

（4）选中标签栏中的所有元件，执行右键菜单命令【转换为动态面板】，如图 8-6 所示。

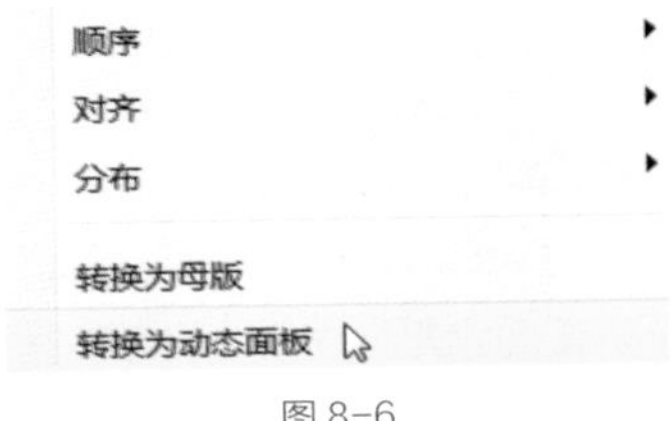

图 8-6

（5）将标签栏固定在页面底部，如图 8-7 所示。

①选中该动态面板，单击属性面板中的“固定到浏览器”。

②勾选“固定到浏览器窗口”，“水平固定”选择“左”，“垂直固定”选择“下”，“边距”均为 0。

③勾选“始终保持顶层＜仅限浏览器中＞”。

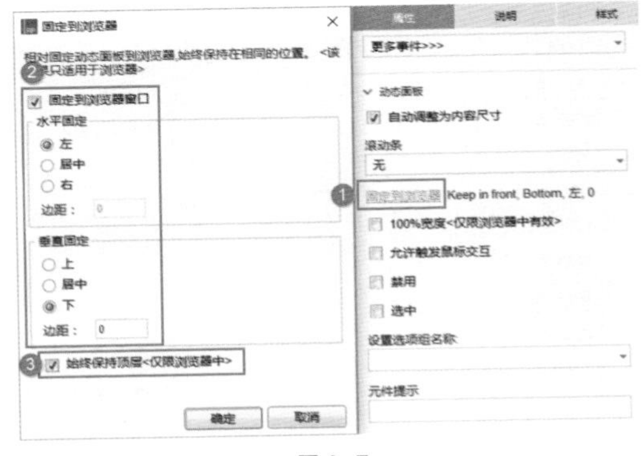

图 8-7

（6）把标签栏转换为母版，方便在其他页面直接使用。选中动态面板，执行右键菜单命令【转换为母版】，如图 8-8 所示，命名为“底部标签栏”，“拖放行为”选择任意位置。

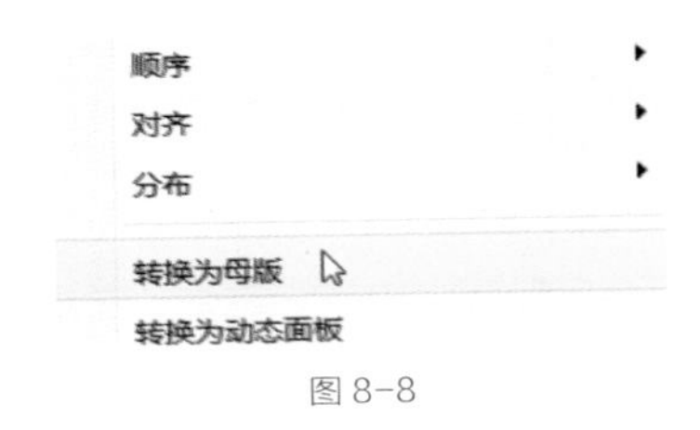

图 8-8

（7）在消息、购物车和我的购物 3 个页面中使用“底部标签栏”母版。

接下来制作单击标签高亮显示效果。

（1）分别制作 4 个标签文字部分的选中时交互样式，如图 8–9 所示。

①依次选中 home、message、shoppingcar 和 mine，单击属性面板中的“选中”按钮，打开“交互样式设置”对话框。

②勾选“字体颜色”，设置颜色为 #FF6800。

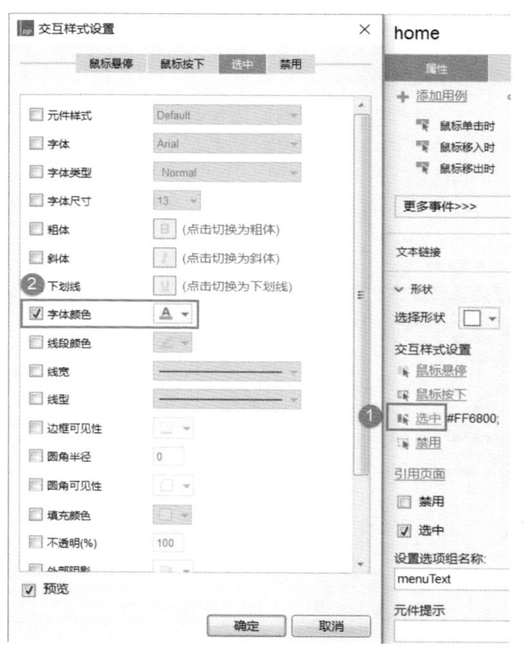

图 8–9

（2）分别制作 4 个标签图标部分的选中时交互样式，如图 8–10 所示。

①依次选中 homeIcon、messageIcon、shopping-CarIcon 和 mineIcon，单击属性面板中的“选中”按钮，打开“交互样式设置”对话框。

②勾选“图片”，分别导入高亮状态的图片。

（3）单击菜单中的【项目 > 全局变量】命令，打开“全局变量”对话框，创建全局变量，命名为 menu，默认值为“首页”，用来记录单击的标签，如图 8–11 所示。

图 8–10

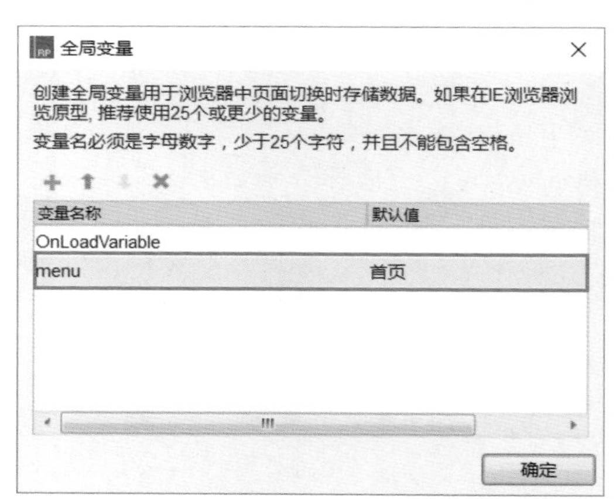

图 8–11

（4）单击“首页”标签，记录当前单击的标签，并跳转至首页，如图 8–12 所示。

①选中“首页”组合，双击属性面板中的“鼠标单击时”事件，打开用例编辑器。

②选择【添加动作 > 全局变量 > 设置变量值】。

③在右侧的配置动作区域勾选 menu。

④选择“值”，输入“首页”。

⑤添加“打开链接”动作，在当前窗口打开“首页”。

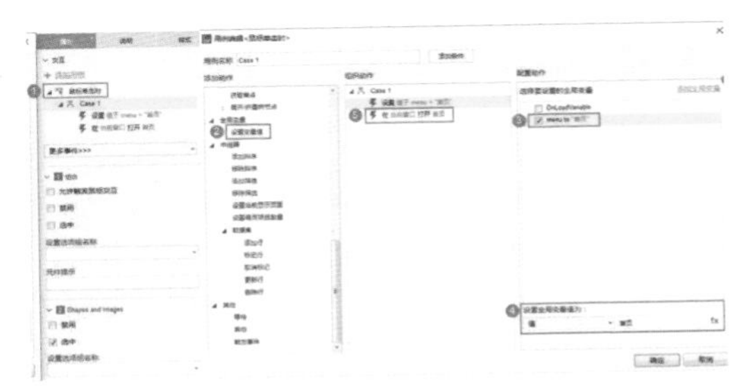

图 8-12

（5）打开首页后，“首页”组合中的图标和文字高亮显示，如图 8-13 所示。

①选中“首页”组合，单击属性面板中的“更多事件 > 载入时事件”，打开用例编辑器。

②单击“添加条件”按钮，打开“条件设立”对话框。

③依次设置条件参数为变量值、menu、==、值、首页。

④选择【添加动作 > 元件 > 设置选中 > 选中】。

⑤在右侧的配置动作区域勾选 home 和 homeIcon。

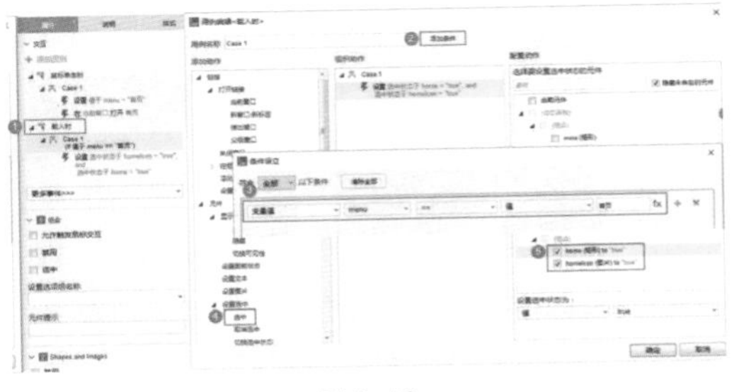

图 8-13

（6）用同样的方法给“消息”组合、“购物车”组合和“我的购物”组合制作交互效果。

（7）给 4 个图标 homeIcon、messageIcon、shoppingCarIcon 和 mineIcon 设置选项组名称为 menuIcon，给 4 个文本标签 home、message、shoppingcar 和 mine 设置选项组名称为 menuText。

（8）设置完成后，按 F5 键在浏览器中预览效果。单击不同的标签，跳转至对应的页面，且该标签的图标和文字高亮显示。

8.1.2 顶部导航栏

案例描述

页面滚动时，导航栏固定在顶部，不随页面的滚动而移动，并且逐渐增加透明度到一固定值。

案例思路

当窗口在一定范围内垂直滚动时，随着滚动距离的增大，减小顶部导航栏的不透明度；反之，增大其不透明度。当页面滚动超出范围后，不透明度不再发生变化。

使用动态面板的“固定到浏览器”属性来实现导航栏固定在页面顶部的效果。

案例技术

窗口滚动时事件、条件用例、动态面板固定到浏览器。

制作步骤

（1）顶部导航栏直接使用图片制作，命名为 head，位置为（0,0），尺寸为 375 像素 ×40 像素。

（2）选中 head，执行右键菜单命令【转换为动态面板】，如图 8-14 所示。

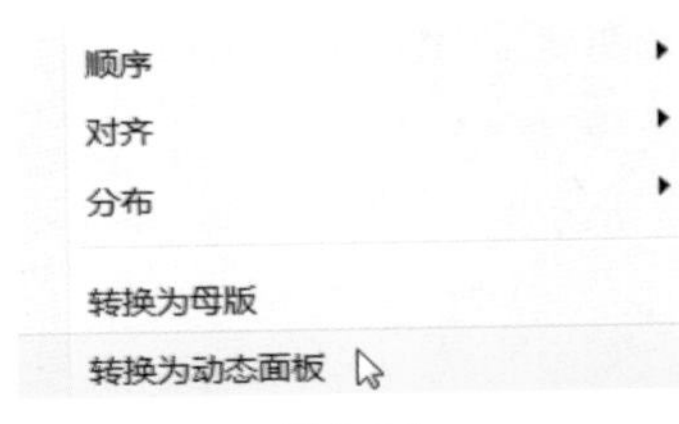

图 8-14

（3）让导航栏固定在页面顶部，如图 8-15 所示。

①选中该动态面板，单击属性面板中的“固定到浏览器”。

②勾选“固定到浏览器窗口”，“水平固定”选择“左”，“垂直固定”选择“上”。

③勾选“始终保持顶层 <仅限浏览器中>”。

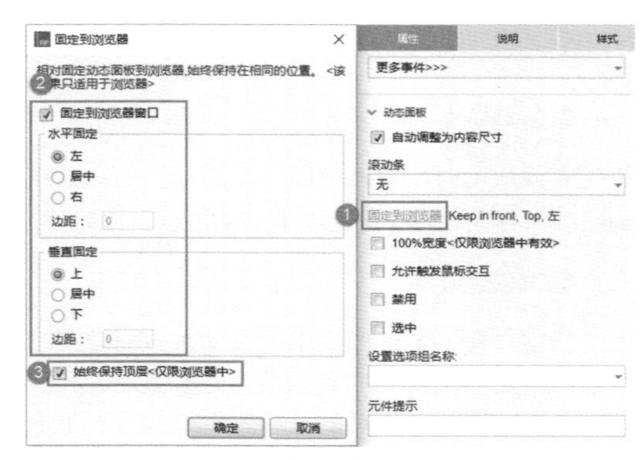

图 8-15

（4）当页面垂直滚动距离在 50 像素以内时，随着滚动距离的增大，逐渐减少导航栏的不透明度；反之，增加其不透明度，如图 8-16 所示。

①先在页面的空白区域单击（不要选中任何元件），然后双击属性面板中的“窗口滚动时”事件，打开用例编辑器。

②单击“添加条件”按钮，打开“条件设立”对话框。

③依次设置条件参数为值、[[Window.scrollY]]、<、值、50。

④选择【添加动作 > 元件 > 设置不透明】。

⑤在右侧的配置动作区域勾选 head。

⑥因为不透明度的最大值为 100，故设置不透明度为 [[100-Window.scrollY]]。

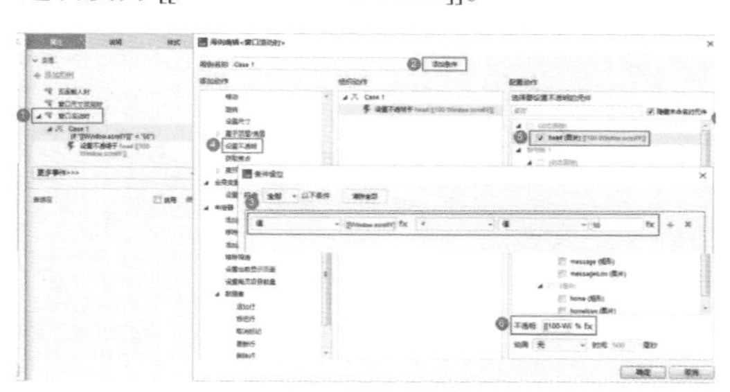

图 8-16

（5）设置完成中，按 F5 键在浏览器中预览效果。当页面垂直滚动距离在 50 像素以内时，随着滚动距离的增大，导航栏的不透明度逐渐减小；反之，其不透明度逐渐增大。

8.2 商品列表页

购物 App 的商品列表页面主要制作商品列表的分栏效果、侧滑筛选菜单和切换分类标签的动效。页面的顶部搜索栏、分类标签和排序条件是使用 Default 元件库和 Icons 元件库中的元件制作的，读者可以按照图 8-17 的样式把这三部分内容制作好。

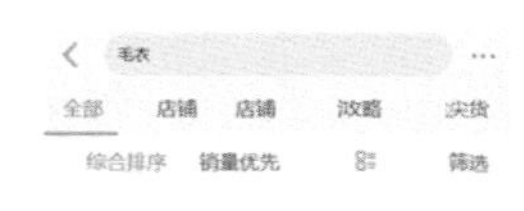

图 8-17

8.2.1 商品列表

案例描述

分两栏显示商品列表，如图 8-18 所示。

图 8-18

◖ **案例思路**

利用中继器制作商品列表，通过设置中继器的样式布局来实现分栏显示。

◖ **案例技术**

中继器的项、中继器数据集、中继器每项加载时事件、中继器布局。

◖ **制作步骤**

（1）拖入中继器元件至设计区域，编辑中继器数据集，并添加其中的文本数据，如图 8–19 所示。

①设置 4 个字段名称：name、price、payNumber 和 image，分别代表商品名称、价格、付款人数和商品图片。

②添加数据集中的文本数据。

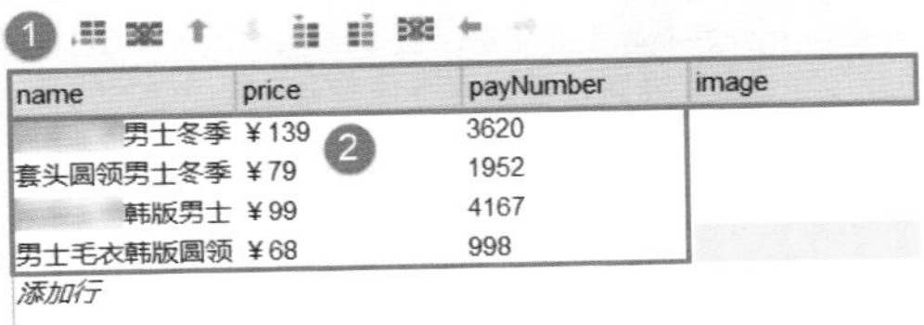

name
price
payNumber
image
男士冬季
¥139
3620
套头圆领男士冬季
¥79
1952
韩版男士
¥99
4167
男士毛衣韩版圆领
¥68
998
添加行

图 8–19

（2）导入商品图片。依次在 image 列下面每行单元格上执行右键菜单命令【导入图片】，上传本地图片，如图 8–20 所示。

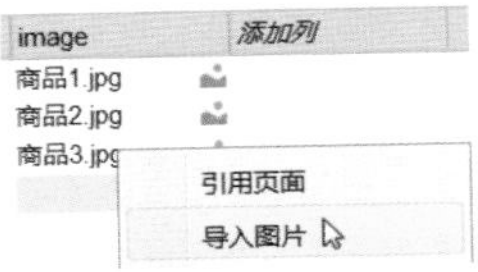

image
添加列
商品1.jpg
商品2.jpg
商品3.jpg
引用页面
导入图片

图 8–20

（3）双击中继器，设计“项”的内容。删除默认的矩形，使用文本标签和图片元件做好页面布局，如图 8–21 所示，并将需要绑定数据的元件命名为 name、price、payNumber 和 image，用来显示数据集中的数据。

(中继器) (商品列表)
goodsList / State1 (商品列表)
男士冬季v领韩
版男士T恤
¥139
1388人付款

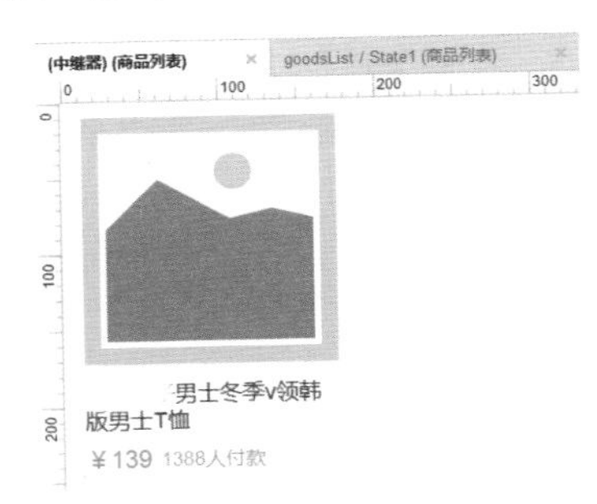

图 8–21

（4）把数据集中的文本数据绑定到“项”上显示出来，如图 8–22 所示。

①双击属性面板中的“每项加载时”事件，打开用例编辑器。

②选择【添加动作 > 元件 > 设置文本】。

③在右侧的配置动作区域勾选 name。

④选择设置文本类型为“值”，输入 [[Item.name]]，或单击 fx 按钮，在“编辑文本”对话框中选择。

⑤用同样的方法依次为 price 和 payNumber 设置文本。注意，payNumber 列需要进行文本拼接。

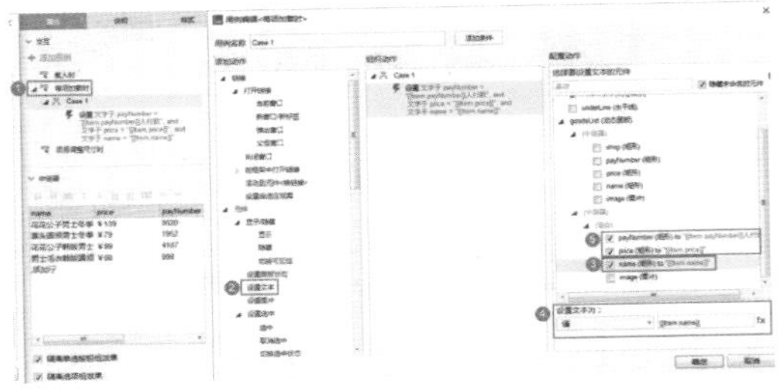

图 8–22

（5）把数据集中的图片数据绑定到“项”上显示出来，如图 8–23 所示。

①不要关闭用例编辑器，继续添加“设置图片”动作。

②在右侧的配置动作区域勾选 Set image。

③选择默认的内容为“值”，输入 [[Item.image]]，或单击 fx 按钮，在“编辑文本”对话框中选择。

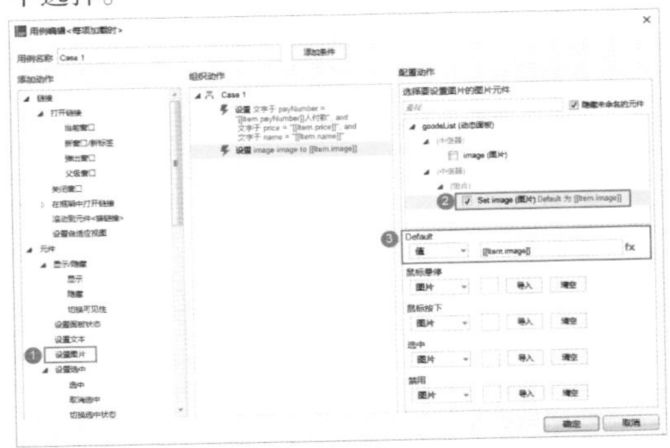

图 8–23

（6）设置分栏显示。选中中继器，在右侧的样式面板中，设置布局为“水平”，勾选“网格排布”，输入“每排项目数”为 2，如图 8–24 所示。

图 8-24

（7）设置完成后，按 F5 键在浏览器中预览效果，如图 8-25 所示。

图 8-25

8.2.2 局部滚动的侧滑筛选菜单

案例描述

单击“筛选”按钮，筛选菜单从右侧向左滑入，菜单中的内容很多时，可实现菜单内局部滚动，而不影响整个页面，如图 8-26 所示。

案例思路

把筛选菜单放到动态面板中，动态面板可以实现局部滚动效果。

图 8-26

但动态面板实现滚动效果时必须要显示滚动条，且它的滚动条不能隐藏，这时可以用一个小技巧：在动态面板 A 中嵌套一个动态面板 B，两个动态面板均取消“自动调整为内容尺寸”，B 的宽度略大于 A，设置 B 为可以滚动（显示垂直滚动条），因为 B 的宽度超过了 A，所以预览的时候就看不到滚动条了。

案例技术

动态面板的自动调整为内容尺寸和滚动条属性。

制作步骤

首先制作筛选菜单，为了方便操作，可在页面的空白处制作，制作完成后再覆盖到页面上。

（1）制作最外层的父动态面板，拖入动态面板至设计区域，命名为 ParentFilterMenu，尺寸为 285 像素 ×647 像素，位置为（0,0），取消勾选“自动调整为内容尺寸”（默认）。

（2）进入 ParentFilterMenu 面板的 State1，再次拖入动态面板至设计区域，命名为 FilterMenu，尺寸为 305 像素 ×610 像素，位置为（0,0），取消勾选“自动调整为内容尺寸”（默认），选择“自动显示垂直滚动条”。可以发现，FilterMenu 的宽度要比 ParentFilterMenu 略大，这样垂直滚动条就超出了父面板的区域而不会显示了；FilterMenu 的高度要比 ParentFilterMenu 面板略小，因为筛选菜单最下面的按钮是不滚动的，要把按钮放到 FilterMenu 的外面，如图 8-27 所示。

（3）拖入两个主要按钮至设计区域，尺寸为 143 像素 ×37 像素，圆角半径为 0，位置分别为（0,610）和（143,610），分别设置文本为“重置”和“完成”，填充颜色分别为 #F0AD4E 和 #FF6800，如图 8-28 所示。

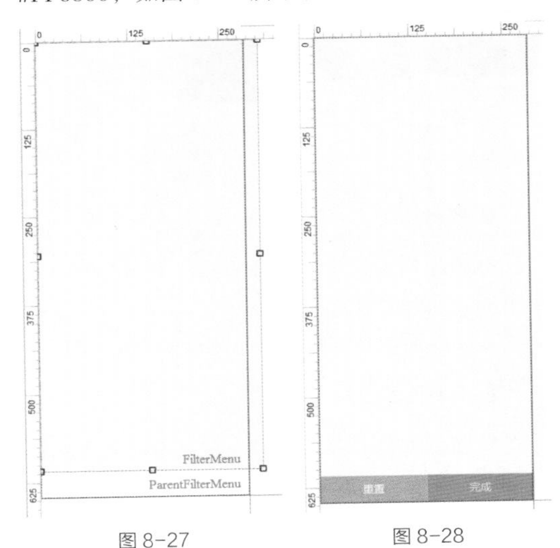

图 8-27　　图 8-28

（4）进入 FilterMenu 面板的 State1，使用文本标签、矩形和文本框元件自行布局筛选菜单内容，内容尽可能多一些，要超出 FilterMenu 的高度，但注意横向的宽度要小于父面板 ParentFilterMenu 的宽度，即 285 像素，如图 8-29 所示。

接下来制作筛选菜单的滑动效果。

（1）返回商品列表页面，把 ParentFilterMenu 动态面板置于顶层。

（2）隐藏 ParentFilterMenu 动态面板。

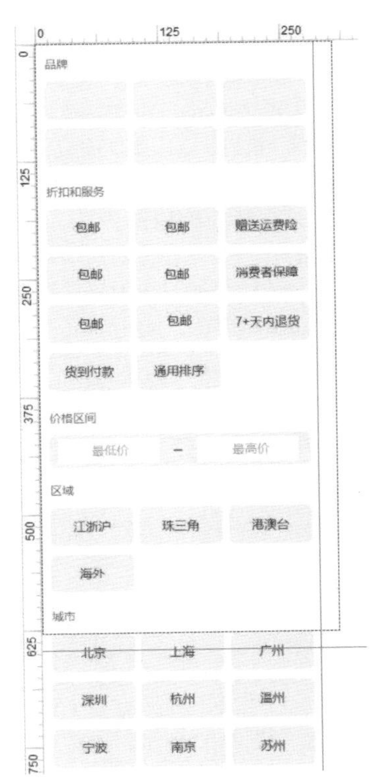

图 8-29

（3）单击“筛选”按钮，筛选菜单从右侧向左滑入，如图 8-30 所示。

①选中“筛选”按钮，双击属性面板中的“鼠标单击时”事件，打开用例编辑器。

②选择【添加动作 > 元件 > 显示 / 隐藏 > 显示】。

③在右侧的配置动作区域勾选 ParentFilterMenu。

④动画选择“向左滑动”，时间为 500 毫秒。

⑤选择更多选项中的“灯箱效果”，设置背景色为 #CCCCCC，不透明度为 60%。

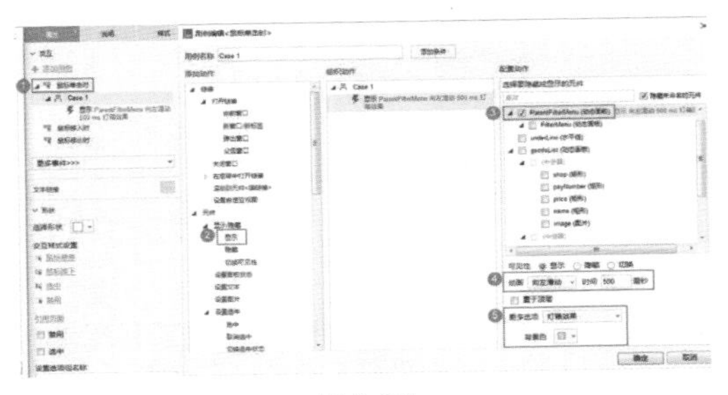

图 8-30

（4）单击筛选菜单中的“完成”按钮，筛选菜单从左侧向右滑出，如图 8-31 所示。

①进入 ParentFilterMenu 面板的 State1，选中“完成”按钮，双击属性面板中的“鼠标单击时”事件，打开用例编辑器。

②选择【添加动作 > 元件 > 显示 / 隐藏 > 隐藏】。

③在右侧的配置动作区域勾选 ParentFilterMenu。

④动画选择“向右滑动”，时间为 500 毫秒。

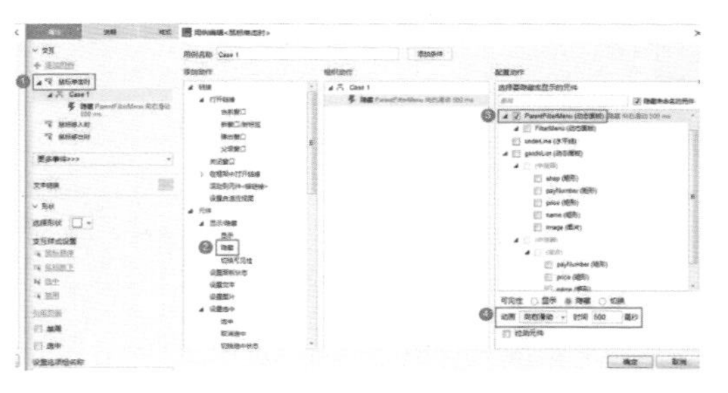

图 8-31

（5）设置完成后，按 F5 键在浏览器中预览效果，如图 8-32 所示。

图 8-32

8.2.3 切换标签页

案例描述

单击分类标签，切换不同的列表内容，当前标签高亮显示且下划线跟随其水平移动，如图 8-33 所示。

图 8-33

案例思路

把商品列表转换为动态面板，不同的分类就是不同的动态面板状态。

在切换面板状态时设置下划线的移动动作。

案例技术

鼠标单击时事件、切换动态面板状态、移动动作。

制作步骤

下面只在“全部”和“物品”两个分类中制作切换效果，其他分类的切换方法相同。为了方便操作，先把筛选菜单从页面主体部分中移开，待交互效果制作完毕后再恢复到原位置。

（1）选中排序条件区域和商品列表区域，执行右键菜单命令【转换为动态面板】，并命名为 goodsList。

（2）复制 goodsList 面板的 State1，此时动态面板有两个状态，如图 8-34 所示。

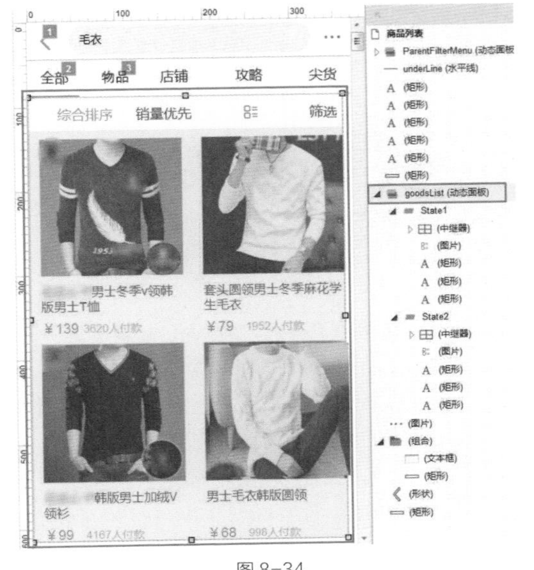

图 8-34

（3）修改“物品”分类下的列表样式为纵向单栏排列，以做区分，如图 8-35 所示。

①进入 goodsList 面板的 State2，重新设计中继器的“项”。

②在中继器的样式面板中，设置布局为“垂直”，取消勾选“网格排布”。

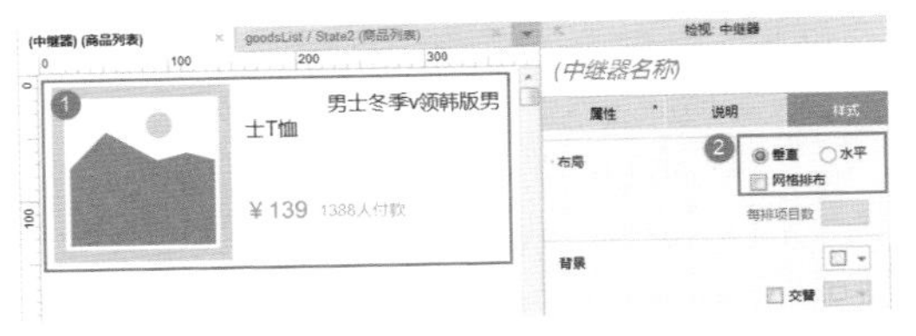

图 8-35

（4）设置“全部”和“物品”两个标签选中时的交互样式，如图 8-36 所示。

①打开商品列表页，选中“全部”和“物品”，单击属性面板中的“选中”按钮，打开“交互样式设置”对话框。

②勾选“字体颜色”，设置颜色为 #FF6800。

图 8-36

（5）选中“全部”和“物品”，在属性面板中设置选项组名称为 tab，即在同一时刻这两个标签只能有一个被选中，如图 8-37 所示。

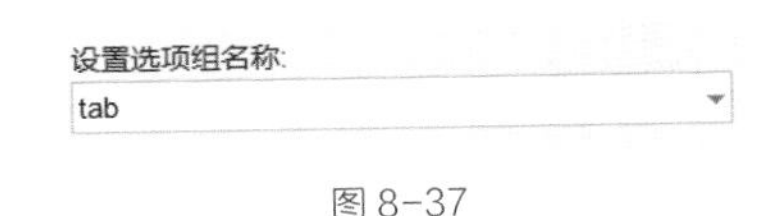

图 8-37

（6）将“全部”标签的下划线命名为 underline，如图 8-38 所示。

图 8-38

（7）单击“全部”标签，切换商品列表，标签高亮显示，如图 8-39 所示。

①选中“全部”标签，双击属性面板中的“鼠标单击时”事件，打开用例编辑器。

②选择【添加动作 > 元件 > 设置面板状态】。

③在右侧的配置动作区域勾选 goodsList。

④选择 State1。

⑤添加“设置选中”动作，设置当前元件的选中状态为 true。

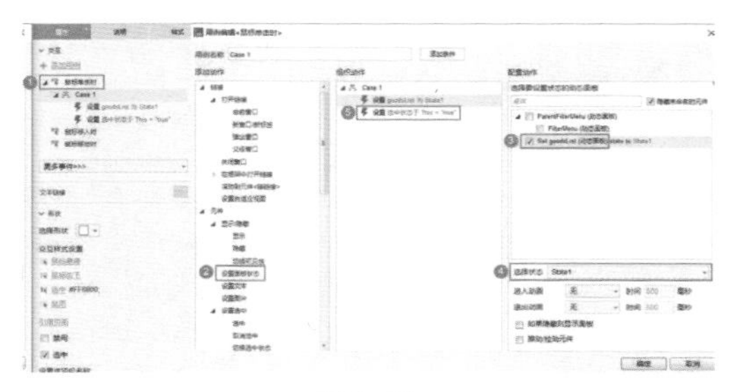

图 8-39

（8）下划线移动至“全部”标签下方，如图 8-40 所示。

①不要关闭用例编辑器，添加“移动”动作。

②在右侧的配置动作区域勾选 underline。

③选择“绝对位置”，*x* 坐标为 0，*y* 坐标为 86（*y* 坐标可根据标签的位置自行调整）。

④设置动画为“线性”，时间为 100 毫秒。

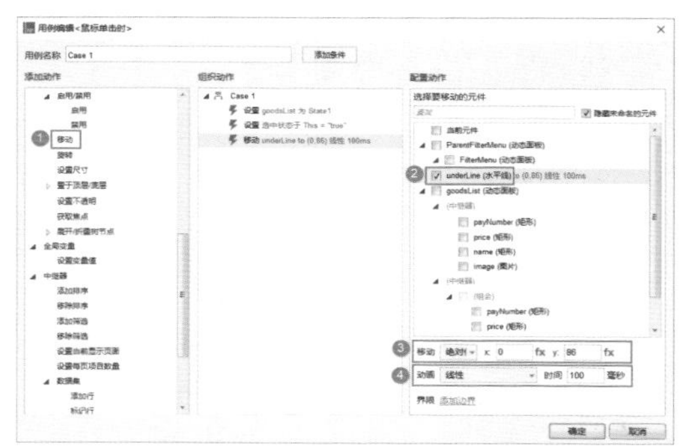

图 8-40

（9）单击“物品”标签，切换商品列表，标签高亮显示，如图 8-41 所示。

①选中“物品”标签，双击属性面板中的“鼠标单击时”事件，打开用例编辑器。

②选择【添加动作 > 元件 > 设置面板状态】。

③在右侧的配置动作区域勾选 goodsList。

④选择 State2。

⑤添加“设置选中”动作，设置当前元件的选中状态为 true。

图 8-41

（10）下划线移动至“物品”标签下方，如图 8-42 所示。

①不要关闭用例编辑器，添加“移动”动作。

②在右侧的配置动作区域勾选 underline。

③选择“绝对位置”，*x* 坐标为 69，*y* 坐标为 86。

④设置动画为“线性”，时间为 100 毫秒。

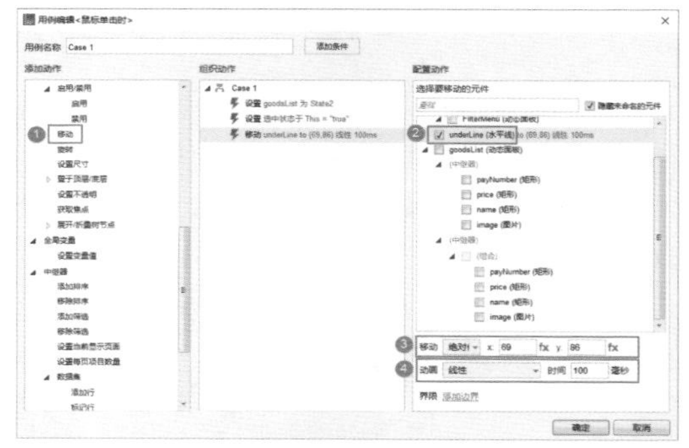

图 8-42

（11）把筛选菜单恢复到原位置。

（12）设置完成后，按 F5 键在浏览器中预览效果，如图 8-43 所示。

图 8-43

8.3 商品详情页

购物 App 的商品详情页面主要制作头部的逐渐显示效果、标签锚点定位效果和单击收藏效果。前两种交互效果需要较长的页面，故此页面的主体内容较多，读者先按照图 8-44 所示排版页面内容。

图 8-44

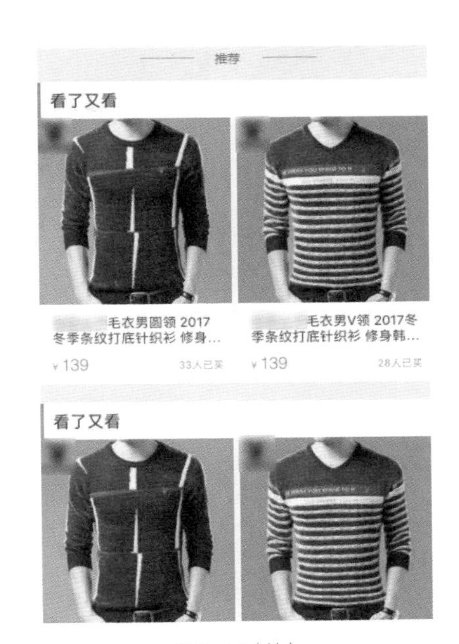

图 8-44（续）

8.3.1 窗口滚动时逐渐显示头部

案例描述

页面初始加载时，没有头部内容；页面向下滚动时，逐渐显示头部内容（不透明度逐渐增大）；当滚动距离等于商品大图的高度时，头部全部显示（不透明度为 100%），如图 8-45 所示。

图 8-45

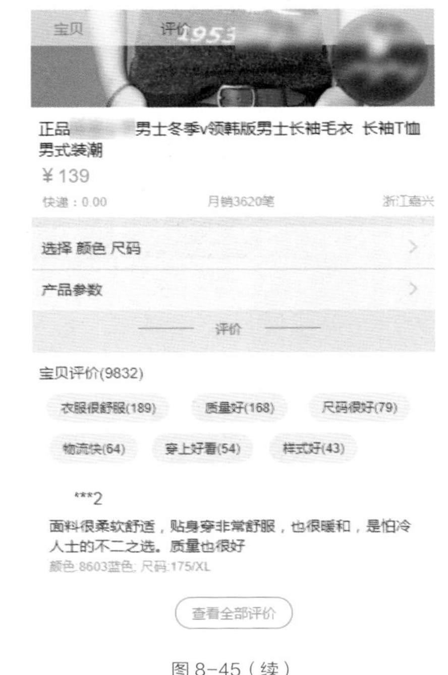

图 8-45（续）

案例思路

当窗口的滚动距离小于商品大图的高度时，随着滚动距离的增大，增大头部的不透明度，反之减小其不透明度；当页面滚动距离达到商品大图高度后，不透明度不再发生变化。

使用动态面板的“固定到浏览器”属性来实现头部固定在页面顶部的效果。

案例技术

窗口滚动时事件、条件用例、动态面板固定到浏览器。

制作步骤

（1）制作头部内容，包括矩形底色、返回箭头、商品缩略图、4 个标签和购物车图标，把所有头部元件组合并命名为 head，位置为（0,0），整体尺寸（即矩形底色的尺寸）为 375 像素 ×70 像素，如图 8-46 所示。

图 8-46

（2）隐藏 head 组合。

（3）在 head 组合上执行右键菜单命令【转换为动态面板】。

（4）将头部固定在页面顶部，如图 8-47 所示。

①选中该动态面板，单击属性面板中的“固定到浏览器”。

②勾选“固定到浏览器窗口”，“水平固定”选择“左”，“垂直固定”选择“上”。

③勾选“始终保持顶层 <仅限浏览器中>”。

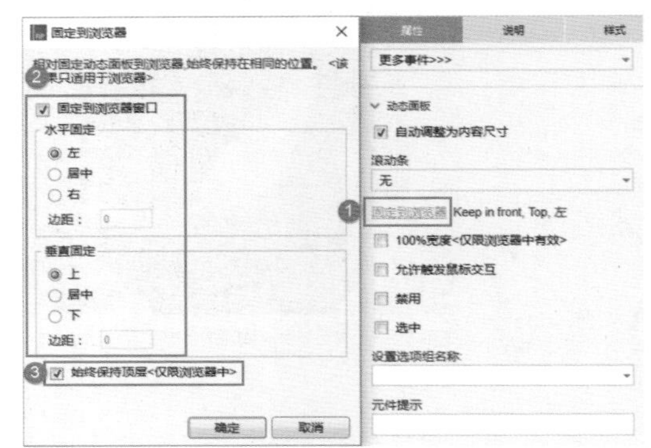

图 8-47

（5）打开商品详情页，将商品大图命名为 goodsBigPicture，如图 8-48 所示。

图 8-48

（6）当页面垂直滚动距离小于商品大图的高度时，随着滚动距离的增大，逐渐增大头部的不透明度，反之减小其不透明度，如图 8-49 所示。

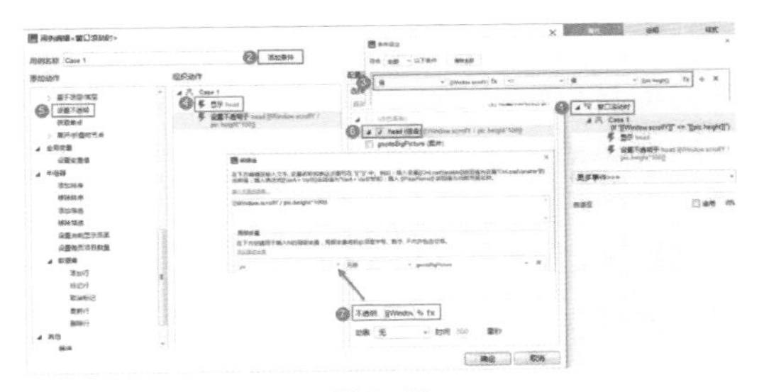

图 8-49

①先在页面的空白区域单击（不要选中任何元件），然后双击属性面板中的“窗口滚动时”事件，打开用例编辑器。

②单击“添加条件”按钮，打开“条件设立”对话框。

③依次设置条件参数为值、[[Window.scrollY]]、<=、值和 [[pic.height]]。pic 为局部变量，pic.height 含义为商品大图的高度。

④添加“显示”动作，显示 head 组合。

⑤选择【添加动作 > 设置不透明】。

⑥在右侧的配置动作区域勾选 head。

⑦设置不透明度为 [[Window.scrollY / pic.height * 100]]，含义是顶部的不透明度为窗口滚动距离占商品大图高度的百分比。

（7）设置完成后，按 F5 键在浏览器中预览效果，如图 8-50 所示。

图 8-50

图 8-50（续）

> **提示**
>
> 此效果必须要有步骤（2）隐藏 head 组合和步骤（6）显示 head 组合的过程。
>
> 步骤（6）中使用了 height 函数动态获取商品大图的高度值，也可以直接输入具体数值。使用函数的作用是增强可维护性，如果后期图片尺寸发生变化，不会影响到条件参数。

8.3.2 标签锚点定位

案例描述

单击头部的标签，标签高亮显示，页面滚动至相应位置；反之，当页面滚动至某个区域时，标签高亮显示，如图 8-51 所示。

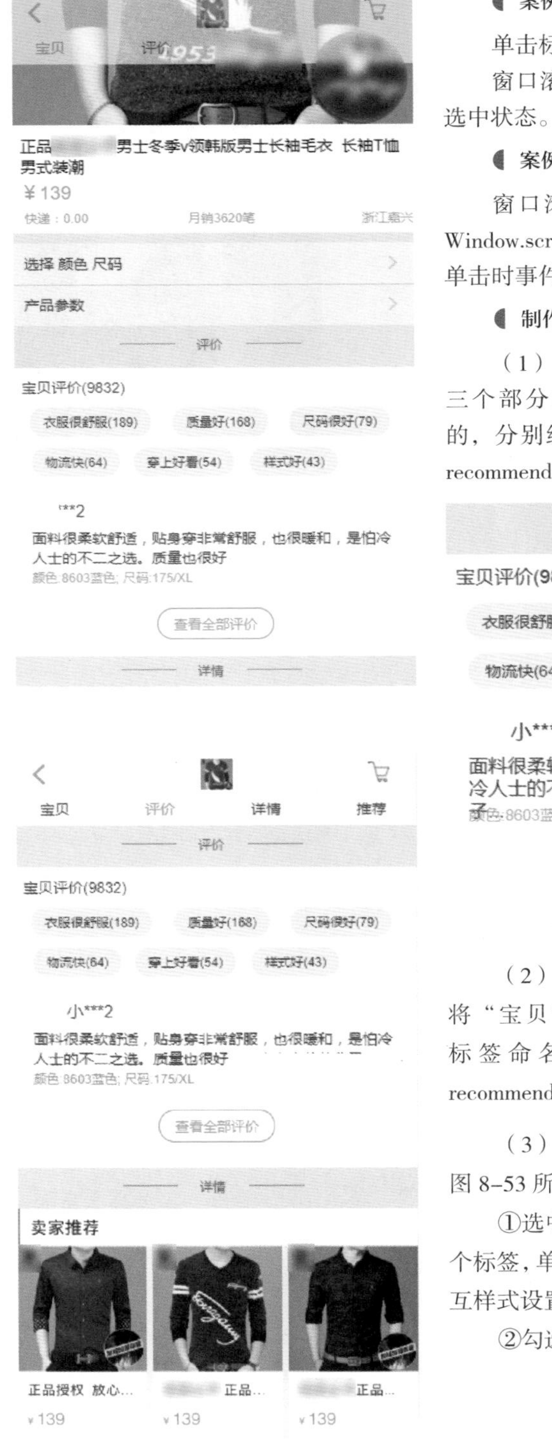

图 8-51

案例思路

单击标签时，添加“滚动到元件”动作。

窗口滚动时，根据滚动的距离，设置标签的选中状态。

案例技术

窗口滚动时事件、条件用例、局部变量、Window.scrollY 函数、height 函数、y 函数、鼠标单击时事件、滚动到元件 < 锚链接 > 动作。

制作步骤

（1）页面中“评价”“详情”和“推荐”三个部分的标题是由文本标签和水平线组成的，分别组合，并分别命名为 assess、details 和 recommend，如图 8-52 所示。

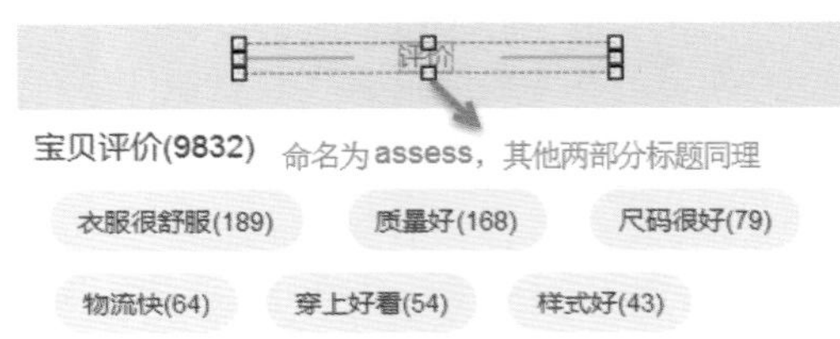

图 8-52

（2）进入头部动态面板的 State1，分别将“宝贝”“评价”“详情”和“推荐”4 个标签命名为 goodsTab、assessTab、detailsTab 和 recommendTab。

（3）设置 4 个标签的选中时交互样式，如图 8-53 所示。

①选中“宝贝”“评价”“详情”和“推荐”4 个标签，单击属性面板中的“选中”按钮，打开“交互样式设置”对话框。

②勾选“字体颜色”，设置颜色为 #FF6800。

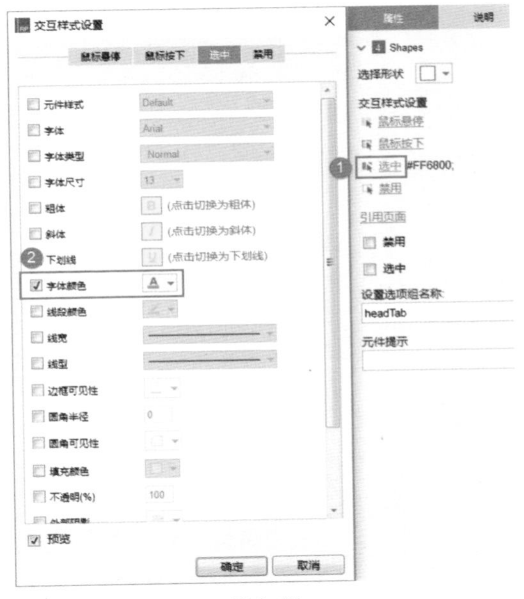

图 8-53

（4）单击“宝贝”标签，页面滚动至顶部，如图 8-54 所示。

①选中“宝贝”标签，双击属性面板中的“鼠标单击时”事件，打开用例编辑器。

②选择【添加动作 > 链接 > 滚动到元件 < 锚链接】。

③在右侧的配置动作区域勾选 goodsBigPicture。

④添加“设置选中”动作，设置当前元件(This)为选中状态。

图 8-54

（5）用同样的方法制作单击“评价”“详情”和“推荐”3 个标签，页面滚动到元件 assess、details 和 recommend 的交互动作，如图 8-55 所示。

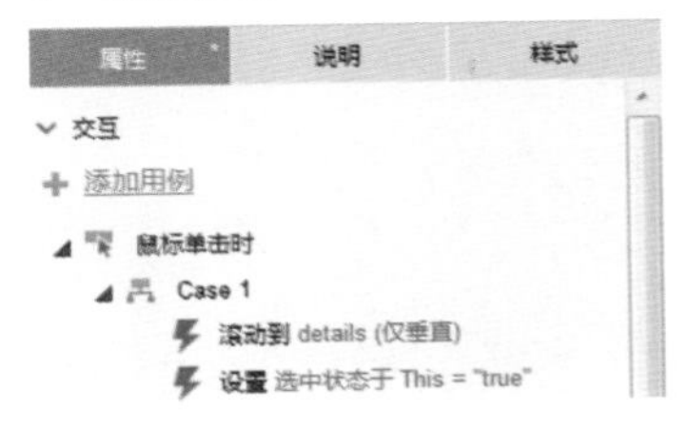

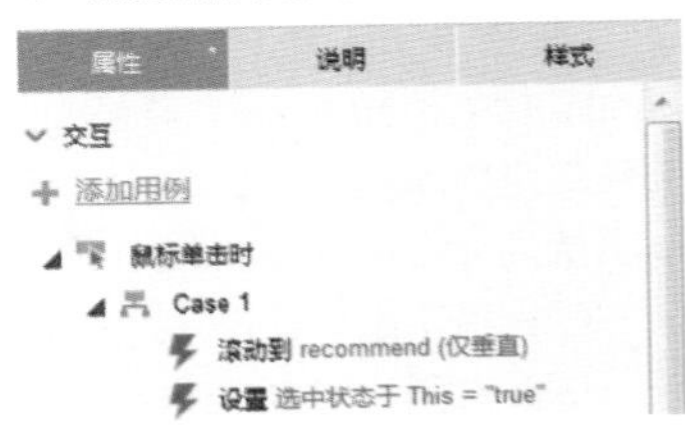

图 8-55

（6）当页面在商品基本区域滚动时，“宝贝”标签高亮显示，如图 8-56 所示。

①打开商品详情页，先在页面的空白区域单击（不要选中任何元件），然后双击属性面板中的“窗口滚动时”事件，打开用例编辑器。

②单击“添加条件”按钮，打开“条件设立”对话框。

③依次设置条件参数为值、[[Window.scrollY]]、>、值、[[pic.height − head.height]]（pic 为局部变量，pic.height 含义为商品大图的高度；head 为局部变量，head.height 含义为头部的高度）。

④选择【添加动作 > 设置选中 > 选中】。

⑤在右侧的配置动作区域勾选 goodsTab。

图 8-56

（7）当页面在商品评价区域滚动时，“评价”标签高亮显示，如图 8-57 所示。

①先在页面的空白区域单击（不要选中任何元件），然后双击属性面板中的“窗口滚动时”事件，打开用例编辑器。

②单击“添加条件”按钮，打开“条件设立”对话框。

③依次设置条件参数为值、[[Window.scrollY]]、>、值，[[assess.y - head.height - 10]]（assess 为局部变量，assess.y 含义为“评价”标题的 y 坐标；head 为局部变量，head.height 含义为头部的高度）。

④选择【添加动作 > 设置选中 > 选中】。

⑤在右侧的配置动作区域勾选 assessTab。

图 8-57

（8）用同样的方法制作当页面在商品详情和商品推荐区域滚动时，对应的“详情”和“推荐”标签高亮显示，添加的条件分别为 [[Window.scrollY]]、>、值、[[details.y - head.height - 10]] 和 [[Window.scrollY]]、>、 值、[[recommend.y - head.height - 10]]，如图 8-58 所示。

（9）把每个用例的 Else If 修改为 If。选中 Case 2 至 Case 5，执行右键菜单命令【切换为 <If> 或 <Else If>】，如图 8-59 所示。

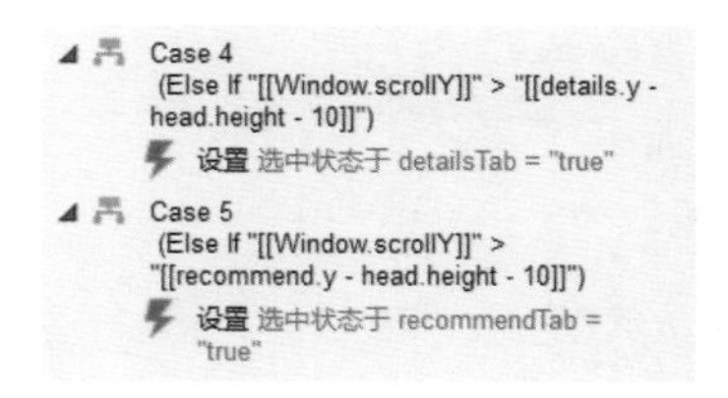

图 8-58

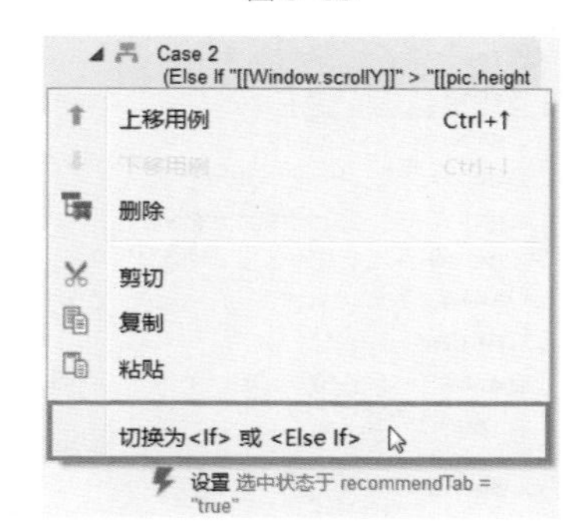

图 8-59

（10）设置完成后，按 F5 键在浏览器中预览效果，如图 8-60 所示。

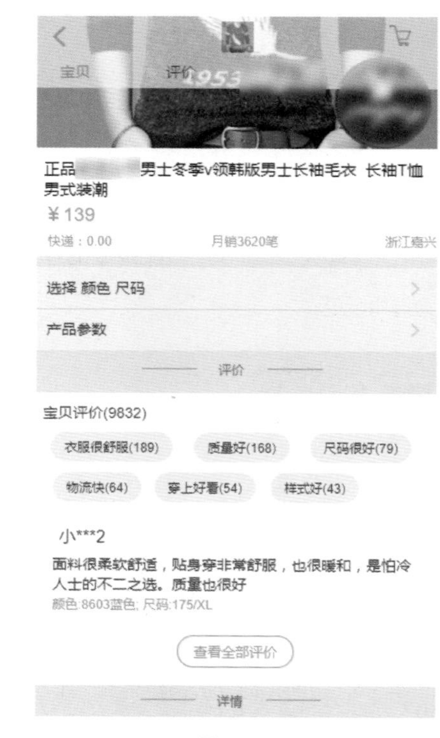

图 8-60

图 8-60（续）

8.3.3 收藏

◖ 案例描述

单击“收藏”按钮，“收藏”图标高亮显示，再次单击取消收藏，“收藏”图标恢复默认状态，如图 8-61 所示。

图 8-61

图 8-61（续）

◖ 案例思路

把“收藏”图标当成图片来处理，设置其选中状态的图片，当单击“收藏”按钮时切换为选中状态。

◖ 案例技术

鼠标单击时事件、选中时交互样式。

◖ 制作步骤

（1）使用“图片”“文本标签”和“矩形”元件布局商品详情页的底部，如图 8-62 所示，并转换为动态面板，固定到页面底部。

图 8-62

（2）将“收藏”图标（图片）命名为 star，将 star 和“收藏”文字组合并命名为 starGroup，这样可以增大单击区域，单击图标和文字部分均可触发交互效果，如图 8-63 所示。

图 8-63

（3）设置“收藏”图标（图片）的选中时交互样式，如图 8-64 所示。

①选中 star，单击属性面板中的“选中”按钮，打开“交互样式设置”对话框。

②勾选“图片”，单击“导入”按钮，选择高亮时的收藏图片。

图 8-64

（4）单击“收藏”区域，“收藏”图标高亮显示；再次单击，“收藏”图标恢复默认状态，如图 8-65 所示。

①选中 starGroup 组合，双击属性面板中的“鼠标单击时”事件，打开用例编辑器。

②选择【添加动作 > 设置选中 > 切换选中状态】。

③在右侧的配置动作区域勾选 star。

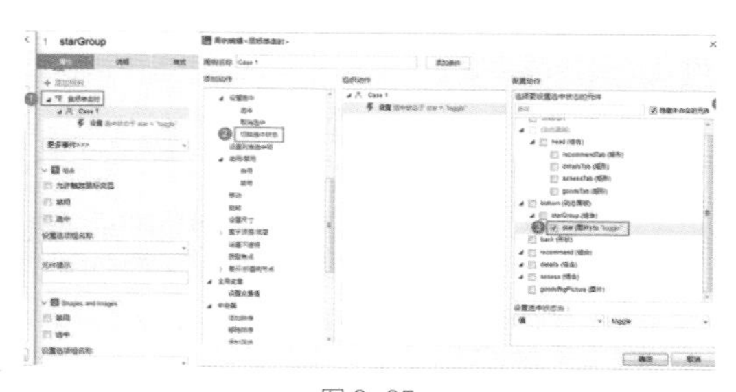

图 8-65

（5）设置完成后，按 F5 键在浏览器中预览效果，如图 8-66 所示。

图 8-66

8.4 购物车

案例描述

单击“编辑”按钮，从右侧滑出数量编辑框，单击加号数量增加，单击减号数量减少，数量最少为 1，如图 8–67 所示。

图 8–67

案例思路

单击加号或减号时，设置输入框的文本在当前基础上加 1 或减 1，添加条件，判断当前数量为 1 时，禁止继续减少并给出提示。

案例技术

鼠标单击时事件、条件用例、局部变量。

制作步骤

（1）使用“文本标签”“图片”和 Icons 元件库下的图标制作购物车页面，如图 8–68 所示。

图 8–68

（2）制作编辑区域，包括矩形底色、加号、减号、“完成”按钮和输入区域，如图 8–69 所示。输入区域是由文本框和矩形组合而成，制作方法已经在第 7 章介绍。为了方便操作，可以先在空白处制作，后续移动至商品信息上方，并且可以等交互效果制作完成后再隐藏。

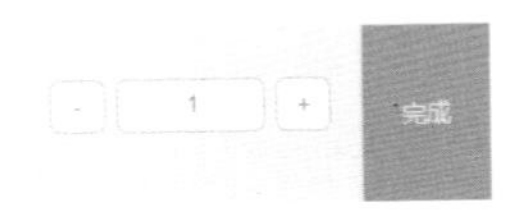

图 8–69

（3）将文本框命名为 inputNumber。注意只是给文本框命名，不是给文本框和矩形的组合命名。

（4）使用矩形制作提示语，命名为 tip，位置为（38,270），尺寸为 300 像素 ×40 像素，填充颜色为 #999999，不透明度为 85%，圆角半径为 5，修改文字为“受不了了，宝贝不能再减少了哦”，并隐藏，如图 8–70 所示。

图 8–70

（5）单击加号时，数量加 1，如图 8–71 所示。

①选中加号，双击属性面板中的“鼠标单击时”事件，打开用例编辑器。

②选择【添加动作 > 元件 > 设置文本】。

③在右侧的配置动作区域勾选 inputNumber。

④设置文本为值，单击 fx 按钮，打开“编辑文本”对话框。

⑤添加局部变量：inputUp、元件文字和 inputNumber。

⑥输入 [[inputUp + 1]]，或单击“插入变量或函数”进行选择，单击“确定”按钮。

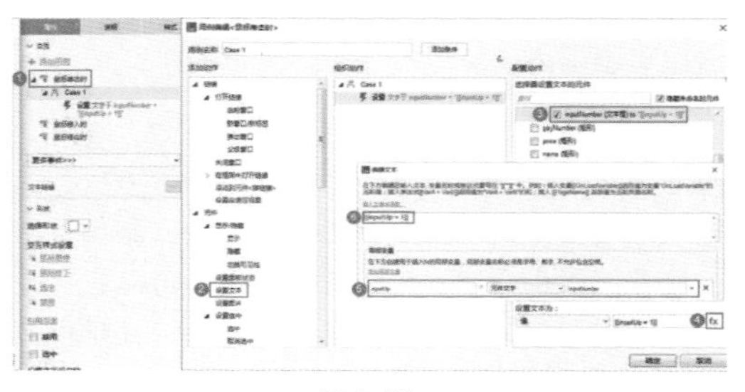

图 8-71

（6）单击减号时，若当前数量大于 1，则数量减 1，如图 8-72 所示。

①选中减号，双击属性面板中的“鼠标单击时”事件，打开用例编辑器。

②单击“添加条件”按钮，打开“条件设立”对话框。

③依次设置条件参数为元件文字、inputNumber、>、值和 1。

④选择【添加动作 > 元件 > 设置文本】。

⑤在右侧的配置动作区域勾选 inputNumber。

⑥设置文本为值，单击 fx 按钮，打开“编辑文本”对话框。

⑦添加局部变量：inputDown、元件文字和 inputNumber。

⑧输入 [[inputDown - 1]]，或单击“插入变量或函数”选择，单击“确定”按钮。

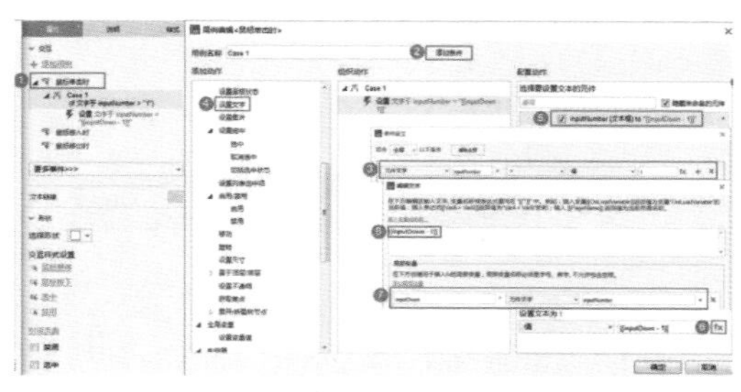

图 8-72

（7）当数量为 1 时，显示提示语，两秒后提示语自动消失，如图 8-73 所示。

①选中减号，双击属性面板中的“鼠标单击时”事件，打开用例编辑器。

②无须添加条件，直接新增“显示”动作。

③在右侧的配置动作区域勾选 tip。

④设置动画为“逐渐”，时间为 500 毫秒。

⑤添加“等待”动作，等待 2000 毫秒。

⑥添加“隐藏”动作，隐藏 tip，动画为“逐渐”，时间为 500 毫秒。

图 8-73

（8）选中编辑区域的所有元件，组合并命名为 edit，设置为隐藏。

（9）单击“编辑”按钮，编辑区域从右侧向左滑入，如图 8-74 所示。

①选中“编辑”按钮，双击属性面板中的“鼠标单击时”事件，打开用例编辑器。

②选择【添加动作 > 元件 > 显示 / 隐藏 > 显示】。

③在右侧的配置动作区域勾选 edit。

④设置动画为“向左滑动”，时间为 500 毫秒。

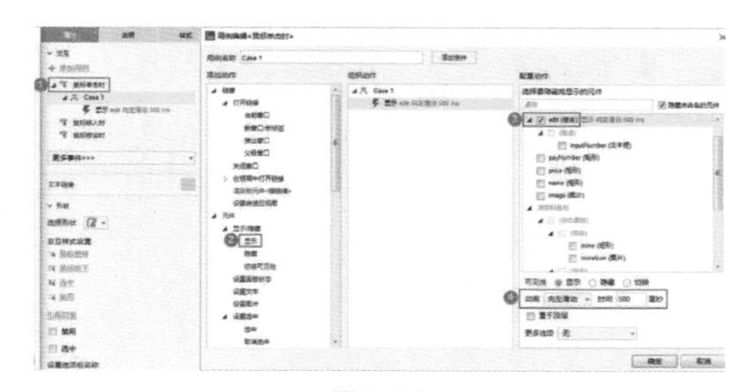

图 8-74

（10）单击编辑区域中的“完成”按钮，编辑区域向右侧滑出，如图 8-75 所示。

①选中编辑区域中的“完成”按钮，双击属性面板中的“鼠标单击时”事件，打开用例编辑器。

②选择【添加动作 > 元件 > 显示 / 隐藏 > 隐藏】。

③在右侧的配置动作区域勾选 edit。

④设置动画为“向右滑动”，时间为 500 毫秒。

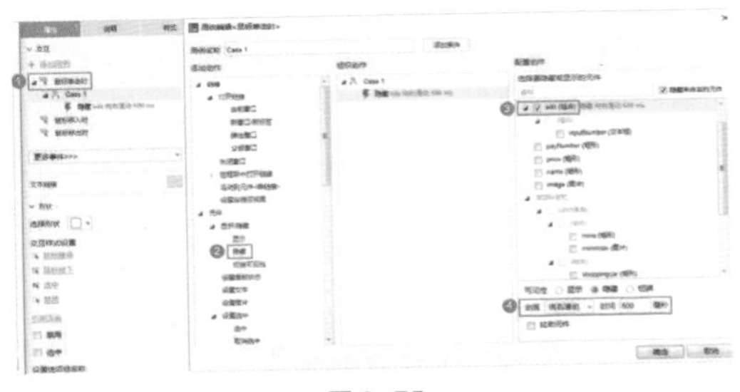

图 8-75

（11）把 edit 组合移动至商品信息上方，组合的右边界与页面的右边界重合，如图 8-76 所示。

图 8-76

（12）设置完成后，按 F5 键在浏览器中预览效果，如图 8-77 所示。

图 8-77

8.5 完善原型

购物 App 中比较有代表性的几种交互效果已经制作完毕，其他没有涉及的页面和功能交互，读者可以根据自己掌握的情况自行练习。接下来对制作好的原型加以完善。

（1）添加页面跳转链接。因为 App 中的元素很多，原型中很难把所有的页面都做出来，比如商品列表页中有很多商品，不可能给每个商品都制作一个详情页，所以可以让每个商品都跳转到同一个详情页面。其他的链接读者自行添加，如果你制作了其他页面，跳转链接也一并添加，这个动作很简单，此处不再赘述。

（2）添加返回至上一页链接。单击页面左上角的“返回”按钮，页面跳转至上一页，如图 8-78 所示。

①选中“返回”按钮，双击属性面板中的“鼠标单击时”事件，打开用例编辑器。

②选择【添加动作 > 链接 > 打开链接】。

③选择打开位置为“当前窗口”。

④选择“返回上一页”。

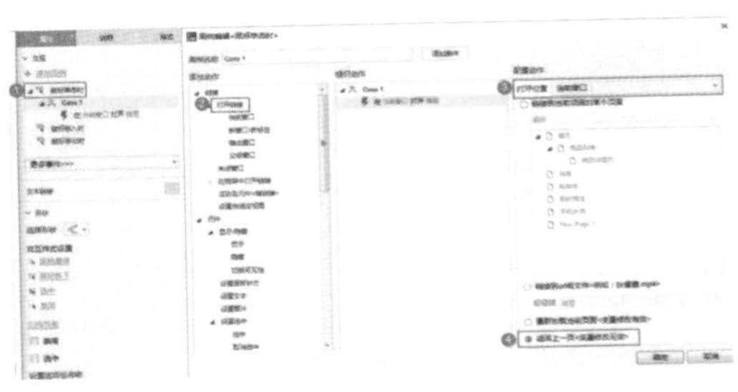

图 8-78

8.6 制作手机外壳

案例描述

App 原型可以在手机（移动设备）上预览，也可以在电脑端预览。在电脑端预览时，如果在原型外面加上一个手机外壳，看起来就更逼真了。本案例制作的效果是把制作好的原型套入手机外壳，实现在电脑端模拟手机的浏览效果，如图 8-79 所示。

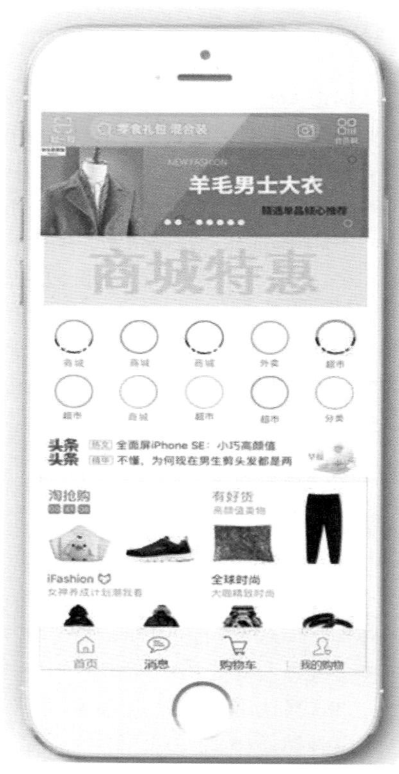

图 8-79

◖ 案例思路

使用内联框架显示手机屏幕中的内容。

有些页面的内容很长，在滚动时会在内联框架中显示垂直滚动条，而手机屏幕中是不应该有滚动条的，此时可以把内联框架放到动态面板中，利用动态面板的“自动调整为内容尺寸”属性，来“隐藏”滚动条。

◖ 案例技术

内联框架的属性、动态面板的拖动时事件、动态面板的自动调整为内容尺寸属性。

◖ 制作步骤

在制作本案例之前的准备工作中，已经创建了手机外壳页面，读者也可以自行创建一个空白页。

下面制作手机外壳页面。

（1）拖入“图片”元件至设计区域，导入素材中的手机外壳图片，也可自行在网络上搜索元件库使用。

（2）拖入“图片”元件至设计区域，导入下载素材中的状态栏图片,覆盖到手机外壳的屏幕顶部。

（3）拖入动态面板元件至设计区域，尺寸为 375 像素 ×647 像素，覆盖到手机外壳的屏幕上，顶部边界与状态栏的底部边界重合，不要勾选“自动调整为内容尺寸”，如图 8-80 所示。

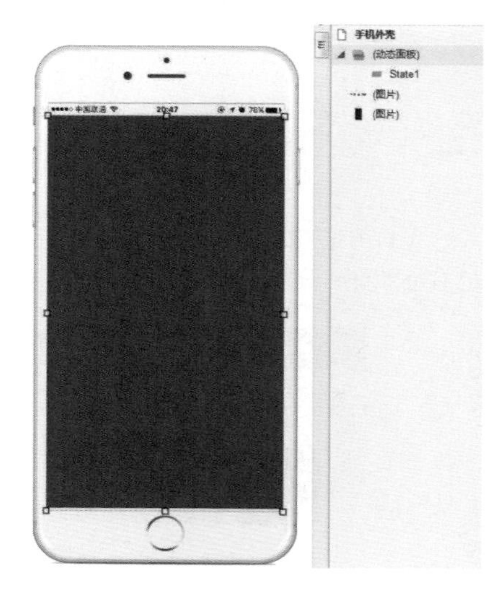

图 8-80

（4）进入动态面板的 State1，拖入内联框架元件至设计区域，位置为（0,0），尺寸为 390 像素 ×647 像素，宽度比 375 像素略大，这样垂直滚动条就会在动态面板的范围之外，在屏幕中就不会显示。由于在制作原型时不会在水平方向超出范围，所以水平滚动条是不会在动态面板中显示的，如图 8-81 所示。

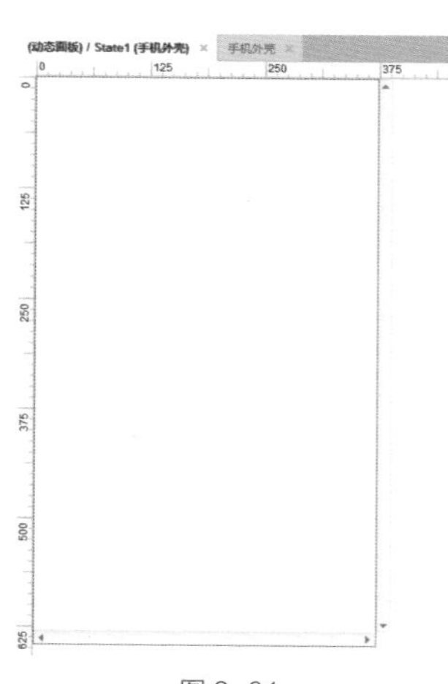

图 8-81

（5）双击内联框架，打开“链接属性”对话框，选择“首页”，如图 8-82 所示。

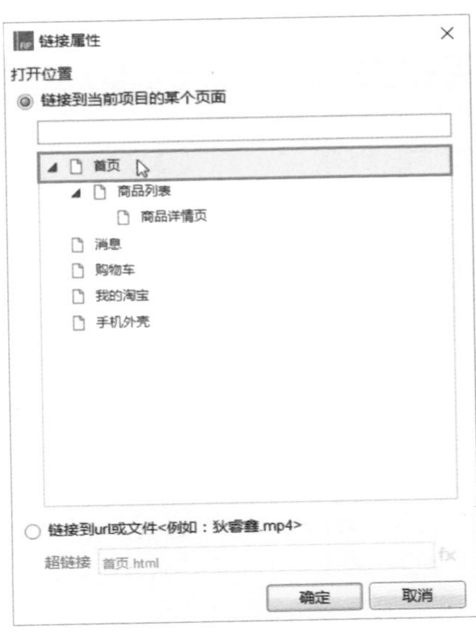

图 8-82

（6）设置完成后，按 F5 键在浏览器中预览效果，如图 8-83 所示。经过上述一系列步骤之后，原型就可以在电脑端模拟手机效果了，同时也不影响直接在手机（移动设备）上预览。

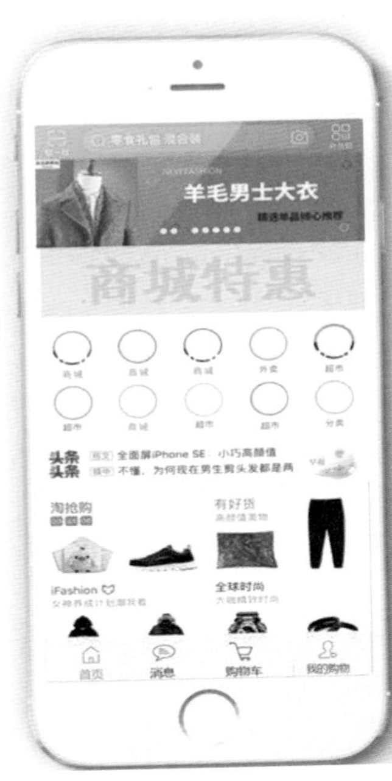

图 8-83

8.7 思考：电商购物车的设计

在各种电商产品中都会有购物车，它的设计是受到线下超市购物车的启发，可以在挑选完形形色色的商品后统一结算，但与线下超市不同的是，电商产品中的购物车可以实现跨店铺结算、选择性的结算，购物车中的内容可以长时间地保存。

那么为什么要模仿线下超市，增加购物车的功能呢？其实在线上购物还没有大发展之前，也是没有购物车功能的，因为那时候人们在网上购买商品的需求还不是很强烈，频率很低，一般购买 1 ~ 2 件商品之后就直接结算了，即使没有购物车也没有太大影响，但随着互联网和电商的不断发展，尤其是近几年购物节的兴起，每个人都能买上几件、十几件甚至几十件商品，这时如果还是一件一件地结算，未免太麻烦了，购物车就理所当然地出现了。

8.7.1 购物车的功能设计

用户把商品加入购物车后，除了该商品的名称和图片之外，最起码要能够看到所选颜色、尺寸、规格、购买数量和价格等基本参数，商品如果有折扣，原价和现价都要显示出来。对于已失效的商品（如商品已被商家下架、商品已卖完等），也要有所标记，并且一般都会沉底显示。

商品的购买数量是可以直接在购物车上进行增减操作的，但一般至少为 1 件。当用户想把商品移除时，还要有删除和批量删除功能。还有些商品是需要限制购买数量的，所以不仅要考虑前端的问题，还要考虑商家后台的逻辑。

对于所选商品的参数，有些电商产品是可以修改的，大部分产品是不可以对所选商品的参数进行修改的，如果要修改参数，需要移除该商品并重新选择。

在一些大型促销活动中，经常会有满减优惠，如“满 300 减 30”“满 1000 减 100”等活动，为了方便用户达到“满减”条件，也为了商家能够卖出更多的商品，购物车中需要提醒用户“还差 xxx 元就可以达到满减标准”，并提供凑单入口。还需要注意的是，有些满减优惠是可以全平台使用的，但有些不允许跨店使用，在提示信息上要加以区分，并且要考虑商家后台和系统后台的逻辑。

在购物车的商品列表下方，还会有一些商品推荐，就像在线下超市的结算台旁边都会有一些口香糖、巧克力等小商品一样。个性化推荐中可以根据用户的浏览记录推荐用户可能喜欢的商品，也可以根据购物车中的商品推荐类似的商品或可搭配的商品，提高商品的成交量。

8.7.2 购物车的设计细节

购物车是消费过程中的最后一环，其重要性不言而喻，如果没有良好的用户体验，用户可能会终止购买行为。那么在设计购物车时，有什么细节需要格外注意？

1. 按照商家或品牌分类展示商品

用户可能会把感兴趣的商品都加入购物车，分类展示后，可以方便地对商品进行对比。

2. 一键清除失效商品

对于已经失效的商品，提供一键清除功能，不要让它对用户造成干扰。

3. 自动勾选本次新加入的商品

用户可能不会一次性全部结算购物车中的商品，他可能在犹豫，也可能在等待降价，这就需要可以自动勾选本次新加入的商品，不要让用户每次都在众多的商品中重新选择。

4. 自动填充收货地址等信息

要尽量减少用户的操作步骤，比如可以自动填充收货地址。现在手机的定位是比较精准的，至少省、市和区的定位几乎可以做到万无一失，有了这些信息，邮政编码也就确定了。那么如果要把商品寄给别人呢？这就需要手工录入地址了，但一般省、市、区、街道等信息都是分开录入的，这就会比较麻烦。其实有这样一种场景是比较常见的，那就是你的好朋友曾经给你发过他的收货地址，如果能够实现把一长串的地址粘贴到地址框中，系统自动识别省、市、区和街道信息，这就非常方便了。

第9章

综合案例：音乐类产品

本章制作音乐类产品——跃动音乐 App 中部分典型页面的高保真原型，以 iPhone 6S 的尺寸为例，请提前下载案例所需要的图片素材。

本章学习要点

» 左侧抽屉菜单
» 歌单滚动动效
» 顶部导航栏背景动效

9.1 音乐馆页面：抽屉菜单

案例描述

向右滑动页面或单击左上角的“菜单”按钮，菜单以抽屉形式从左侧滑出，同时页面主体部分跟随菜单向右移动；向左滑动页面或再次单击“菜单”按钮，菜单收起，同时页面主体部分跟随菜单向左移动，如图 9-1 所示。

图 9-1

案例思路

使用动态面板的“向左 / 右拖动结束时”事件来模拟移动设备上的左右滑动。

“抽屉”效果其实就是水平移动元件的位置。

关闭动态面板的“自动调整为内容尺寸”属性，可以在移动元件的同时，让显示区域的宽度始终保持为手机屏幕的宽度。

案例技术

动态面板的自动调整为内容尺寸属性、向左拖动结束时事件、向右拖动结束时事件、鼠标单击时事件、全局变量、条件用例。

制作步骤

首先制作音乐馆页面的主体部分和菜单部分。

（1）拖入“动态面板”至设计区域，尺寸为 375 像素 ×647 像素，位置为（0,0），命名为 body，取消勾选“自动调整为内容尺寸”。

（2）为了减少不必要的干扰，同样直接使用截图来制作页面，进入 body 的 State1，自行下载图片素材，制作音乐馆页面的主体内容，如图 9-2 所示。

图 9-2

（3）同样在 body 的 State1 中，拖入“热区”元件至设计区域，尺寸为 40 像素 ×40 像素，位置为（0,0），覆盖到“菜单”按钮上方，这样可以增大可单击区域，如图 9-3 所示。

图 9-3

（4）把音乐馆页面的主体内容全选，组合并命名为 music。

（5）同样在 body 的 State1 中，拖入“图片”元件至设计区域，导入菜单图片，尺寸为 320 像素 ×647 像素，位置为（-320,0），命名为 menu，如图 9-4 所示。

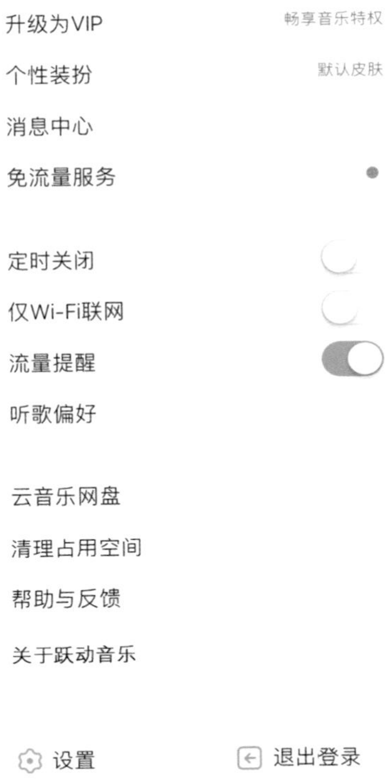

升级为VIP
畅享音乐特权
个性装扮
默认皮肤
消息中心
免流量服务
定时关闭
仅Wi-Fi联网
流量提醒
听歌偏好
云音乐网盘
清理占用空间
帮助与反馈
关于跃动音乐
设置
退出登录

图 9-4

接下来制作菜单的抽屉效果。

（1）单击菜单中的【项目 > 全局变量】命令，打开“全局变量”对话框，创建全局变量，命名为 sign，默认值为 0，如图 9-5 所示，用来保存当前菜单的状态。值为 0 时的含义为菜单收起，值为 1 时的含义为菜单滑出。

全局变量
创建全局变量用于浏览器中页面切换时存储数据。如果在IE浏览器浏览原型，推荐使用25个或更少的变量。
变量名必须是字母数字，少于25个字符，并且不能包含空格。
变量名称
默认值
OnLoadVariable
sign
0
确定

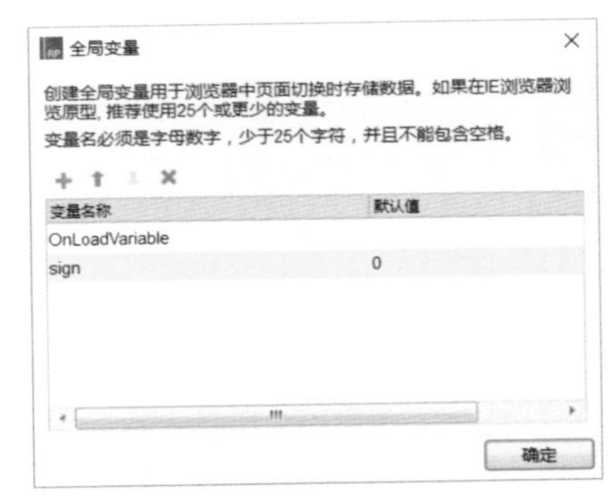

图 9-5

（2）向右滑动页面，菜单以抽屉形式从左侧滑出，同时页面主体部分跟随菜单向右移动，如图 9-6 所示。

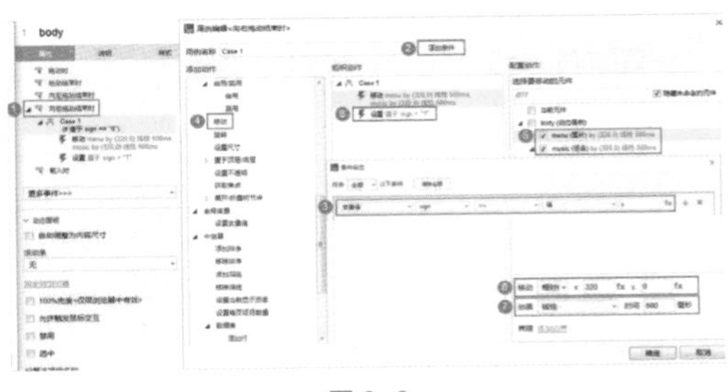

图 9-6

①选中 body 动态面板，双击属性面板中的“向右拖动结束时”事件，打开用例编辑器。

②单击“添加条件”按钮，打开“条件设立”对话框。

③依次设置条件参数为变量值、sign、==、值和 0。

④选择【添加动作 > 移动】。

⑤依次选中 menu 和 music。

⑥ menu 和 music 均选择相对位置、*x* 坐标 320、*y* 坐标 0。

⑦动画为“线性”，时间为 500 毫秒。

⑧添加“设置变量值”动作，把 sign 的值设置为 1。

（3）向左滑动页面，菜单收起，同时页面主体部分跟随菜单向左移动，如图 9-7 所示。

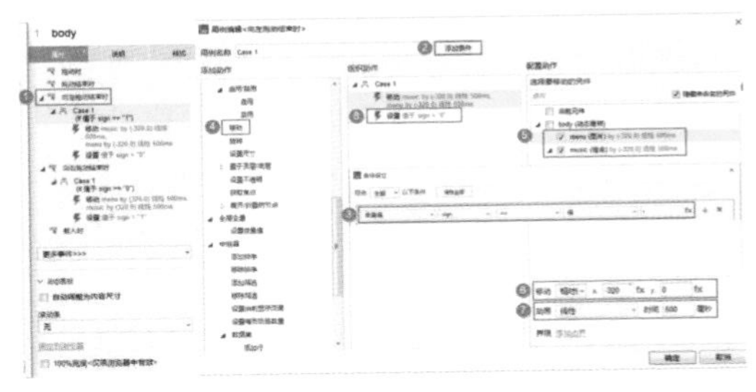

图 9-7

①选中 body 动态面板，双击属性面板中的“向左拖动结束时”事件，打开用例编辑器。

②单击“添加条件”按钮，打开“条件设立”对话框。

③依次设置条件参数为变量值、sign、==、值和 1。

④选择【添加动作 > 移动】。

⑤依次选中 menu 和 music。

⑥ menu 和 music 均选择相对位置、x 坐标 -320、y 坐标 0。

⑦动画为“线性”，时间为 500 毫秒。

⑧添加“设置变量值”动作，把 sign 的值设置为 0。

（4）单击“菜单”按钮，菜单以抽屉形式从左侧滑出，同时页面主体部分跟随菜单向右移动，如图 9-8 所示。

①进入 body 动态面板的 State1，选中“菜单”按钮上面的热区，双击属性面板中的“鼠标单击时”事件，打开用例编辑器。

②单击“添加条件”按钮，打开“条件设立”对话框。

③依次设置条件参数为变量值、sign、==、值和 0。

④选择【添加动作 > 其他 > 触发事件】。

⑤在右侧的配置动作区域勾选 body。

⑥选择“向右拖动结束时”。

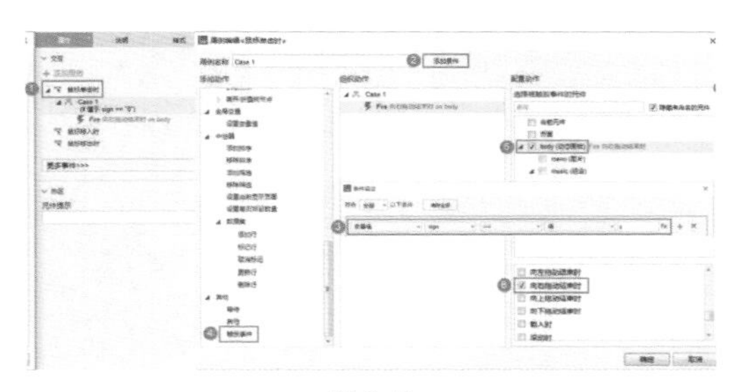

图 9-8

（5）再次单击“菜单”按钮，菜单收起，同时页面主体部分跟随菜单向左移动，如图 9-9 所示。

①选中“菜单”按钮上面的热区，双击属性面板中的“鼠标单击时”事件，打开用例编辑器。

②单击“添加条件”按钮，打开“条件设立”对话框。

③依次设置条件参数为变量值、sign、==、值和 1。

④选择【添加动作 > 其他 > 触发事件】。

⑤在右侧的配置动作区域勾选 body。

⑥选择“向左拖动结束时”。

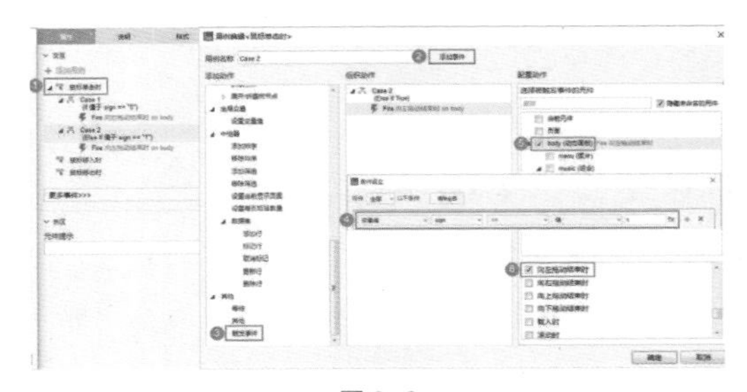

图 9-9

（6）设置完成后，按 F5 键在浏览器中预览效果，如图 9-10 所示。

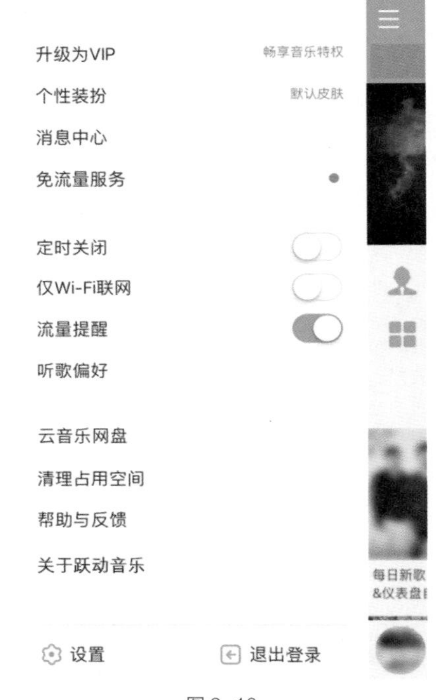

图 9-10

9.2 歌单页

案例描述

当歌单页面滚动距离小于上半部分的图片高度时，顶部导航栏的背景为透明（即显示为上半部分图片）；当歌单页面滚动距离大于上半部分的图片高度时，“随机播放”按钮区域固定到导航栏下方，导航栏背景不再变化，文字修改为歌单名称，如图 9-11 所示。

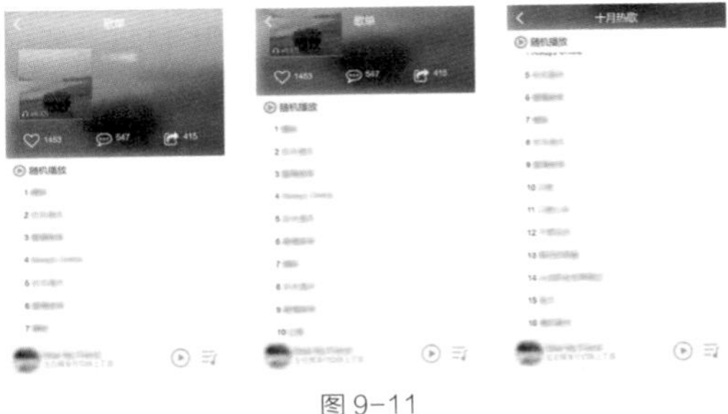
图 9-11

案例思路

使用动态面板制作顶部导航栏，并设置动态面板的背景为透明，在动态面板的 State1 中使用图片来制作滚动距离大于上半部分的图片高度时的背景，并设置为隐藏。

判断页面垂直滚动的距离，根据滚动距离移动“随机播放”按钮区域，设置导航栏图片背景的显示与隐藏和导航栏文字的内容。

案例技术

窗口滚动时事件、条件用例、Window.scrollY 函数。

制作步骤

首先制作歌单页的主体部分。

（1）制作头部导航栏，拖入“动态面板”元件至设计区域，尺寸为 375 像素 ×44 像素，位置为（0,0），背景颜色为透明，命名为 head。

（2）将导航栏固定在页面顶部，如图 9-12 所示。

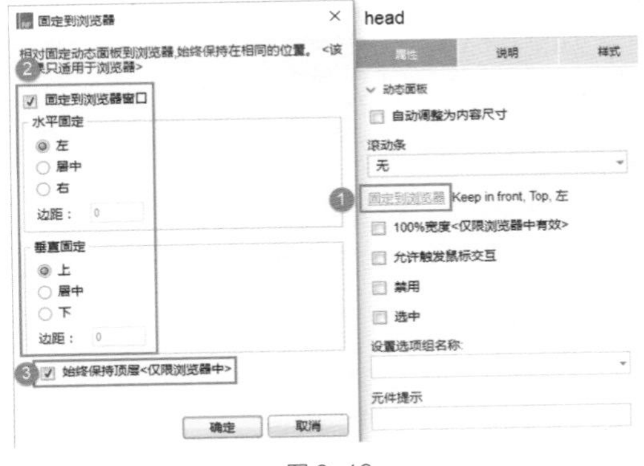

图 9-12

①选中 head 动态面板，单击属性面板中的“固定到浏览器”。

②勾选“固定到浏览器窗口”，“水平固定”选择“左”，“垂直固定”选择“上”。

③勾选“始终保持顶层 < 仅限浏览器中 >”。

（3）进入 head 动态面板的 State1，拖入“图片”元件至设计区域，尺寸为 375 像素 ×44 像素，位置为（0,0），导入导航栏背景图片，命名为 topBackground。

（4）在 head 动态面板的 State1，使用 Icons 元件库中的图标制作“返回”按钮，尺寸为 11 像素 ×20 像素，位置为（16,12），填充颜色为 #F2F2F2。拖入“文本标签”元件至设计区域，修改文字为“歌单”，居中显示，字号为 18，字体颜色为 #FFFFFF，宽度为 375 像素，位置为（0,11），命名为 topTitle，如图 9-13 所示。

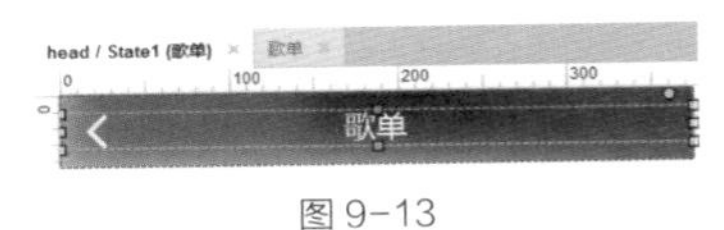

图 9-13

（5）设置 topBackground 图片为隐藏。

（6）制作歌单页面的主体部分，注意上半部分的图片尺寸为 375 像素 ×260 像素，位置为(0,0)，随机播放区域为矩形和图标的组合，命名为 randomPlay，可以多制作一些歌曲曲目，这样页面才可以滚动起来，如图 9-14 所示。

图 9-14

接下来制作页面滚动时，顶部导航栏和“随机播放”按钮区域的交互效果。

（1）当滚动距离大于上半部分的图片高度时，“随机播放”按钮区域固定到导航栏下方，导航栏背景不再变化，文字修改为歌单名称，如图 9–15 所示。

①先在页面的空白区域单击（不要选中任何元件），然后双击属性面板中的“窗口滚动时”事件，打开用例编辑器。

②单击“添加条件”按钮，打开“条件设立”对话框。

③依次设置条件参数为值、[[Window.scrollY]]、>、值和 260。

④选择【添加动作 > 移动】。

⑤在右侧的配置动作区域勾选 randomPlay。

⑥选择“绝对位置”、x 坐标 0、y 坐标 [[Window.scrollY + 44]]。

⑦添加“显示”动作，显示 topBackground。

⑧添加“设置文本”动作，设置 topTitle 的值为“十月热歌”。

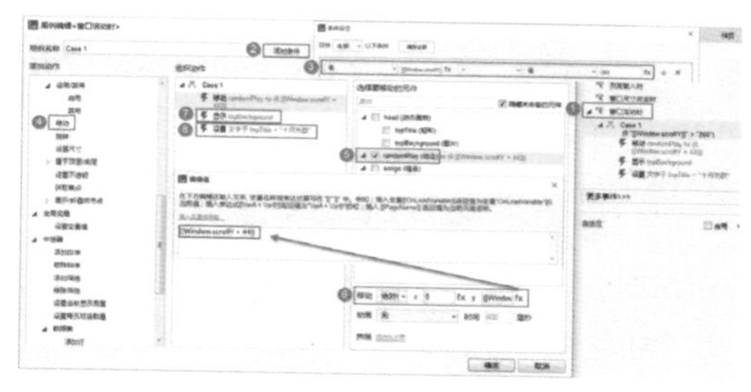

图 9–15

（2）当歌单页面滚动距离小于上半部分的图片高度时，顶部导航栏的背景为透明（即显示为上半部分图片），导航栏文字恢复为“歌单”，“随机播放”按钮区域恢复原位置，如图 9–16 所示。

①先在页面的空白区域单击（不要选中任何元件），然后双击属性面板中的“窗口滚动时”事件，打开用例编辑器。

②无须添加条件，直接添加“移动”动作。

③在右侧的配置动作区域勾选 randomPlay。

④选择“绝对位置”、x 坐标 0、y 坐标 260。

⑤添加“隐藏”动作，隐藏 topBackground。

⑥添加“设置文本”动作，设置 topTitle 的值为“歌单”。

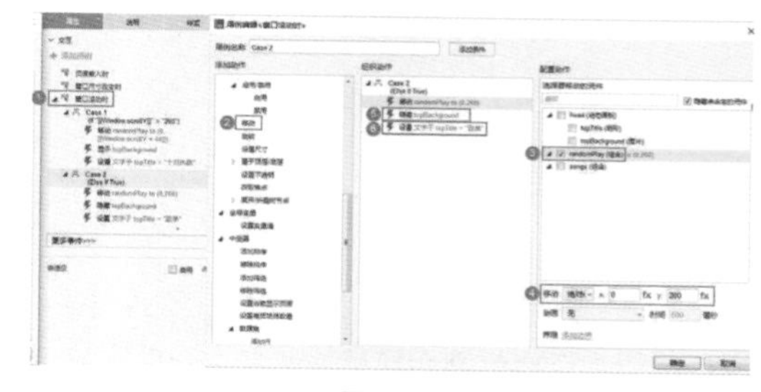

图 9–16

（3）使用动态面板制作底部播放器，固定在页面底部，此处不再赘述详细步骤。

（4）检查页面中各元件的层级，保证 randomPlay 组合在歌曲列表中各个矩形的上方。通过适当的组合与命名，可以很清晰地看出页面中各元件的层级关系，如图 9–17 所示。

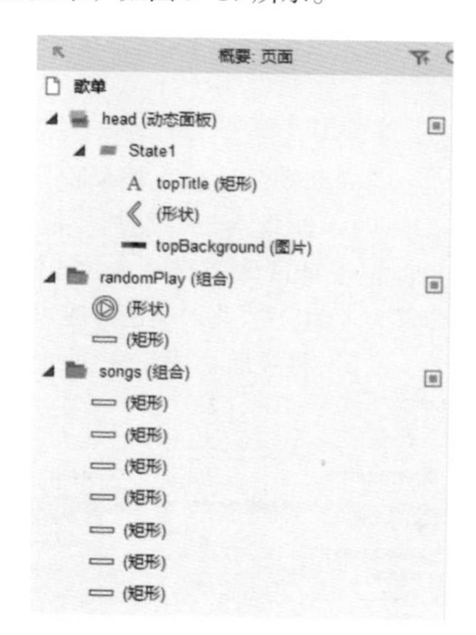

图 9–17

（5）设置完成后，按 F5 键在浏览器中预览效果，如图 9–18 所示。

图 9-18

9.3 通用头部导航栏

案例描述

使用母版制作头部导航栏，加载时导航栏名称自动显示为当前页面的名称。

案例思路

在母版中，当导航栏载入时，使用 PageName 函数获取到当前页面的名称，并赋值给导航栏。

案例技术

载入时事件、鼠标单击时事件、PageName 函数。

制作步骤

（1）新建两个页面，分别命名为“清理占用空间”和“关于 QQ 音乐”，如图 9-19 所示。

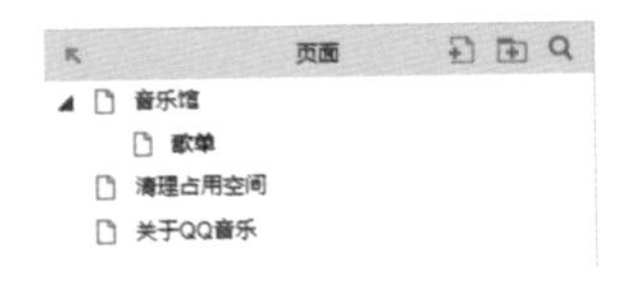

图 9-19

（2）打开“清理占用空间”页面，拖入“矩形 2”元件至设计区域，尺寸为 375 像素 ×44 像素，位置为（0,0），填充颜色为 #31C27C，文本颜色为 #FFFFFF，文本字号为 18。

（3）从 Icons 元件库中拖动“返回”图标至设计区域，尺寸为 11 像素 ×20 像素，位置为（16,12），填充颜色为 #FFFFFF，如图 9-20 所示。

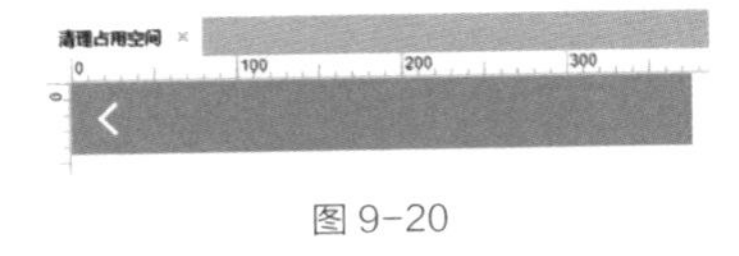

图 9-20

（4）每当打开一个新页面，导航栏的标题文字显示为页面名称，如图 9-21 所示。

①选中导航栏的矩形，单击属性面板中的“更多事件 > 载入时”事件，打开用例编辑器。

②选择【添加动作 > 元件 > 设置文本】。

③在右侧的配置动作区域勾选“当前元件”。

④设置文本为“值”，输入 [[PageName]]，也可单击 fx 按钮后，在“编辑文本”对话框中选择。

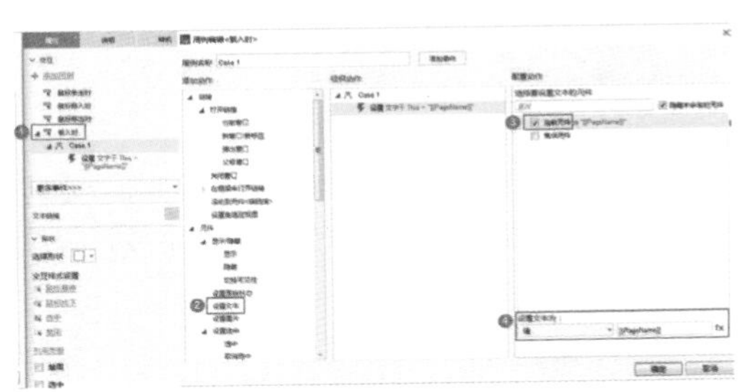

图 9-21

（5）单击“返回”按钮，返回上一页，如图 9-22 所示。

①选中“返回”按钮，双击属性面板中的“鼠标单击时”事件，打开用例编辑器。

②选择【添加动作 > 打开链接】。

③选择打开位置为“当前窗口”。

④选择“返回上一页”。

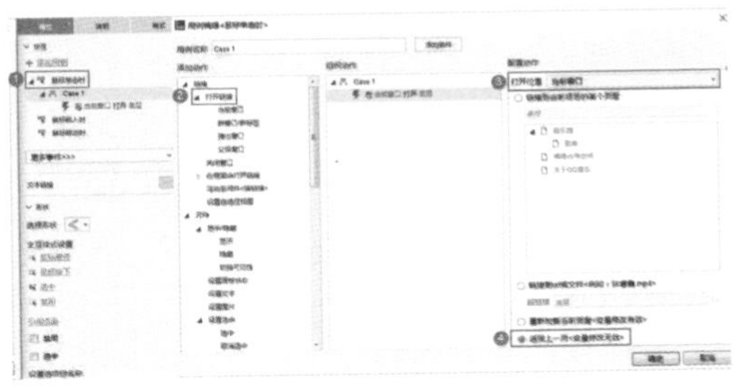

图 9-22

（6）选中上述所有元件，执行右键菜单命令【转换为动态面板】，并固定到浏览器顶部，如图 9-23 所示。

①选中该动态面板，单击属性面板中的“固定到浏览器”。

②勾选“固定到浏览器窗口”，“水平固定”选择“左”，“垂直固定”选择“上”。

③勾选“始终保持顶层 <仅限浏览器中>”。

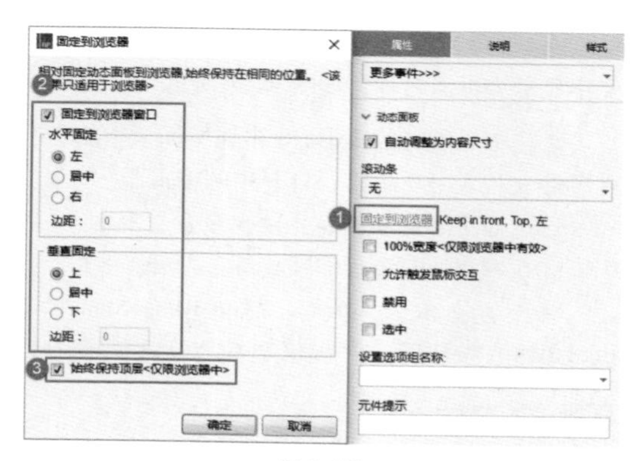

图 9-23

（7）选中动态面板，执行右键菜单命令【转换为母版】，设置母版名称为 head，拖放行为选择“固定位置”，如图 9-24 所示。

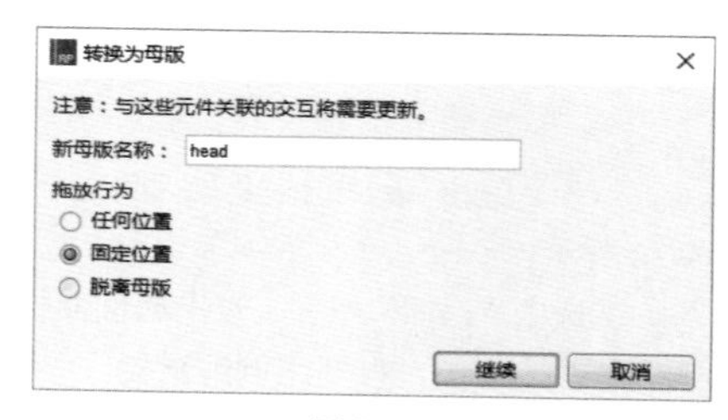

图 9-24

（8）打开“关于跃动音乐”页面，拖入 head 母版至设计区域。

（9）设置完成后，按 F5 键在浏览器中预览效果，如图 9-25 所示。切换上述两个页面时，顶部导航栏的标题自动显示为页面文字。

图 9-25

第 10 章

综合案例：后台管理系统

本章制作软件后台管理系统或企业管理系统，操作终端为电脑端。不再像前两个综合案例那样以某个真实的产品为参照，而是直接按照管理系统的常规布局，使用 Axure RP 自带的元件库自己设计页面，制作交互效果。

本章学习要点

- 悬浮下拉动效
- 手风琴导航菜单
- 联动下拉菜单
- 进度条动效

10.1 页面框架

图 10-1 为管理系统的主流布局方式，顶部显示系统名称和登录信息，左侧为导航菜单，右侧为数据区域。本节内容为搭建好页面框架，制作头像快捷入口和手风琴导航菜单两部分的交互效果。

图 10-1

10.1.1 头像快捷入口

案例描述

鼠标移入头像区域，显示下拉菜单；鼠标移出头像区域，隐藏下拉菜单，如图 10-2 所示。

图 10-2

案例思路

如果是移入 / 移出某个文本区域显示 / 隐藏下拉菜单，可以直接使用“水平菜单”元件，非常简单，但头像是一张图片，此方法行不通。

读者可能已经想到了制作此效果的方法，那就是直接给头像的“鼠标移入时事件”和“鼠标移出时事件”添加显示和隐藏的动作。但这个思路只对了一半，使用这种方法，鼠标移入头像区域显示下拉菜单是没有问题的，但当鼠标准备单击下拉菜单时，鼠标只要刚刚移出头像区域，下拉菜单就直接隐藏了，根本无法单击。

改进上述思路，使用动态面板的两种状态制作默认时、鼠标移出时的头像区域（只有头像）和鼠标移入时的头像区域（包含头像和下拉菜单）。

案例技术

动态面板、鼠标移入时事件、鼠标移出时事件。

制作步骤

（1）拖入“矩形 2”元件至设计区域，尺寸为 800 像素 ×60 像素，位置为（0,0），填充颜色为 #1DAAE0，修改其文本为“公司业务管理系统”，在样式面板中修改其文本对齐方式为居左，左侧内填充距离为 30，如图 10-3 所示。

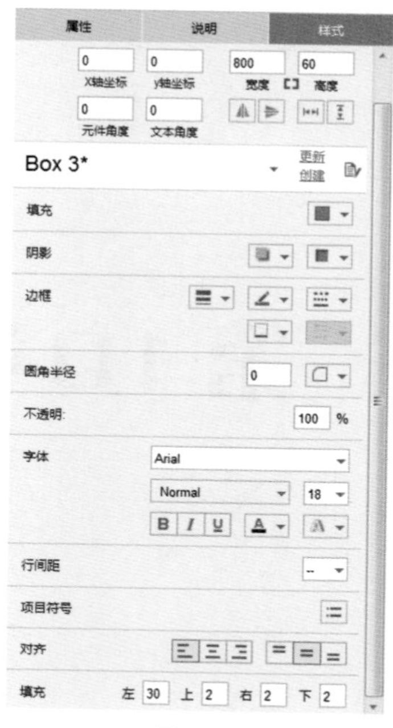

图 10-3

（2）拖入“文本标签”元件至设计区域，位置为（745,21），字体颜色为 #FFFFFF，修改其文本为“李明”。

（3）拖入“图片”元件至设计区域，导入默认头像，尺寸为 30 像素 ×30 像素，位置为（700,15），圆角半径为 15 像素，执行右键菜单命令【转换为动态面板】。

（4）双击该动态面板，打开“面板状态管理”对话框，复制 State1，此时动态面板有 State1 和 State2 两个状态，如图 10-4 所示。

图 10-4

（5）进入动态面板的 State2，拖入 3 个“矩形 1”元件至设计区域，尺寸均为 100 像素 ×35 像素，位置分别为（0,40）、（0,75）和（0,110），边框颜色均为 #CCCCCC，修改文本分别为“个人中心”“密码修改”“退出系统”。

（6）分别修改“个人中心”矩形和“退出系统”矩形的上圆角半径和下圆角半径为 6 像素，如图 10-5 所示。

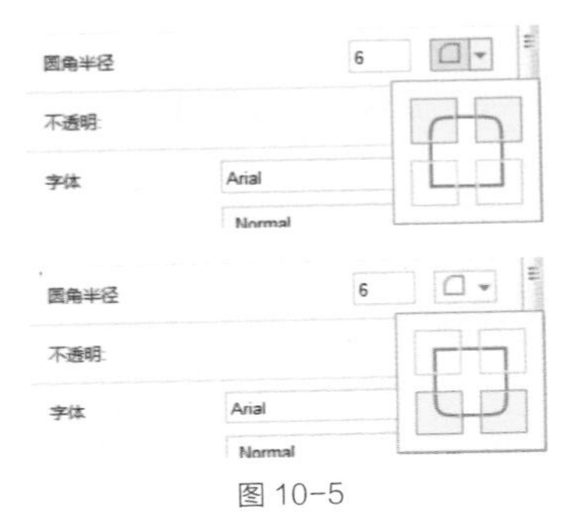

图 10-5

（7）鼠标移入头像区域时，显示下拉菜单，如图 10-6 所示。

①关闭动态面板的 State2，选中动态面板，双击属性面板中的“鼠标移入时”事件，打开用例编辑器。

②选择【添加动作 > 元件 > 设置面板状态】。

③在右侧的配置动作区域勾选“当前元件”。

④选择状态为 State2。

图 10-6

（8）鼠标移出头像区域时，收起下拉菜单，如图 10-7 所示。

①选中动态面板，双击属性面板中的“鼠标移出时”事件，打开用例编辑器。

②选择【添加动作 > 元件 > 设置面板状态】。

③在右侧的配置动作区域勾选“当前元件”。

④选择状态为 State1。

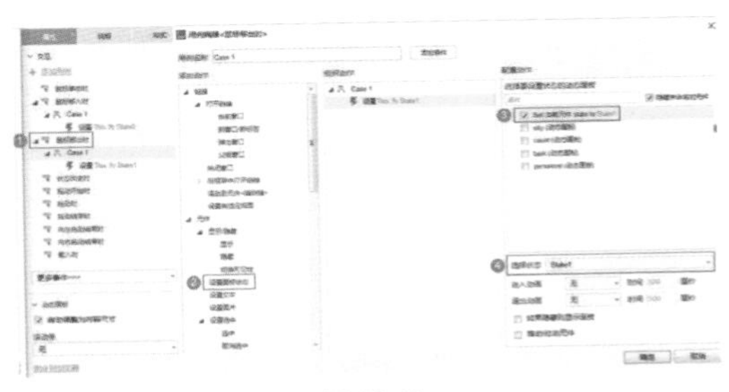

图 10-7

（9）设置完成后，按 F5 键在浏览器中预览效果，如图 10-8 所示。

图 10-8

10.1.2 手风琴导航菜单 1

案例思路

单击一级菜单，对应的二级菜单向下展开，其他二级菜单收起，再次单击该一级菜单，对应的二级菜单收起，如图 10-9 所示。

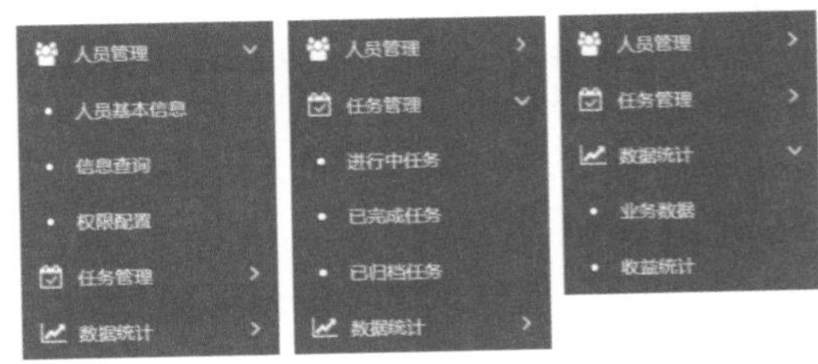

图 10-9

案例思路

单击一级菜单，显示对应的二级菜单，隐藏其他二级菜单，并配合使用推拉元件效果。

使用动态面板记录当前一级菜单的展开 / 收起状态。

案例技术

动态面板、鼠标单击时事件、条件用例、显示 / 隐藏时的推拉元件效果。

制作步骤

首先布局左侧导航菜单。

（1）使用矩形、Icons 元件库中的图标和动态面板制作 3 个一级菜单，动态面板的两个状态 State1 和 State2 分别代表一级菜单收起和展开时的状态，矩形背景填充颜色为 #666666，文字和图标颜色为 #FFFFFF，如图 10–10 所示。

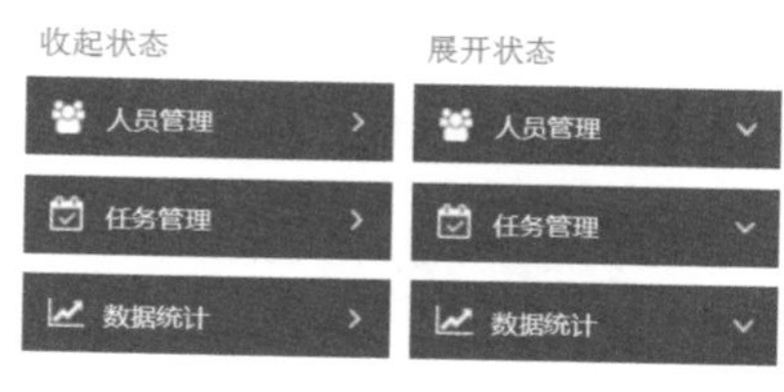

图 10–10

（2）将“人员管理”“任务管理”“数据统计”3 个一级菜单（动态面板）分别命名为 personnel、task 和 count。

（3）使用矩形制作 3 个一级菜单的二级菜单，其中的小圆点为 5 像素 ×5 像素、圆角半径为 3 像素的无边框矩形，将每个一级菜单下的二级菜单组合起来，分别命名为 personnelSon、taskSon 和 countSon，如图 10–11 所示。

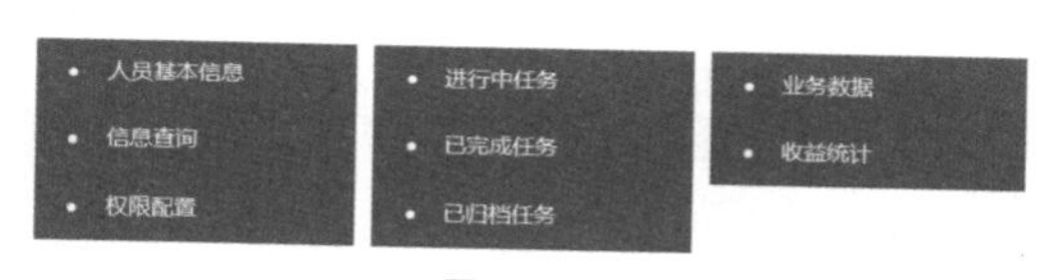

图 10–11

（4）把二级菜单组合移动到对应的一级菜单下方，注意每个菜单之间要紧紧贴合，且不要有交叉重叠的部分，隐藏 taskSon 和 countSon，如 10–12 所示。

图 10–12

（5）修改各一级菜单和二级菜单的层级关系，countSon 在顶层，personnel 在底层，如图 10–13 所示。

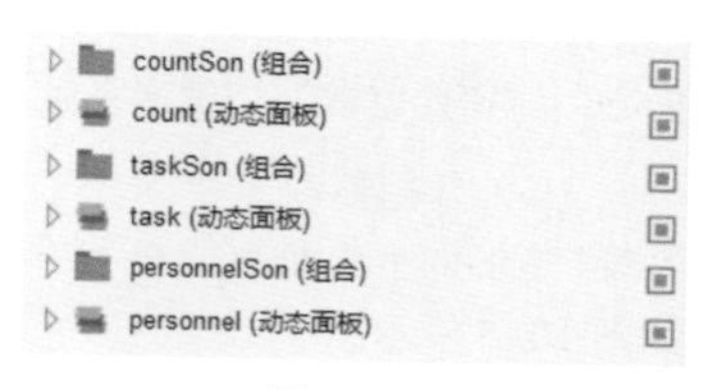

图 10–13

接下来制作菜单的展开和收起效果。

（1）“人员管理”一级菜单是默认展开的，所以默认为展开样式，如图 10–14 所示。

①选中 personnel，双击属性面板中的“载入时”事件，打开用例编辑器。

②选择【添加动作 > 元件 > 设置面板状态】。

③在右侧的配置动作区域勾选“当前元件”。

④选择状态为 State2。

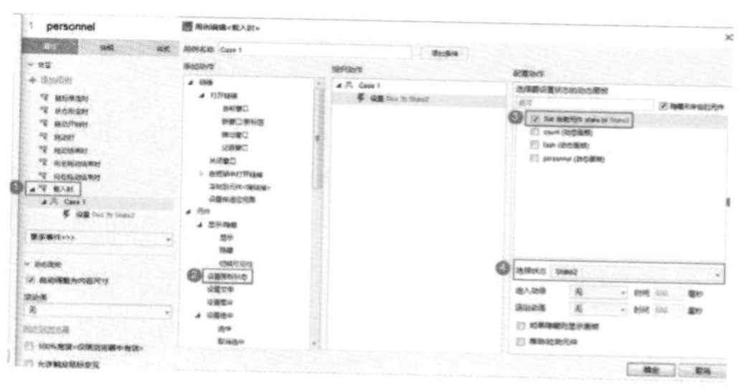

图 10–14

（2）当“人员管理”一级菜单为收起状态时，单击后变为展开状态，并展开其二级菜单，如图 10–15 所示。

①选中 personnel，双击属性面板中的“鼠标单击时”事件，打开用例编辑器。

②单击“添加条件”按钮，打开“条件设立”对话框。

③依次设置条件参数为面板状态、This、==、状态和 State1。

④选择【添加动作 > 元件 > 显示】。

⑤在右侧的配置动作区域勾选 personnelSon。

⑥更多选项为“推动元件”，方向为“下方”。

⑦添加“隐藏”动作，隐藏 taskSon 和 countSon，勾选“拉动元件”，方向为“下方”。

⑧添加“设置面板状态”动作，设置 personnel 的状态为 State2，task 和 count 的状态为 State1。

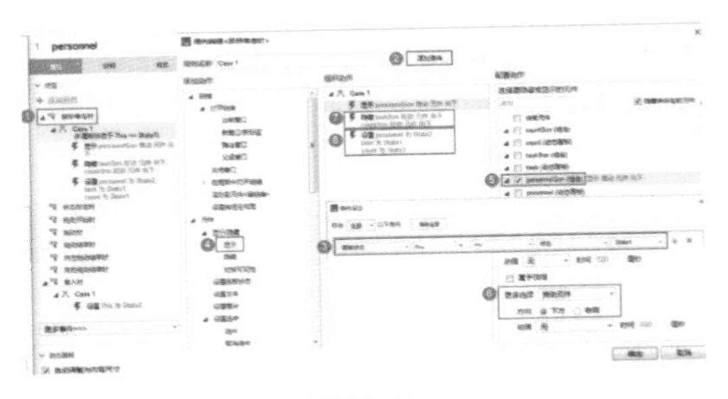

图 10-15

（3）当“人员管理”一级菜单为展开状态时，单击后变为收起状态，并收起其二级菜单，如图 10-16 所示。

①选中 personnel，双击属性面板中的“鼠标单击时”事件，打开用例编辑器。

②单击“添加条件”按钮，打开“条件设立”对话框。

③依次设置条件参数为面板状态、This、==、状态和 State2。

④选择【添加动作 > 元件 > 显示 / 隐藏 > 隐藏】。

⑤在右侧的配置动作区域勾选 personnelSon。

⑥勾选“拉动元件”，方向为“下方”。

⑦添加“设置面板状态”动作，设置“当前元件”为 State1。

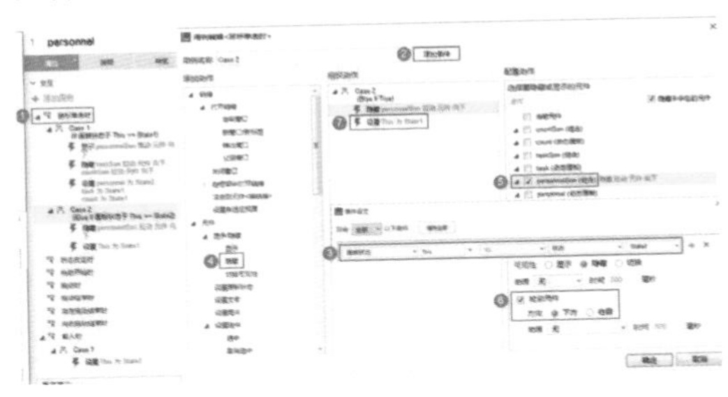

图 10-16

（4）用同样的方法为“任务管理”和“数据统计”两个一级菜单制作展开和收起效果。思路为判断当前一级菜单的状态，如果当前一级菜单为收起（State1）状态，单击后则显示自己的二级菜单并推动元件，隐藏其他二级菜单并拉动元件，最后把自己的状态修改为展开（State2），其他一级菜单的状态修改为收起（State1）；如果当前一级菜单为展开（State2）状态，则隐藏自己的二级菜单并拉动元件，最后把自己的状态修改为收起（State1），如图 10-17 所示。

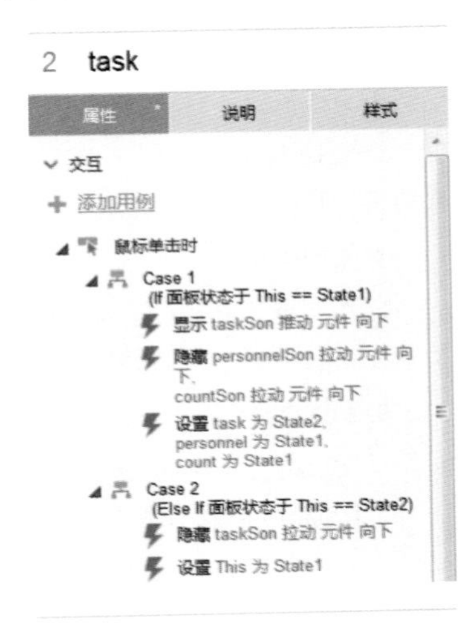

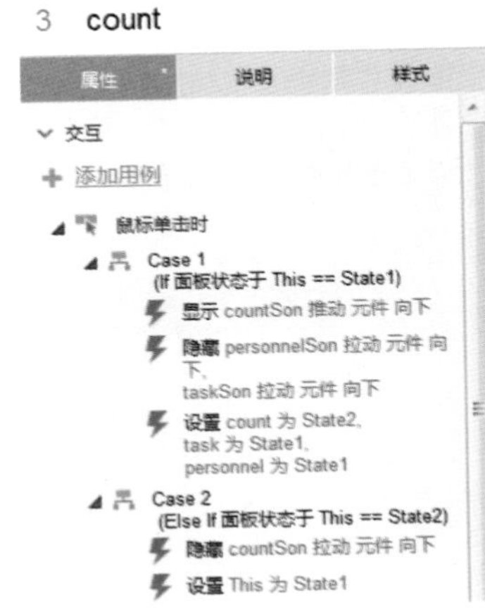

图 10-17

（5）设置完成后，按 F5 键在浏览器中预览效果，如图 10-18 所示。

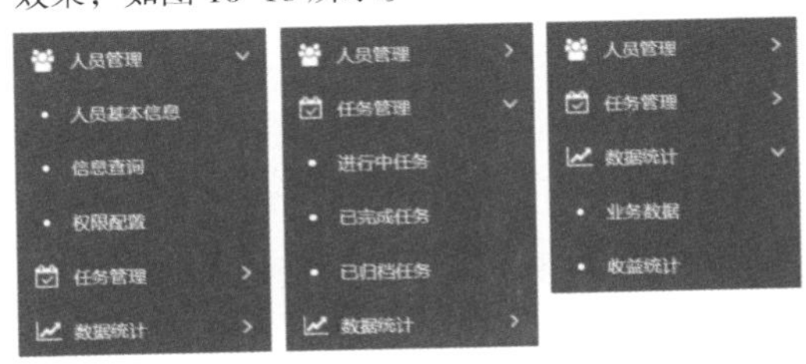

图 10-18

10.1.3 手风琴导航菜单 2

案例描述

单击一级菜单，对应的二级菜单向下展开，再次单击该一级菜单，对应的二级菜单收起。

案例思路述

直接使用动态面板记录一级菜单的收起状态和一级菜单展开后显示二级菜单的状态。

切换动态面板状态，来实现收起 / 展开的效果切换，并配合推拉元件效果。

案例技术

动态面板、鼠标单击时事件、条件用例、显示 / 隐藏时的推拉元件效果。

制作步骤

首先布局左侧导航菜单。

（1）拖入动态面板至设计区域并设置为两个状态，State1 代表一级菜单收起时的状态，State2 代表一级菜单展开并显示二级菜单的状态，在两个状态中分别按照“10.1.2 手风琴导航菜单 1”中的样式制作“人员管理”“任务管理”“数据统计”3 组一、二级菜单，其中“人员管理”的一、二级菜单如图 10–19 所示。

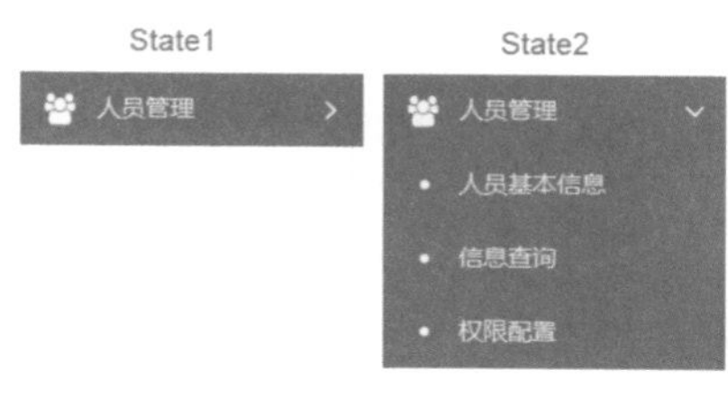

图 10–19

（2）3 组菜单即 3 个动态面板，分别命名为 personnel、task 和 count。

（3）把 3 组菜单纵向排列，每组菜单（动态面板）之间要紧紧贴合，且不要有交叉重叠的部分，如图 10–20 所示。

图 10–20

接下来制作菜单的展开和收起效果。

（1）当“人员管理”一级菜单为收起状态时，单击后变为展开状态，展开其二级菜单，如图 10–21 所示。

①进入 personnel 的 State1，选中“人员管理”的矩形，双击属性面板中的“鼠标单击时”事件，打开用例编辑器。

②选择【添加动作 > 元件 > 设置面板状态】。

③在右侧的配置动作区域勾选 personnel。

④选择状态为 State2。

⑤勾选“推动 / 拉动元件”，方向为“下方”。

图 10–21

（2）当“人员管理”一级菜单为展开状态时，单击后变为收起状态，收起其二级菜单，如图 10–22 所示。

①进入 personnel 的 State2，选中“人员管理”的矩形，双击属性面板中的“鼠标单击时”事件，打开用例编辑器。

②选择【添加动作 > 元件 > 设置面板状态】。

③在右侧的配置动作区域勾选 personnel。

④选择状态为 State1。

⑤勾选“推动 / 拉动元件”，方向为“下方”。

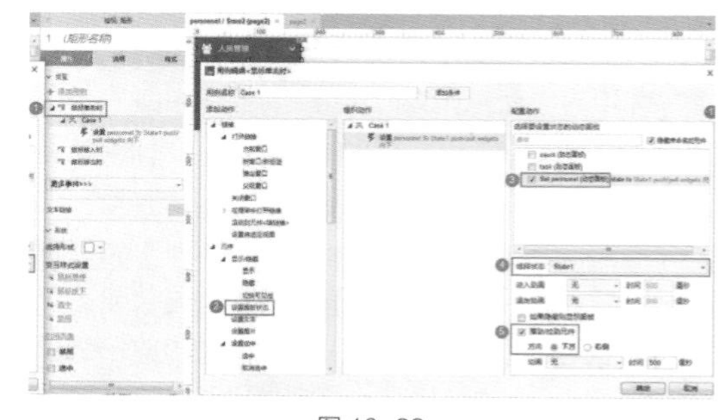

图 10–22

（3）用同样的方法给“任务管理”和“数据统计”两组菜单制作展开和收起效果。

（4）设置完成后，按 F5 键在浏览器中预览效果，如图 10–23 所示。

图 10–23

> **提示**
>
> 无论是手风琴导航菜单 1 还是手风琴导航菜单 2，都需要配合使用“内联框架”元件来显示管理系统页面中的数据区域，也就是说当单击左侧手风琴菜单后，只需要在“内联框架”中切换页面即可。
>
> 本节内容为了清晰地说明如何利用动态面板制作手风琴菜单，将 3 组菜单布局样式都制作出来之后才开始制作收起/展开的交互效果，并且每组菜单（即每个动态面板）中的交互动作都是一个一个按部就班添加的。在实战项目中，后台管理系统一定不止是 3 组菜单，有的菜单数量可能多达十几个，这时如果还是采取这种方法就会有些费时。可以先把一组菜单的布局样式和交互效果（不仅包括收起/展开效果，还可以包括诸如二级菜单的选中、鼠标悬停交互样式的设置等）都制作完成，然后直接复制这组菜单（菜单的交互效果是可以同步复制的），接着修改这些菜单的文字内容和图标样式、修改菜单（动态面板）的命名，这样会简单许多。

思考

本小节制作的手风琴导航菜单中，如何做到单击某个一级导航菜单展开对应二级导航菜单的同时，收起其他的二级导航菜单呢？读者可以按照下面的思路尝试一下。

第 1 种思路，单击某个一级菜单（即鼠标单击时事件），把该动态面板设置为 State2 的同时，把其他动态面板设置为 State1。但这种方法在菜单数量很多时操作起来会很麻烦，并且可维护性较差。

第 2 种思路，把一级菜单（State1 中的矩形）的“选中时”和“取消选中时”代表展开和收起状态。单击一级菜单（State1 中的矩形）时，设置当前元件为选中状态。当一级菜单（State1 中的矩形）被选中时，设置动态面板为 State2；取消选中时，设置动态面板为 State1，利用“同一选项组内的元件在同一时间只能有一个被选中”这个属性，就可以做到同一时间只能有一个动态面板的状态是 State2（展开状态），即展开某个一级菜单时，收起其他二级菜单。

10.2 数据查询与编辑页面

管理系统的大多数页面一般都是对数据列表的查询与编辑，查询操作少不了多个下拉列表的联合查询（联动下拉菜单）。编辑数据时如果涉及批量操作，进度条又是必不可少的，本节就来制作这两部分的交互效果。

10.2.1 联动下拉菜单

案例描述

单击一级下拉列表中的选项，二级下拉列表的选项做对应的联动变化，如图 10–24 所示。

图 10–24

案例思路

二级下拉列表的选项做联动变化，相当于在同一个区域显示不同的下拉列表，符合动态面板的特性，只需要根据一级下拉列表选中的项目，来切换不同的动态面板状态即可。

案例技术

动态面板、选项改变时事件、条件用例。

制作步骤

（1）拖入“下拉列表框”元件至设计区域，尺寸为 130 像素 × 30 像素，位置为（530,80），设置其列表项为“河北、山东、江苏”，命名为 province。

（2）拖入另一个“下拉列表框”元件至设计区域，尺寸为130像素 ×30像素，位置为（670,80），执行右键菜单命令【转换为动态面板】，并命名为city，如图10-25所示。

图10-25

（3）复制两次动态面板city的State1，此时动态面板有State1、State2和State3共3个状态，每个状态里都有一个空的下拉列表框，设置它们的列表项分别为“石家庄、唐山、保定、秦皇岛”“济南、青岛、烟台、日照”“南京、苏州、无锡、常州”，如图10-26所示。

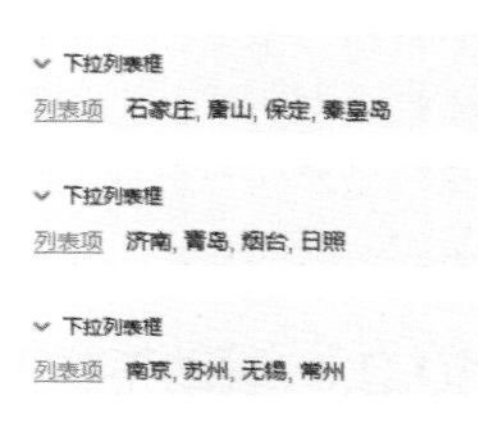

图10-26

（4）选择一级下拉列表中的“河北”，二级下拉列表中显示河北的城市，如图10-27所示。

①选中province，双击属性面板中的“选项改变时”事件，打开用例编辑器。

②单击“添加条件”按钮，打开“条件设立”对话框。

③依次设置条件参数为被选项、This、==、选项和河北。

④选择【添加动作 > 元件 > 设置面板状态】。

⑤在右侧的配置动作区域勾选city。

⑥选择状态为State1。

图10-27

（5）选择一级下拉列表中的“山东”，二级下拉列表中显示山东的城市，如图10-28所示。

①选中province，双击属性面板中的“选项改变时”事件，打开用例编辑器。

②单击“添加条件”按钮，打开“条件设立”对话框。

③依次设置条件参数为被选项、This、==、选项和山东。

④选择【添加动作 > 元件 > 设置面板状态】。

⑤在右侧的配置动作区域勾选city。

⑥选择状态为State2。

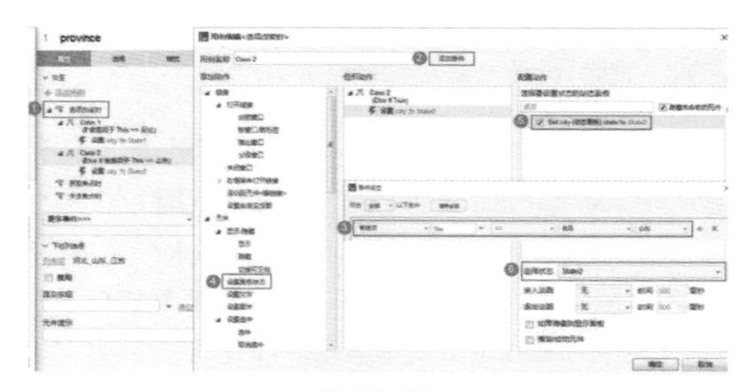

图10-28

（6）选择一级下拉列表中的“江苏”，二级下拉列表中显示江苏的城市，如图10-29所示。

①选中province，双击属性面板中的“选项改变时”事件，打开用例编辑器。

②单击“添加条件”按钮，打开“条件设立”对话框。

③依次设置条件参数为被选项、This、==、选项和江苏。

④选择【添加动作 > 元件 > 设置面板状态】。

⑤在右侧的配置动作区域勾选city。

⑥选择状态为State3。

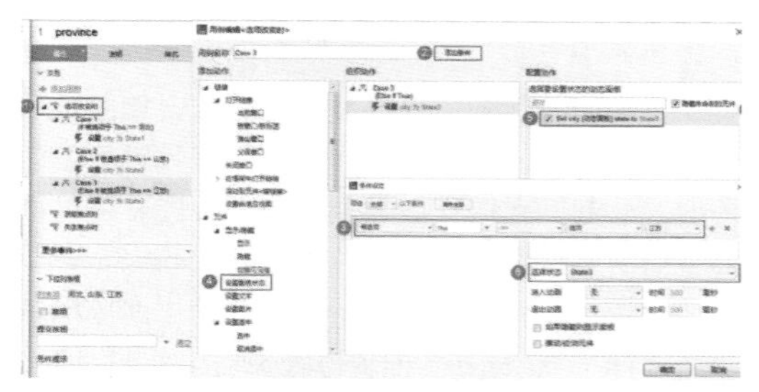

图10-29

（7）设置完成后，按F5键在浏览器中预览效果，如图10-30所示。

图 10-30

10.2.2 进度条

案例描述

单击“上传数据”按钮，显示进度条区域（包括百分比），进度条逐渐填充完整，百分比显示为 0% ~ 100%，如图 10-31 所示。

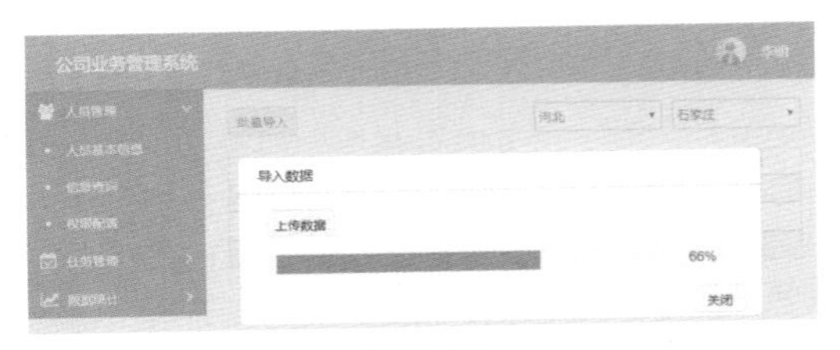

图 10-31

案例思路

进度条的填充物为矩形，初始宽度为 1，单击“上传数据”按钮后，设置矩形的尺寸为逐渐变宽即可。

进度条百分比的算法为填充物（矩形）的宽度占总体宽度的百分比。

如何不断地更新进度条百分比？因为百分比默认是隐藏的，当单击“上传数据”按钮显示出来时，给其“显示时事件”添加“设置文本”动作，接着把它隐藏再显示，形成递归效果。

案例技术

鼠标单击时事件、显示时事件、局部变量、Math.floor 函数、width 函数。

制作步骤

（1）使用矩形和水平线制作“导入数据”悬浮框，悬浮框中包含标题、“上传数据”按钮、进度条和“关闭”按钮，如图 10-32 所示。图中蓝色部分为填充完整的进度条，命名为 fill，尺寸为 400 像素 ×20 像素，即当进度为 100% 时进度条的宽度为 400 像素。灰色部分为进度条的边框底色，命名为 border，其作用仅仅是为了美观，右侧的百分比命名为 percent。

图 10-32

（2）调整好样式后，把进度条 fill 的尺寸修改为 1 像素 ×20 像素，也就是初始状态，把 fill、border 和 percent 设置为隐藏，如图 10-33 所示。

图 10-33

（3）将悬浮框中的所有元件组合起来，命名为 input 并设置为隐藏。注意步骤（2）中设置了 3 个元件为隐藏，此步骤再次设置整个组合为隐藏。

（4）拖入“按钮”元件至设计区域，尺寸为 70 像素 ×30 像素，位置为（220,80），填充颜色为 #F2F2F2，边框颜色为 #CCCCCC，修改其文本为“批量导入”。

（5）单击“批量导入”按钮，弹出“导入数据”悬浮框，如图 10-34 所示。

①选中“批量导入”按钮，双击属性面板中的“鼠标单击时”事件，打开用例编辑器。

②选择【添加动作 > 元件 > 显示 / 隐藏 > 显示】。

③在右侧的配置动作区域勾选 input。

④动画为“向下滑动”，时间为 500 毫秒。

⑤更多选项为“灯箱效果”，背景色为 #CCCCCC，不透明度为 60%。

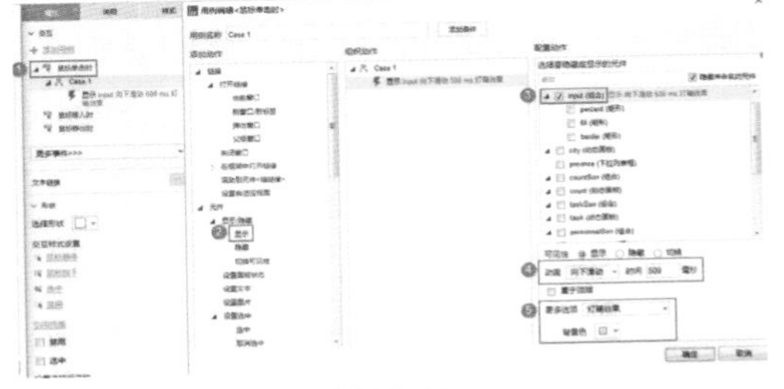

图 10-34

（6）单击“上传数据”按钮，显示进度条，并逐渐填充完整，如图 10–35 所示。

①选中“上传数据”按钮，双击属性面板中的“鼠标单击时”事件，打开用例编辑器。

②添加“显示”动作，显示 percent、fill 和 border。

③选择【添加动作 > 设置尺寸】。

④在右侧的配置动作区域勾选 fill。

⑤设置宽为 400 像素，高为 20 像素。

⑥选择锚点为“左侧”，动画为“线性”，时间为 2000 毫秒。

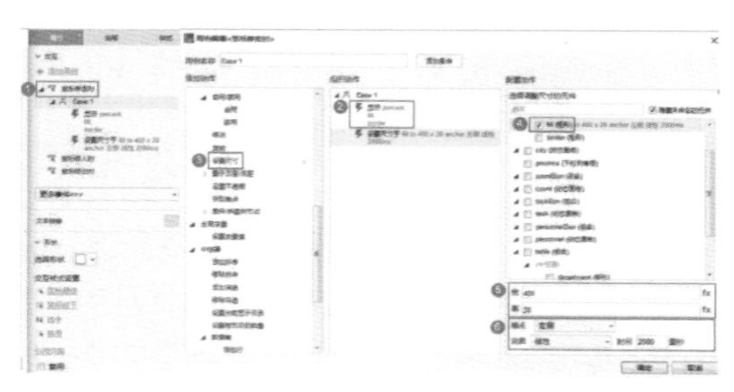

图 10–35

（7）进度条逐渐填充完整的同时，百分比动态变化，如图 10–36 所示。

①选中 percent，单击属性面板中的“更多事件 > 显示时”事件，打开用例编辑器。

②选择【添加动作 > 元件 > 设置文本】。

③在右侧的配置动作区域勾选“当前元件”。

④设置文本为“值”，单击 fx 按钮，打开“编辑文本”对话框。

⑤添加局部变量为 tc、元件和 fill。

⑥输入 [[Math.floor(tc.width/400*100)]]%。

⑦添加“等待”动作，等待 0 毫秒。

⑧添加“隐藏”动作，隐藏当前元件。

⑨添加“显示”动作，显示当前元件。

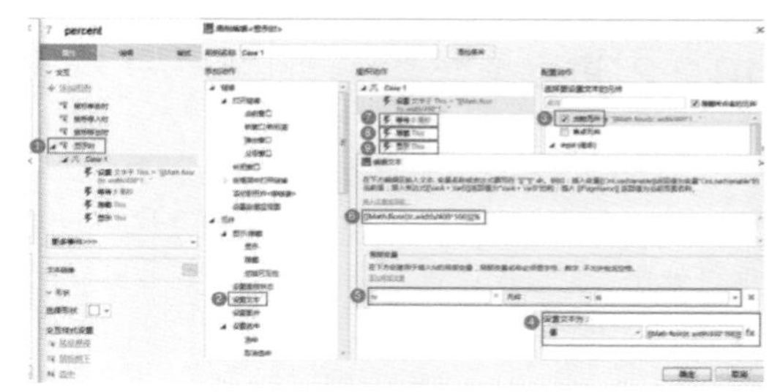

图 10–36

（8）为了让页面看起来更加美观、完整，可以自行使用中继器制作数据列表，详细步骤不再赘述。

（9）设置完成后，按 F5 键在浏览器中预览效果，如图 10–37 所示。

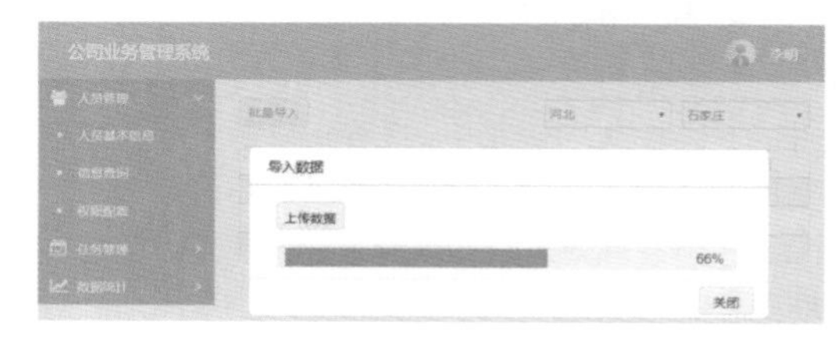

图 10–37

第 11 章

产品设计工作中的体会

为了让读者在工作中更加得心应手，本章笔者将分享一些在使用 Axure 进行产品设计时的心得体会，读者可以结合项目特点、产品特点和团队特点灵活运用。

本章学习要点

» 绘制流程图
» 原型图中的注意事项
» 团队协作项目中的注意事项
» 撰写 PRD 文档

11.1 设计原型前，先画流程图

很多刚刚入行的产品经理在拿到一个需求之后，简单分析一下就开始着手设计界面原型、制作各种交互效果。在需求评审会上，开发工程师、测试工程师、视觉设计师等团队成员开始对你进行轮番轰炸，遇到的问题无非就是某个业务逻辑的细节没有考虑清楚，或是没有考虑到某个异常流程的操作，搞得你十分尴尬，这时你开始在评审会上临时构思解决方案来回应这些质疑，仓促结束评审会议。然而在会议上想到的这些解决方案并不是经过深思熟虑、仔细推敲的，甚至还有漏洞，在这种情况下进入开发阶段，开发工程师可能会经常把你叫过去，向你提出各种问题，反复几次才可能把需求和界面确定下来。

如果这种场景经常出现，久而久之你的专业性就会受到质疑。其实在着手进行原型设计之前，应该仔细推敲产品的业务逻辑，避免出现业务漏洞，使用流程图不仅可以梳理这些内容，也可以很直观地展示给其他成员。

流程图一般分为业务流程图和页面流程图。业务流程图是产品经理在需求前期使用最多的，而页面流程图一般是对页面层级和跳转关系进行梳理时使用的。

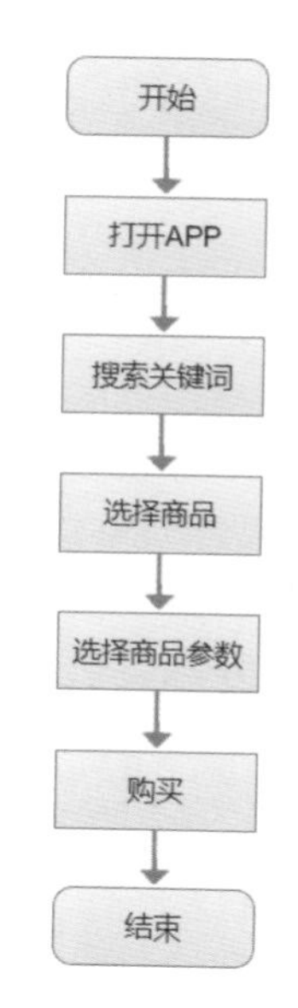

图 11-1

11.1.1 如何画好流程图

就像设计界面原型需要从低保真原型逐渐向高保真原型完善一样，流程图也可以由粗略到细致，颗粒度由大到小。

当我们宏观地介绍产品、给相关人员进行初次业务培训时，可以把流程图的颗粒度画得稍大一些，直接把完成某项工作、达成某个目的的过程中需要经过哪些粗略的步骤画出来即可，无须画出每个步骤具体的操作流程。以在购物 App 中购买商品为例，其流程图如图 11-1 所示。

当流程图的交付对象是开发、测试人员时，上面那种粗略的流程图就无法满足要求了。需要把图 11-1 中每个步骤细化，画出详细的操作流程和异常流程，以“购买”步骤为例，如图 11-2 所示。

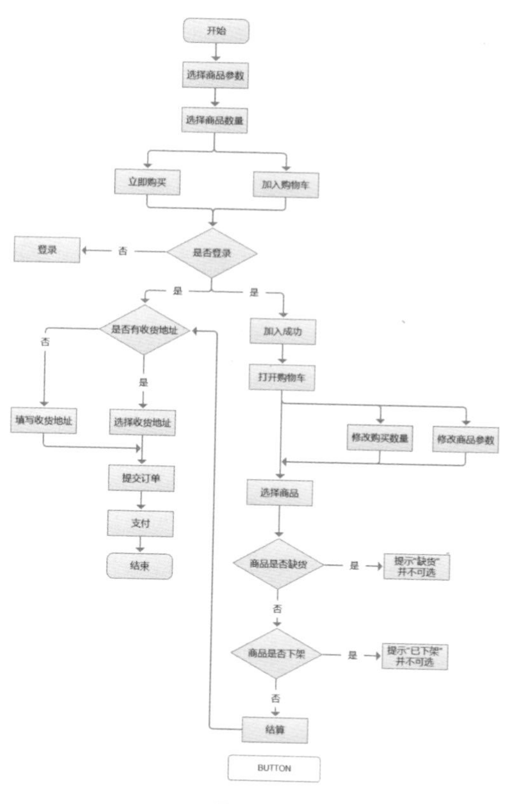

图 11-2

11.1.2 泳道图

泳道图也是流程图的一种类型，当产品涉及两个及两个以上的用户角色时，上面那样普通的流程图恐怕很难表达清楚各角色之间的交互过程，此时可以使用泳道图，一条泳道代表一个用户角色。泳道图的颗粒度也可以根据不同的用途、不同的交付对象灵活掌握。以在线上请假的流程为例，其泳道图如图 11–3 所示。

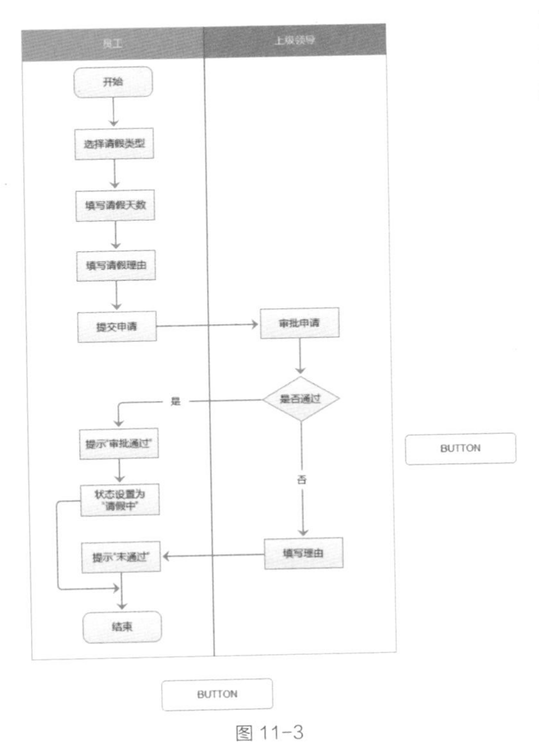

图 11–3

11.1.3 Axure RP 流程图与原型图的配合

使用 Axure RP 绘制流程图与使用其他软件相比，优势在于能够让开发、测试人员非常方便地查看流程图中每个节点、每个操作步骤对应的原型图。

可以直接给业务流程图的节点添加跳转链接，为了不影响查看流程图，最好设置为在新窗口中打开链接，如图 11–4 所示。

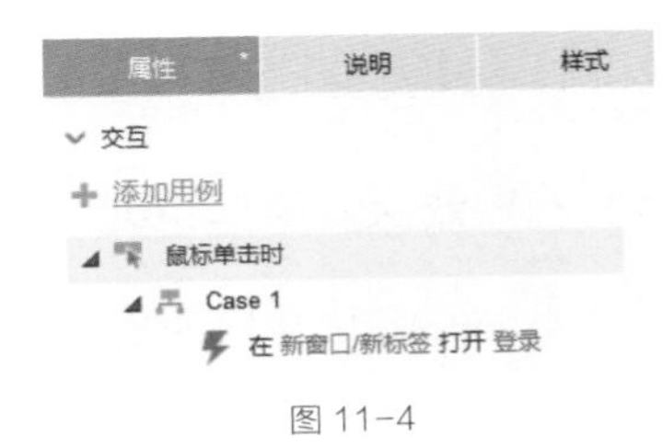

图 11–4

除了设置跳转链接外，还可以直接为节点添加引用页面，如图 11–5 所示。不过这样做会让节点的文本内容变成引用页面的名称，所以比较适合绘制页面流程图。

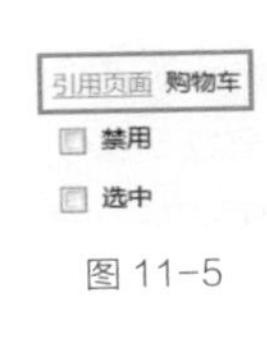

图 11–5

直接在流程图节点中使用页面快照元件，如图 11–6 所示，可以方便地查看页面的缩略图或页面的局部内容。当修改页面内容时，页面快照中的内容会做同步更新。

图 11–6

11.2 原型图中的注意事项

11.2.1 低保真原型也要“美观”

虽然在第 1 章中就强调了，在制作低保真原型时不要过度在意原型的视觉样式，只是用黑白灰及某种强调颜色即可，但是即使是这样，也要做得尽可能美观、工整，这样能明显提升原型的浏览体验，让团队其他成员更好地理解需求，对保证信息传递的正确性、提升工作效率是有很大帮助的。在绘制低保真原型时有以下几个问题需要注意。

1. 横纵对齐

原型页面中一般都会分成若干个功能模块，它们的边界、标题、正文、按钮、图片和图标等内容要尽量对齐，让人对页面中的每个分区都一目了然，如图 11–7 所示。

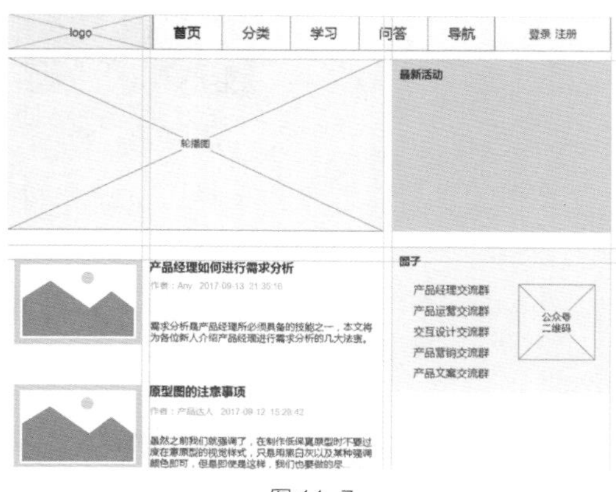

图 11–7

在图 11–7 中笔者绘制了参考线，这是为了方便读者看清哪些元素需要对齐，实际上在真实使用中，拖动元件到达一定范围时可以自动对齐。

2. 线条和色块

线条会给人混乱的感觉，建议使用无边框的背景色块来区分页面的各个板块和它们之间的层级关系，如图 11–8 所示，低保真原型中的颜色使用黑白灰即可，如果有些内容需要强调，可以加上一些高亮颜色，但原型中的颜色不要过多，否则会干扰视觉设计师的思路，这一点在第 1 章中就已经强调了，此处不再赘述。

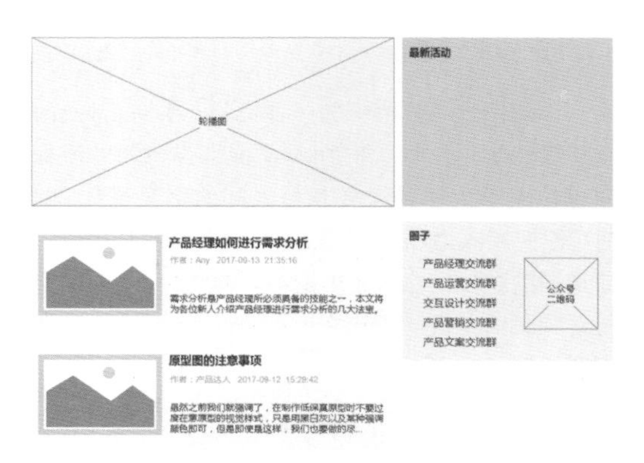

图 11–8

文本颜色和背景颜色要使用反差较大的对比色，以便提升可读性，如图 11–9 所示。

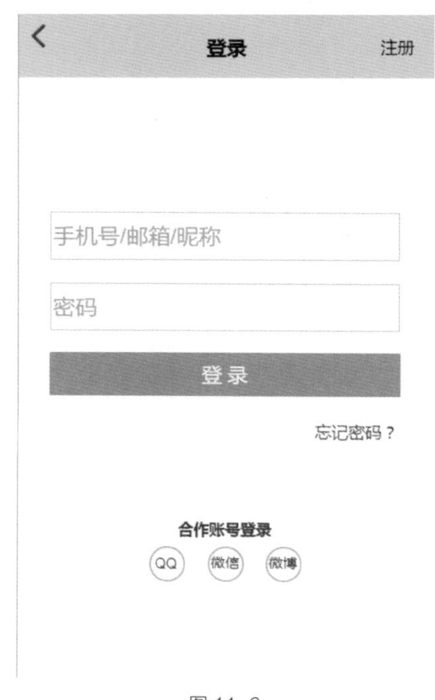

图 11–9

3. 字号

原型页面中各个部分的文本内容使用的字号要大小有别，要注意分清内容的主次重点，标题和正文的字号应该有所区别。其他的辅助信息，如播放量、点赞量、评论量、作者和发布时间等内容的字号应该比正文更小，如图 11–10 所示。这样在前期把字号直接调整好，可以减轻后期制作高保真原型的工作量。

图 11-10

但笔者认为，不要尝试自己设计这些字号、颜色等内容，否则你就又会开始纠结与业务不相关的东西。提前与视觉设计师沟通是一个不错的选择，因为页面中各种文本的字号一般都会有固定的设计规范。

11.2.2 模拟真实数据

虽然原型不是真实的产品，但也要在原型中模拟产品在各种场景下数据的文本长度、文本类型和文本格式等内容，这主要是为视觉设计师提供准确的数据信息。

1. 文本长度

例如封面的标题字段，要在原型中考虑到常规标题字数、最大标题字数和超出字数时如何显示 3 种情况。

此外，如果一个字段的真实长度比较长，但在原型中只是随便填充几个字符，和真实长度不符，那么在原型页面中能够“放得下”，但在真实产品中有了真实数据，可能该字段就“放不下”了，或者页面排版变得很难看。

2. 文本类型

产品中经常会出现身份证号、电话号、邮箱和昵称等字段，很明显它们的文本类型是不同的，模拟的身份证号、电话号和邮箱要符合它们各自的长度和格式。昵称是否包含文本、数字或者特殊字符，要根据产品的规则定义来真实模拟。

3. 文本格式

例如时间戳的显示，就包括“1 分钟前、14:23、2 小时前、昨天 08:34、2017-11-01 11:20”等几种情况，日期的显示也会有不同的格式，都要根据产品的规则定义，配合交互说明书模拟出来。

11.3 团队项目协作注意事项

为了更好地使用 Axure 进行团队协作，每个产品设计人员最好对工作流程和规范做一些约定，为团队协作中可能遇到的问题提前扫清障碍。

11.3.1 规范命名规则

多人协作时，最好给页面、母版、变量、元件和中继器数据集字段的名称制定统一的命名规范，这样会大大增强可读性，便于后期维护，当产品人员发生变动时，其他协作人能顺利地接手。

因为不能使用中文给变量和中继器数据集的字段命名，所以需要格外注意给全局变量和局部变量命名的规范。Axure 规定了两点关于变量的命名规则。

（1）Axure 要求变量的长度不能超过 25 个字符，不能输入空格。

（2）全局变量的名称不能重复，局部变量的名称在作用范围内不能重复。

除了上述规则必须遵守外，为了增强可读性，也可以按照（但不是必须）如下约定给变量命名。

（1）要使用有实际意义的单词，如 id、user、type 等。

（2）如果需要多个单词，第 2 个单词开始首字母要大写，如 userName、orderStatus 等。

（3）如果变量用来表示某些特定类型元件的内容，可以给变量后面加上元件类型的后缀，如 userNameTxt，operationBtn 等。

11.3.2 谨慎创建全局变量

每个产品设计人员在创建全局变量之前，最好和其他协作人确认一下需要的变量是否已经被创建。如果团队成员之间没有沟通，那么后果可能是原型中的全局变量一个接一个地被创建出来，而有些变量的作用可能是重复的。另外，虽然 Axure 对全局变量的个数没有要求，但如果全局变量的数量过多，很可能会影响原型的响应速度。

11.3.3 及时签入已完成的更新

就像开发人员每天下班前提交代码一样，产品设计人员也要及时把已完成的设计或变更签入至服务器，这样做有以下几个原因。

（1）尽可能确保服务器上保存的原型是最新的，同时实现历史版本控制。

（2）既然你已经完成了设计，那么就要及时释放编辑权限（签入），不要妨碍协作人继续工作。

（3）如果不及时签入，一旦协作人或项目其他干系人需要看到最新的设计，此时如果遇到网络拥堵、软件报错或其他未知原因造成签入失败，你只能集中精力去解决这些问题，进而影响其他人的工作甚至是项目进度。虽然这种情况发生的概率很小，但笔者在工作中也遇到过。

当然还没有设计或修改完成的半成品可以选择不提交，避免团队其他人员由于看到不完整的界面原型造成一些误解。

11.3.4 及时获取全部更新

每天开始工作时一定要从服务器获取最新的界面原型，及时了解最新的设计内容。当生成或发布原型之前，也要获取所有变更，保证把最新版本展示给项目其他干系人（如开发人员、测试人员、老板、客户）。

11.3.5 不要同时签出过多页面

由于签出页面的同时你也获取到了页面的唯一编辑权限，协作人是无法同时编辑的，所以不要同时签出过多页面，甚至是全部页面。当协作人需要修改页面时，如果每次都被提示这些页面已被签出，就会极大地降低工作效率，增加沟通成本。

11.4 撰写 PRD 文档

PRD（Product Requirement Document）是产品需求文档的英文简称，产品需求文档是对界面原型的补充说明，是产品经理最重要的输出成果之一。可以这样说，一份优秀的升整个团队的工作效率和工作质

11.4.1 PRD 文档的内容

PRD 文档通常包括需求背景、产品概述、名词解释、流程图、功能描述，以及版本号、修订记录等内容。

1. 需求背景

需求背景一般都是寥寥几句话，很多人觉得这部分内容就是形式主义，可有可无。他们认为大部分人阅读需求文档时都把重点放在了业务流程、业务规则、页面和功能点等这些实打实的内容，“背景”这些东西并没人去看。但实际上，在需求评审甚至是开发过程中，经常会有开发工程师询问为什么要做某些功能。当了解了需求的目的、能够帮助用户解决什么问题之后，确实能够帮助开发工程师更好地理解需求。

2. 产品概述

人们在了解新事物时，都是“由浅入深”“从面到线，再到点”这样逐级深入，PRD 文档就是产品经理向开发工程师介绍“新事物”的一种工具，它的颗粒度同样需要由大到小。

比如要做一款点外卖的 App，当你向开发工程师介绍需求时，一定是先介绍“我们的 App 中要实现展示附近的商家，用户可以点餐、设置配送地址、设置配送时间、下单，有什么样的支付方式可供选择和评价等功能”，PRD 文档中“产品概述”部分就是要撰写这样的内容，先把本次需要实现的需求罗列出来，告诉开发工程师到底要做一个什么东西，至于每个需求中都有哪些功能点、它们的业务规则是什么，要在“功能描述”中介绍。

3. 名词解释

名词解释一般包括涉及角色的说明和业务中的专有名词，其中角色说明还包括用户角色和涉及人员的其他系统。把这些内容解释清楚，可以帮助开发人员和测试人员更好地理解需求。

功能描述

功能描述是 PRD 文档的主体部分，也是产品经理最需要花时间琢磨的部分。它需要包括详细的功能说明、业务规则、正常业务流程和异常业务流程。

功能说明：概述要实现的功能。

业务规则：如文本框的输入类型、长度，时间筛选的范围，页面跳转的规则，元件的默认状态，元件显示隐藏的条件等。

正常和异常业务流程：业务流程不仅要覆盖正常流程，异常流程的处理方式也要描述清楚，不能让开发工程师“猜测”，此部分内容可以配合流程图进行说明。

11.4.2 传统 PRD 文档存在的弊病

PRD 文档可以使用传统的 Word 文档、在线协作文档工具、项目管理平台等形式撰写，无论使用哪种方式，都要包括上面说的几大部分内容。

在线协作文档工具和项目管理平台具有可以实现多人协作、实时更新、版本控制、记录差异的优势，但它们和传统的 Word 文档形式都有一些很难避免的弊病。

（1）篇幅过长、文字过多，没有耐心读下去。

（2）文档中会有原型截图，一旦遇到无法避免的需求变化，产品经理一般第一时间都会去修改原型，然后再去修改文档的文字描述部分，但有时难免会忘记更新文档中的截图，容易造成图文不一致的尴尬场景。

（3）产品经理的输出成果既有界面原型，又有 PRD 文档，经验证明，开发工程师一般只喜欢看原型，很少看文档（这也很正常，人们都喜欢看图形化的东西，虽然这么做是不符合规范的，但这却是事实），这样就会导致某些细节没有注意到，出现 bug 或是返工的现象。

既然要把界面原型截图放到文档中，为什么不能把文档中的说明文字放到界面原型中呢？这样似乎可以解决上述弊病，并且还可以保留“多人协作、实时更新、版本控制、记录差异”的优势。

11.4.3 利用 Axure 撰写 PRD 文档

接下来笔者将介绍如何利用 Axure 这款工具撰写 PRD 文档，但需要强调的是，笔者只是挖掘并尝试了一种新的 PRD 文档撰写方式，与上述几种方式相比，并没有绝对的对错之分，每种方式的优劣也都是相对的，读者还是需要根据项目规模、团队规模、产品类型、团队习惯来灵活选择撰写方式。

需求背景、产品概述、版本号、修订记录这几部分内容同样必不可少，可以直接写到页面中，无须特殊说明，如图 11-11 所示。

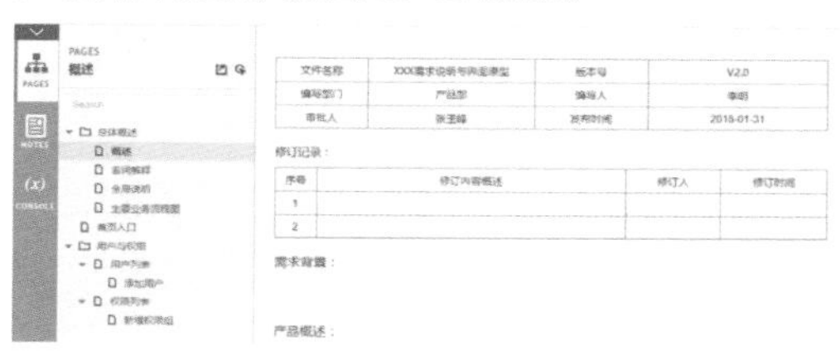

图 11-11

Axure 本身具有绘制流程图的功能，不仅可以整理业务逻辑，还可以展示页面结构，并且流程图中的节点可以直接设置链接的页面，开发和测试工程师在查看流程图时可以直接单击跳转页面，非常方便。

最重要的部分还是功能描述部分，上面说到的那些弊病主要就是集中在这部分内容，可以利用 Axure 提供的便签功能，把功能说明、业务规则和正常 / 异常流程贴到原型的旁边，并对应在原型上做好标注，如图 11-12 所示。这样说明文字与图形化界面配合，简洁直观，查看方便，“一图胜千言”。

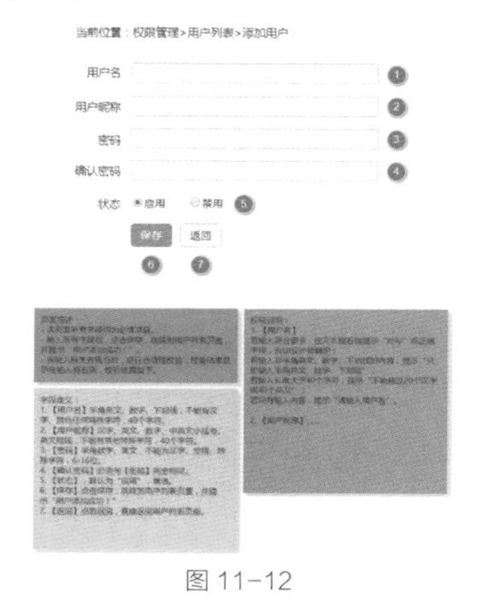

图 11-12

还可以增加一个“全局说明”的模块，把共通的交互规则说明写到一起，可以避免每个页面中都写一遍，如图 11-13 所示。

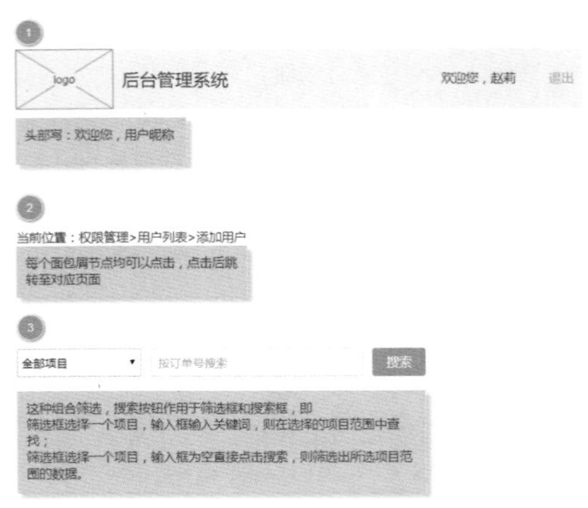

图 11-13

这样一来，便得到“原型
出成果，既有传统文档的树状
型的网状结构，集上述优势于